Umweltnatur- & Umweltsozialwissenschaften

Springer-Verlag Berlin Heidelberg GmbH

Roland W. Scholz (Hrsg.)

Erfolgskontrolle von Umweltmaßnahmen

Perspektiven für ein integratives Umweltmanagement

Unter Mitarbeit von Renate Bühlmann und Armin Heitzer

Mit 39 Abbildungen und 15 Tabellen

Springer

Herausgeber
Professor Dr. Roland W. Scholz
Professur für Umweltnatur- und Umweltsozialwissenschaften
Eidgenössische Technische Hochschule Zürich (ETHZ)
ETH Zentrum HAD
8092 Zürich
Schweiz
E-mail: *scholz@uns.umnw.ethz.ch*

ISBN 978-3-642-63057-6

Die Deutsche Bibliothek - CIP-Einheitsaufnahme
Erfolgskontrolle von Umweltmaßnahmen: Perpektiven für ein integratives Umweltmanagement / Hrsg.: Roland W. Scholz. - Berlin; Heidelberg; New York; Barcelona; Hongkong; London; Mailand; Paris; Singapur; Tokio: Springer 2000
(Umweltnatur- & Umweltsozialwissenschaften)
ISBN 978-3-642-63057-6 ISBN 978-3-642-56718-6 (eBook)
DOI 10.1007/978-3-642-56718-6

Ursprünglich erschienen bei Springer-Verlag Berlin Heidelberg New York 2001
Softcover reprint of the hardcover 1st edition 2001

Umschlaggestaltung: E. Kirchner, Heidelberg
Satz: Druckreife Daten von Sandro Bösch

SPIN: 10678287 30/3130/xz - 5 4 3 2 1 0 -

Inhaltsverzeichnis

Inhaltsverzeichnis

Autorenverzeichnis

Blab, Josef

Bundesamt für Naturschutz, Institut für Biotopschutz & Landschaftsökologie, Mallwitzstraße 1-3, D- 53177 Bonn

Haldemann, Theo

Universität St. Gallen, IFF Institut für Finanzwirtschaft u. Finanzrecht, Varnbühlstraße 19, CH-9000 St. Gallen

Heitzer, Armin

BMG Engineering AG, Infangstraße 11, CH-8952 Zürich

Lasser, Martina

TU Darmstadt, Institut für Psychologie, Hochschulstrasse 1, D-64289 Darmstadt

Marti, Fridli

quadra GmbH, Klosbachstraße 4, CH-8032 Zürich

Maurer, Richard

Baudepartement des Kantons Aargau, Abteilung Landschaft und Gewässer, Entfelderstr. 22, CH-5001 Aarau

Mosler, Hans-Joachim

Abteilung Sozialpsychologie, Universität Zürich, Plattenstraße 14, CH-8032 Zürich

Rohrmann, Bernd

University of Melbourne, Department of Psychology, Parkville, Vic 3052/Australia

Rüttinger, Bruno

TU Darmstadt, Institut für Psychologie, Hochschulstraße 1, D-64289 Darmstadt

Scholz, Roland W.

Professur für Umweltnatur- und Umweltsozialwissenschaften, Eidg. Technische Hochschule Zürich (ETHZ), Haldenbachstraße 44, CH-8092 Zürich

Stapfer, André

Baudepartement des Kantons Aargau, Abteilung Landschaft und Gewässer, Entfelderstr. 22, CH-5001 Aarau

Wasmer, René

SQS, Postfach, CH-3052 Zollikofen/BE

Einführung

Roland W. Scholz*

Die letzte Dekade des 20. Jahrhunderts war durch einige Besonderheiten und Ereignisse gekennzeichnet, die bemerkenswerte Veränderungen der Umweltbelastungen und ein neues Denken bezogen auf die Beurteilung von Umweltmaßnahmen zur Folge hatten. Zu ihnen gehören neben dem *Abschluss des* Industriezeitalters, mit der eine weitgehende Reduktion von Emissionen im Bereich Produktion einherging, sowie dem Phänomen der *Globalisierung* und vor allem der Trend zur *Monetarisierung* von Leistungen. Von letzterem ist auch der Umweltbereich erfasst worden. Bei einer Planung von Umweltmaßnahmen oder Umwelt-Projekten wird nicht nur nach der Wirksamkeit, sondern auch nach der Effizienz und Verhältnismässigkeit gefragt. Gefordert sind wirtschaftliches und finanzpolitisches Denken sowie der Nachweis von Notwendigkeit und Ertrag von Umwelthandeln.

Es ist evident, dass dem Thema *Erfolgskontrolle von Umweltmaßnahmen* vor diesem Hintergrund eine Schlüsselrolle zukommt. Wie wir auch auf verschiedenen Veranstaltungen sehen konnten, stösst dieses Thema bei Praktikern und Wissenschaftern auf gleichermassen großes Interesses. So mag es vielleicht erstaunen, dass der Begriff *Erfolgskontrolle* in der Literatur vergleichsweise eher selten explizit behandelt wird. Hierzu gibt es aber einige Gründe.

Zum einen mangelt es an einem einschlägigen englischen Terminus, der die mit dem deutschen Begriff verbundene Bedeutungen umfaßt. So finden wir etwa im europäischen Wörterbuch der technischen Begriffe (EURODICATOM; http://eurodic.echo.lu/cgi-bin/edicbin/EuroDicWWW.pl) mit *contrôle des résultats, évaluation du résultat, contròle a posterior* und *Resultatenonderzoek* weitgehend passende französische und niederländische Übersetzungen, auch wenn die französische Übersetzung etwas einschränkend die ex-post Erfolgskontrolle anspricht. Die in dem genannten Wörterbuch angebotene englische Übersetzung *intelligent monitoring of performance* ist jedoch eher in der bildungswissenschaftlichen Evaluationsforschung gebräuchlich. Dies kommt auch deutlich in der niederländischen Übertragung *intelligente controle vd studievoortgang* zum Ausdruck. Eine spezielle, wesentliche Aspekte der Erfolgskontrolle ansprechende französische Umschreibung lautet *ensemble des mesures qui servent à vérifier les différents cas de subventionnement,* was im Beamtendeutsch mit *Gesamtheit der*

---

* Eidgenössisch Technische Hochschule Zürich, Professur für Umweltnatur- und Umweltsozialwissenschaften. Ich danke Dr. Thomas Baumgartner, Renate Bühlmann, Wiebke Gueldenzoph und Thomas Koellner für die Rückmeldungen und Anregungen zu diesem Text.

Maßnahmen zur Überprüfung einzelner Staatsbeitragsverhältnisse umschrieben wird.

Ein anderer Grund für die etwas reservierte Behandlung des Terms Erfolgskontrolle dürfte mit der negativen Konnotation zu tun haben, der einer restriktiven, korrigierenden und maßregelnden ex-ante Kontrolle anhaftet. Wie einige Beiträge in diesem Buch zeigen, ist eine Erfolgskontrolle Teil einer guten Projektplanung und Kennzeichen eines auf fortlaufende Verbesserungen ausgerichteten Umweltmanagements. Eine ex-ante geplante Erfolgskontrolle ist somit als ein Merkmal einer „Best Management Practice" zu verstehen.

In dem vorliegende Band werden in vier Teilen wesentliche Aspekte des Themenkreises Erfolgskontrolle behandelt.

Teil I enthält die Basiskapitel *Erfolgskontrolle zwischen Umweltmanagement und Entscheidung* (Scholz) und *Strategien und Konzepte der Erfolgskontrolle von Umweltmaßnahmen* (Heitzer). Die Beiträge umreissen die begrifflichen, methodischen und operativen Grundlagen der Erfolgskontrolle. Die Artikel zeigen einerseits, welchen Beitrag verschiedene Wissenschaftsfelder wie (betriebswirtschaftliches) Controlling, (sozialwissenschaftliche) Evaluationsforschung, Ökobilanzierung, Umweltökonomie etc. zu dem komplexen Vorgang der Erfolgskontrolle leisten. Andererseits führen sie systematisch in Komponenten der Erfolgskontrolle wie Planungskontrolle, Vollzugskontrolle, Zielerreichungskontrolle, Bedingungskontrolle, Wirksamkeitskontrolle und Effizienzkontrolle ein und diskutieren Einsatzbereiche und Nutzen von Erfolgskontrollen.

Die *Erfolgskontrolle von Naturschutzmaßnahmen* (Marti, Maurer und Stapfer) und deren Besonderheiten bei Grossprojekten (Blab) wird in Teil II behandelt. Es wird deutlich, dass (auch) im Naturschutz keine „Standard"-Erfolgskontrolle existiert und insbesondere die Zieldefinition und der zeitliche Horizont dieser Projekte besondere Anforderungen stellen. Zentral für eine gelungene Erfolgskontrolle ist hier eine präzise Formulierung der Wirkungs- und Umsetzungsziele des geplanten oder zu evaluierenden Projekts. Anhand von Fallbeispielen werden die Ablaufplanung und Maßnahmekontrollen von Naturschutzprojekten in der Schweiz und in Deutschland vorgestellt.

Die betriebliche Seite des geplanten Umweltschutzes hat sich in den letzten Jahren schwungvoll entwickelt. Einen wichtigen konzeptionellen Beitrag leisten in diesem Rahmen das *Umweltmanagement System* (UMS), welches im Jahre 1992 von der *International Organization for Standardization* (ISO14000) und das damit *konkurrenzierende European Eco Management & Audit Scheme* (EMAS). In dem Artikel von Wase und Bühlmann werden Zielsetzungen und Anlauf des Umweltmanagements dargestellt und diskutiert.

Ein betrieblicher Umweltschutz und eine umweltgerechte Produktentwicklung lassen sich aber letztlich nur erfolgreich realisieren, wenn diese mit den Marktbedürfnissen kompatibel sind. Dies wird in dem Beitrag *Kunden- und nutzerorien-*

tierte Entwicklung umweltgerechter Produkte (Rüttinger und Lasser) ausgeführt. Es wird gezeigt, dass bei einer Erfolgskontrolle zu umweltgerechten Produkten über den betrieblichen Rahmen hinausgegangen werden sollte und das Wirkungsgefüge von Produktentwicklung, Herstellung, Nutzer, in umfassender Weise zu betrachten ist. Dies führt zu psychologischen Fragestellungen wie umweltbezogene Produktwahrnehmung und Produktbeurteilung und zu interaktiven, kooperativen Prozessen zwischen Produzent, Kunden und Wissenschaftern.

Auch beim Staat und in den Behörden halten ökonomische und sozialwissenschaftliche Lösungsansätze vermehrt Einzug. Dies kommt in besonderer Weise in der Konzeption der *New Public Management* (NPM) zum Ausdruck, einer aus dem englischen Sprachraum, vor allem in Australien und Neuseeland entwickelten Reform- und Managementphilosophie. Inwieweit diese auf Leitungs- und Managementtechniken wie Dezentralisierung, Zielvereinbarungen, Kompetenzdelegation, Benchmarking, Total Quality Management etc. aufbauende Konzeption erfolgreich für eine Erfolgskontrolle von Umweltmaßnahmen eingesetzt werden kann, zeigt der Artikel *New Public Management im Umweltschutzbereich – Erfolgs- und Wirkungskontrolle von institutionellen Reformen und politischen Maßnahmen* (Haldenmann). Auch in diesem Artikel zeigt sich, dass Kosten-Rechnungen, Kosten-Leistungs-Rechnungen, Kosten-Wirksamkeits-Rechnungen und Kosten-Nutzen-Rechnungen nicht isoliert durchgeführt werden sollten, sondern das in diesem Feld wirkende Akteursgefüge und Aufgabensystem einbezogen werden müssen.

Umweltpsychologischn Maßnahmen sollen dazu dienen, Verhaltensänderungen bei Individuen, Gruppen, Institutionen, Gemeinden etc. zu unterstützen, die zu einer stärkeren Rücksichtnahme auf Umweltbelange führen. Umweltmaßnahmen und Interventionen können beispielsweise Informationen und Hinweise, Selbstverpflichtungen, Vorbildverhalten, Feedback und Selbstüberwachung oder die Vorgabe von sozialen Normen darstellen. Die Frage, ob und in welcher Weise die *Erfolgskontrolle von umweltpsychologischen Maßnahmen in Gemeinden* organisiert werden kann, wird in dem Artikel von Mosler dargelegt. Eine besonders wichtige Form umweltpsychologischer Maßnahmen stellt die Risikokommunikation dar. Im Kapitel *Die Evaluation von Maßnahmen zur Risikokommunikation; Methodische Prinzipien und zwei Fallstudien* (Rohrmann) werden die Anforderungen und die Schwierigkeiten der Untersuchungsplanung und Datenerhebung dargelegt und der inhaltliche und methodologische Forschungsbedarf in verschiedenen Problemfeldern wie Effektivität von Risikokommunikation oder Validität der Effekte diskutiert.

I Teil: Grundlagen

Erfolgskontrolle zwischen Umweltmanagement und Entscheidung

Roland W. Scholz*

1 Vom Verwaltungshandeln zum Umweltschutz

„Das Gebot eines wirksameren Umweltschutzes ist in seiner vollen Schwere erst zu einem Zeitpunkt erkannt worden, als negative Wirkungen unterbliebener Umweltschutzmaßnahmen deutlich sichtbar wurden". Mit diesen Worten beginnt eine *Studie für ein Verfahren zur Erfolgskontrolle des Umweltschutzes*, welches vom *Institut für Zukunftsforschung* (Bormann et al. 1976 S.15) durchgeführt wurde. Diese frühe Studie widmete sich neben „den Problemen der Erfolgskontrolle von Maßnahmen des Umweltschutzes" vornehmlich den „Fragen des Vollzugs (einschließlich der Vollzugskontrolle)"(Bormann et al. 1976, S. 7). Das Verständnis von *Erfolgskontrolle* im Bewusstsein der 70er Jahre wird in prägnanter Form von Bohne & König (1976, S. 20) zum Ausdruck gebracht: „Erstens ist die Erfolgskontrolle eine Ex-post- Kontrolle. Sie bezieht sich auf in der Vergangenheit liegende Sachverhalte, nämlich auf 'Zwischenergebnisse' bei laufenden Programmen (begleitende Kontrolle). Zweitens besteht die Kontrolle in einem Soll-Ist-Vergleich zwischen dem angestrebten (geplanten) Ziel und dem tatsächlich erreichten Umfang der Programmverwirklichung. Drittens sind Maßstäbe der Kontrolle u.a. die Grundsätze der Wirtschaftlichkeit und Sparsamkeit".

Erfolgskontrolle ist also auch außerhalb der Betriebswirtschaften kein neues Thema. Es besitzt im deutschen Sprachraum im Bereich der Verwaltungs- und Planungswissenschaften seit längerem einen festen Platz, auch wenn sich die „kommunale Entwicklungsplanung ... in Mitteleuropa nach dem Krieg zunächst vorwiegend mit den Aufgaben der Zielbildung, der Koordination von Fachplanungen, Instrumenten- und Methodenauswahl, der Entwicklung von Handlungsalternativen oder mit der Einbindung kommunaler Entwicklungsplanung in die Verwaltungsstruktur" auseinandergesetzt hat (Königs 1989, S. IX). Wie Königs

* Eidgenössisch Technische Hochschule Zürich, Professur für Umweltnatur- und Umweltsozialwissenschaften. Ich danke Dr. Thomas Baumgartner, Renate Bühlmann, Wiebke Güldenzoph und Thomas Köllner für die Rückmeldungen und Anregungen zu diesem Text.

(1989, S. IX) weiter betont gehörten „Erfolgskontrolle und Evaluierungen zu den ... vernachlässigten Aufgabenfeldern kommunaler Entwicklungsplanung".

Die Perspektiven und Betrachtungsweisen von Erfolgskontrollen haben sich durch den Gegenstandsbereich Umweltschutz modifiziert und erweitert.

3 Die *Erfolgskontrolle* von Umweltschutzmaßnahmen ist *heute nicht mehr auf den öffentlichen Bereich* beschränkt, sondern ist als Bestandteil des Wechselspiels von verschiedenen Entscheidungs- und Regelungssytemen anzusehen, in dessen Rahmen dem Zusammenwirken von privatwirtschaftlicher Investitions- und Produktionsentscheidungen, Konsumentenverhalten und staatlich-öffentlichen Ordnungs- und Anreizsystemen eine besondere Bedeutung zukommt (Haldemann 1999; Rüttinger & Lasser 1999).

4 Eine auf den diagnostischen *Ex-post*-Gesichtspunkt beschränkte *Erfolgskontrolle* besitzt heute in den Gebieten *eine Bedeutung*, in denen aufgrund der *Langfristigkeit von Ursache-Wirkungs-Mechanismen* und bestehender Zielkriterien-Unsicherheit potentielle hohe Risiken bestehen und der Vorsorgegedanke Vorrang besitzt. Naturschutz und Maßnahmen zur Erhaltung der Biodiversität sind hier ein Beispiel. In diesen Bereichen gestaltet sich eine Erfolgskontrolle als besonders schwierig.

5 Die methodischen Erfordernisse an eine hinreichende valide und zuverlässige Erfolgskontrolle sind gestiegen und auch für Umweltschutzmaßnahmen wird ein kommunizierbarer Erfolgsausweis verlangt. Eine große Schwierigkeiten besteht hier in der *Komplexität* von Umweltsystemen, welche einen Effektivitätsnachweis erschweren. Darüber hinaus gibt es eine Reihe von Fallen wie die *Indikatorenfalle* oder die *Bewertungsfalle*, die in der Praxis eine methodisch hinreichend gesicherte Erfolgskontrolle erschwert.

Nach wie vor ist *Erfolgskontrolle* ein Begriff, welcher vornehmlich im deutschsprachigen Raum verwendet wird. Der am besten passende englische Terminus *performance assessment* beschränkt sich auf die diagnostische Erfolgskontrolle und erlaubt nur bedingt eine Beziehung zu einer prozessorientierten prognostischen Ex-ante-Kontrolle herzustellen. Andere Begriffe wie *cost-benefit control* besitzen ihr deutsches Pendent in betriebswirtschaftlich-mikroökonomischen Begriffen wie Kosten-Nutzen-Analyse oder Kostenwirksamkeitsanalyse und sind ihrerseits eher als Teilaspekt einer Erfolgskontrolle zu begreifen (Cansier 1993, S. 72; Hesse 1975).

In der Praxis des Verwaltungshandelns rückte beispielsweise in Deutschland der Umweltschutz erst in den 80er Jahren in den Vordergrund. Nach einer Analyse des Deutschen Instituts für Urbanistik (DIFU 1987) zu aktuellen Problemen der Stadtentwicklung spielte der Bereich Umweltschutz bis zum Jahre 1981 keine vorrangige Rolle. In den Jahren 1981/1982 taucht der Bereich Umweltschutz/Abfallbeseitigung auf den Plätzen 7/8 auf, um danach zumindest für einige Jahre Spitzenpositionen zu belegen" (Königs 1989, S. 8).

Begriffliche Unschärfen bestehen in der Definition einer *Umweltmaßnahme.* Im Rahmen dieses Beitrags sollen alle Handlungen oder Teile von Handlungen als *Umweltmaßnahme* verstanden werden, die aus der Sicht des Handelnden nicht zur unmittelbaren Zielerreichung ergriffen werden *und, freiwillig oder erzwungenermaßen, intentional* vollzogen werden, um eine Entlastungs-, Schutz- oder Reparaturleistung an Natur-, Umwelt- oder Ressourcensystemen vorzunehmen.

Zentral an dieser Definition ist die *Intentionalität,* d.h. das absichtsvolle und damit auch bewusste Entscheiden und Handeln. Resultieren z.B. aus einer Produktverbesserung unbeabsichte Energiesparmaßnahmen, so wird dies nicht als Umweltmaßnahme im engeren Sinne betrachtet. Wird jedoch etwa in einem privaten Haushalt der Ölbrenner ausgetauscht, da der Schornsteinfeger die Kontrollabnahme aus emissionsrechtlichen Gründen versagt, so wird diese Investitionshandlung dem Bereich Umwelt zugerechnet. Natürlich sind auch hier die Grenzen unscharf. Hinzu kommt, dass die Multikausalität von Handlungen es in der Praxis schwer macht, die (Handlungs-)Teile zu bestimmen, die als Umweltmaßnahme zu klassifizieren sind. Dies kann anhand von Mobilitätsverhalten verdeutlicht werden. Die Wahl des umweltfreundlicheren Verkehrsmittel ist – wie viele Umfragen belegen – als Multikriterien-Entscheidung anzusehen und von Kosten–, Bequemlichkeits- und Zuverlässigkeitsgründen mitbestimmt. Welcher Anteil nun Umweltgesichtspunkten im Rahmen etwa einer Erfolgskontrolle zuzurechnen ist, ist häufig nicht genau abschätzbar.

Auf nationalstaatlicher Ebene gibt es jedoch eine Reihe von Abschätzungen darüber, welcher Anteil des Bruttosozialprodukts für Umweltmaßnahmen verwendet wird (USPCEQ 1993). So waren Deutschland und die USA im Jahre 1985 scheinbar die Marktführer aller OECD-Staaten. In Deutschland wurden 1,52% und in den USA ungefähr 1,47% des Bruttosozialprodukts für Umweltschutz verwendet. Laut Aussagen des Statistischen Bundesamtes (199x) übertrifft die Schweiz mit 1,7% gegenwärtig diese Zahlen. Betrachtet man die Emissionskontrollaufwendungen, so betrugen diese 1985 in Deutschland 3,1% und in den USA 2,8% (OECD 1991 S. 275). Trotzdem sollten, wegen der vorstehend genannten methodischen Probleme, Ländervergleiche mit großer Vorsicht interpretiert werden: „Comparison of subtantive environmental law in Germany and the United States permits two conclusions. First, the data are insufficient to permit a quantitative comparison of environmental policies in the two countries. ...Second, even lacking a strong data base, the logic of the analysis suggests that there are deep-seated deficiencis in the rationality of existing statuses“ (Rose-Ackerman 1995).

Eine Erfolgskontrolle von Umweltmaßnahmen kann auf verschiedenen Ebenen und durch verschiedene Akteure erfolgen. Neben der nationalstaatlichen und der internationalen Ebene sind Akteure auf regionaler Ebene (z.B. Landkreise) und lokale Akteure (z.B. auf der Ebene eines Grundstücks) von Bedeutung.

2 Komponenten der Erfolgskontrolle

Der Prozess der Erfolgskontrolle wird in nahezu allen Betrachtungen in eine Reihe von Schritten zerlegt. Zu diesen gehören (vgl. Heitzer 1999; Ossadnik 1996, S. 260) die

- Problemidentifikations - bzw. Planungskontrolle
- Bedingungs- bzw. Prämissenkontrolle
- Vollzugs- bzw. Durchführungskontrolle
- Zielerreichungskontrolle
- Wirksamkeits-, Wirkungs- bzw. Effektkontrolle
- Effizienz- und Verhältnismäßigkeitskontrolle

Mit diesen Komponenten ist zumeist eine Schrittfolge zeitlich verknüpft, welche verschiedene Akteure ggf. in mehreren Runden durchlaufen (s. Abb. 1).

Die *Problemidentifikations - bzw. Planungskontrolle* umfasst insbesondere die Überprüfung der Angemessenheit der qualitativen Ziele sowie deren Operationalisierbarkeit über quantitative (abhängige Ziel-)Variablen, an denen die Grade der Zielerreichung gemessen werden. Ein entscheidender Schritt bei der Planungskontrolle ist die Festlegung der Systemgrenzen, d.h. des Umweltausschnitts, der bei einer Bewertung einbezogen wird.

Die *Vollzugs- bzw. Durchführungskontrolle* überprüft einerseits, ob die Maßnahmen wie geplant realisiert werden. Andererseits erhebt sie fortlaufend die Zielvariablen (Bewertungsindikatoren) und bemüht sich, deren Unsicherheit und Unschärfe zu reduzieren.

In der *Bedingungs- bzw. Prämissenkontrolle* wird untersucht ob die Grundannahmen der Planung erfüllt sind. Verlieren etwa bestimmte Ziele oder Maßnahmen ihren Sinn, so muss ggf. eine Neuplanung vorgenommen werden.

Die *Zielerreichungskontrolle* organisiert einen kennzahlengestützen Ex-post ist-soll-Vergleich.

Die *Wirksamkeits-, Wirkungs- bzw. Effektkontrolle* bauen auf der Zielerreichungskontrolle auf und bestimmen den Anteil, den die intendierten Umweltmaßnahmen an der Zielerreichung haben. Dies ist ein Schritt, bei dem nicht nur geeignete Daten, sondern auch geeignete Konzepte und formale statistische Modelle benötigt werden.

Die *Effizienzkontrolle* erkundet, ob Aufwand und Ertrag in einem geeigneten Verhältnis stehen. Die *Verhältnismässigkeitskontrolle* untersucht, ob die unerwünschten (Neben-)Folgen als akzeptabel zu betrachten und/oder Interessen anderer ungebührend durch die Maßnahmen berührt worden sind.

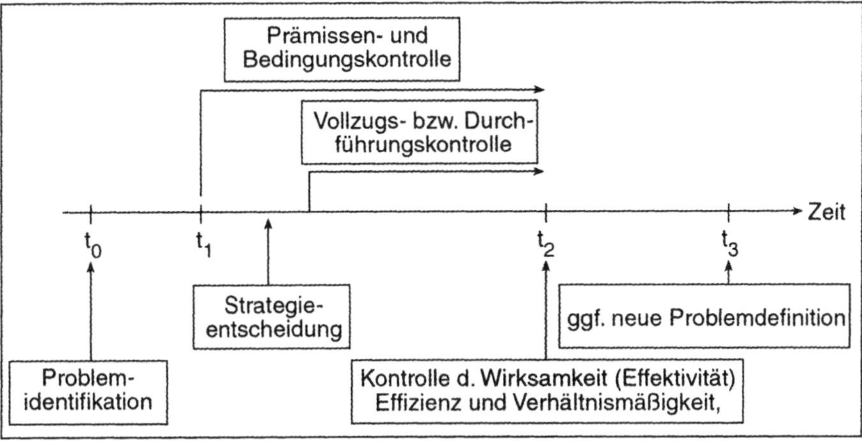

Abb. 1. Erfolgskontrolle als strategischer Prozess. (Modifiziert nach Ossadnik 1996, S. 260)

3 Relevante Konzepte und Wissenschaftsgebiete

Die Erfolgskontrolle von Umweltmaßnahmen ist ein komplexes, interdisziplinäres Tätigkeitsfeld, in dem organisatorische, ökonomische, psychologische, gesellschaftliche und planungstheoretische Aspekte unter den Gesichtspunkten der Entscheidungsoptimierung in Natur- und Ressourcenschutz sowie der Emissionsverminderung usw. integriert werden. Es ist von daher naheliegend, sich über die wichtigen Konzepte und Wissenschaftsgebiete, deren Grundsätze und über die Arbeitsweisen dieser verwandten Gebiete kundig zu machen.

3.1 Controlling

Unter *Controlling* wird heute ein Teilgebiet der Wirtschaftswissenschaften verstanden, welches betriebliche Abläufe und Ergebnisse unter funktionalen, institutionalen und instrumentellen Gesichtspunkten mit der Absicht analysiert, kurz- und langfristige unternehmerische Entscheidungen zu unterstützen und zu optimieren.

Controlling ist im Bereich der Makroökonomie entstanden. Die Verwendung des Begriffs „Controlling" im staatlichen Bereich ist in England bis zum 15. Jh. belegt. Der „Controller" war damals am englischen Königshof für die Bilanzierung der ein- und ausgehenden Gelder und Güter zuständig (Ossadnik 1996). In den USA hatten Controller ähnliche Funktionen. Unter der Bezeichnung „Comptroller", in welcher der starke Zahlenbezug in der Tätigkeit des Controllers zum Ausdruck kommt, bestand die Aufgabe Ende des 18. Jh. darin, dass Gleichgewicht zwischen dem Staatsbudget und den Staatsausgaben zu überwachen.

„Auch findet sich 1863 in den USA, wiederum im staatlichen Bereich, ein ‚Controller of the Currency', der die staatliche Bankenaufsicht leitete. ... Als erstes amerikanischens Unternehmen richtete 1880 die Eisenbahngesellschaft Atchison, Topeka & Santa Fee Railways System die Stelle eines Controllers ein" (Ossadnik 1996, S. 4). Jedoch erst in den 20er Jahren begann sich das Controlling in den USA stärker durchzusetzen.

Das betriebliche Controlling zielt auf die Existenzsicherung des Unternehmens (Preissler 1997). Dabei wird *zwischen operativem* und *strategischem Controlling* unterschieden. Das strategische Controlling ist langfristig ausgerichtet und zielt auf eine „nachhaltige Existenzsicherung von Erfolgspotentialen" in einem offenen zeitlichen Hintergrund. Es bedient sich in umfangreichem Maße qualitativer Faktoren, behandelt schlecht definierte Probleme („ill-defined problems") im Rahmen eines „Feedforward-Denkens". Demgegenüber bedient sich das operative Controlling harter, quantitativer Daten, ist kurz- und mittelfristig und zielt auf eine „Feedback-Orientierung". Während sich operatives Controlling an *Kosten und Leistungen* orientiert, bilden *Risiken und Chancen* die Zielgrößen des strategischen Controllings.

Bestimmte Anwendungsfelder von Controlling wie Investitions-, Personal-, Projekt- und Qualitätscontrolling sind für größere Umweltprojekte und den betrieblichen Umweltschutz von Bedeutung. Auch wenn diese Bereiche teilweise unternehmensspezifisch sind, lässt sich doch für eine moderne Erfolgskontrolle von Umweltmaßnahmen eine Vielzahl von Bezügen herstellen. Gleiches gilt für das Instrumentarium des Controllings. Zumindest zu mittleren Projekten im Bereich Umweltschutz gehören Kernbestände von Controlling-Lehr- und -Handbüchern (vgl. Preissler 1997; Ossadnik 1996; Hanssmann 1998), wie *Informationssystem, Berichtssystem* und *Kennzahlensystem.* Selbst Erfolgs- und Kostenstellenrechnung erlangen heute im Bereich des betrieblichen Umweltmanagements an Bedeutung. Weitere Instrumente sind die Nutzwertanalyse und multikriterielle Verfahren sowie die klassische ABC-Analyse, mit denen Maßnahmepakete einer differenzierten Bewertung zugänglich gemacht werden können sowie die Portfolio-Analyse, die sich ebenfalls für eine Programmevaluation eignet.

Die Kritik an der Praxis des Controllings im Umweltbereich richtet sich hauptsächlich gegen eine Einengung des Controllings auf eine betriebswirtschaftliche (monetäre) Erfolgsrechnung. So schreibt Haldenmann: „Das Controlling vermag mit Daten der Kosten- und Leistungsrechnung bloß Fragen zur Angemessenheit, Effizienz und Effektivität der Leistungserstellung in der öffentlichen Verwaltung zu beantworten, während die Evaluation mit den Daten der Kosten-, Leistungs, Wirkungs- und Nutzenrechnung Fragen nach der Angemessenheit, Effizienz und Effektivität der politischen Programme und der staatlichen Maßnahmen insgesamt klären kann (Haldemann 1999).

Das von Haldenmann (1999) angesprochene Defizit wird von verschiedenen Autoren im Rahmen von erweiterten Kosten-Nutzen-Analysen im Rahmen der

Konzeption des betrieblichen *Ökocontrollings* (vgl. Stoltenberg & Funke 1996)) angegangen. Das Ökocontrolling wird dabei als eine Ergänzung der konventionellen Controllingkonzeption verstanden und enthält eine spezielle Umweltinformation mit ökologischen Kennzahlen [z.B. Emissionskennzahlen, Ressourcen-, Belastungskennzahlen, (vgl. Lange & Ukena 1996; Orth 1996), Stoff- und Energieflussrechnungen sowie Schädlichkeitsanalysen und –bewertungen (vgl. Heijungs et al. 1992; Hofstetter 1998; Müller-Wenk 1978]. Indem beispielsweise mittels einer Nutzwertanalyse ökologische Kennzahlen von bestimmten Projekten oder betrieblichen Teilprozessen ermittelt werden und diese mit einer Cash-flow-Analyse verbunden werden, kann ein Nutzwert-/Cash-flow-Portfolio zur Entscheidungsunterstützung erarbeitet werden (vgl. Lange & Ukena 1996, S. 83).

4 Sozialwissenschaftliche Evaluationsforschung

Unter *Evaluationsforschung* wird in der Regel ein Teilbereich der empirischen (sozial-)wissenschaftlichen Forschung verstanden, der sich mit der Bewertung von Maßnahmen oder Interventionen beschäftigt. Die Evaluationsfoschung und die von ihr verwendeten *multivariaten statistischen Methoden* (vgl. Hellstern & Wollmann 1984; Wottawa & Thierau 1990; Rossi & Freeman 1993; Bortz & Döring 1995) stellen mit Abstand das mächtigste Instrumentarium, um in komplexen Systemen *Ursache-Wirkungs-Beziehungen* abzuschätzen.

Evaluierung und Evaluationsforschung sind bislang eine traditionelle Domäne der „Soziologen, Pädagogen, Psychologen, Politologen und Wirtschaftswissenschafter" (Königs 1989, S. 12). Der Ursprung der Evaluationsforschung liegt jedoch im weiteren Sinne in den Umweltwissenschaften (vgl. Cronbach & al. 1980) und ist in dem sozialwissenschaftlichen Bemühen zu sehen, konditionale und kausale Beziehungen zwischen Sterblichkeitsziffern, Krankheitsbildern und im weiteren Sinne sozialen und ökologischen Umständen zu identifizieren.

Einen Schub erfuhr die Evaluationsforschung in den USA durch die Reformbemühungen Präsident Roosevelts (New Deal) im Anschluss an die Weltwirtschaftskrise der 30er Jahre. In Anbetracht knapper Mittel, aber auch um die Investitionen im sozialen Bereich zu legitimieren, sah man sich gezwungen, einen Leistungsnachweis zu erbringen, der es zudem erlaubte, sich auf diejenigen Maßnahmen zu beschränken, die den größten Nutzen versprachen. Evaluationsstudien haben im englischsprachigen Raum eine große Bedeutung, wobei auch Umweltprogramme einbezogen werden. In einer amerikanischen Studie (Freeman & Solomon 1980) wurden 1315 Evaluierungsstudien, unter ihnen 60 Studien der Environmental Protection Agency, erhoben, die von ministeriellen Instanzen in Auftrag gegeben wurden, um die Rationalität von Entscheidungen zu erhöhen und die finanziellen Mittel effizienter einzusetzen.

Im weiteren Sinne als Umweltforschung, wenn auch nicht als Umweltmaßnahme zu begreifen ist die *sog. Hawthrone-Studie* (Roethlisberger & Dickson 1939). Sie ist mit einigem Recht als methodischer Meilenstein der Wirkungsforschung zu begreifen. Bekanntlich konnten durch einen methodisch gestützten Beobachtungsplan Scheineffekte von unerwarteten Effekten getrennt werden. So konnte gezeigt werden, dass die Arbeitszufriedenheit nicht durch Umwelteinflüsse wie Beleuchtung oder Klimanalage, sondern dadurch verursacht wurde, dass die untersuchten Personen selbst Gegenstand einer Untersuchung waren und ihnen somit Aufmerksamkeit zugewendet wurde.

Das Wesentliche an der *sozialwissenschaftlichen Evaluationsforschung* ist ihre innerhalb statistischer Modelle gefassten Ursache-Wirkungs-Modelle, die es erlauben, auch in komplexen Systemen Effekte nachzuweisen. Grundlagen dieser Modelle sind eine umfassende *Theorie empirischer Messungen und Skalen* (Borg & Staufenbiel 1989; Gigerenzer 1981), die *Untersuchungsplanung* (Campbell & Stanley 1963) *und die Theorie des Hypothesentests*, die von einfachen parametrischen und nichtparametrischen Tests (Bortz et al. 1990) bis hin zu multivariaten Verfahren (Winer 1971) reichen. Auch multivariate Kausalmodelle (auch Strukturgleichungsmodelle genannt) (Jöreskog & Sörbom 1979) und Metaanalysen sind hierbei von Bedeutung. Letztere erlauben unter bestimmten Umständen, aus bereits durchgeführten und veröffentlichten Untersuchungen herauszufinden, wann ein Effekt zu erwarten ist und wann nicht (vgl. Cook et al. 1992).

Um sich die Möglichkeiten, Grenzen und die Besonderheiten der Evaluationsforschung bewusst zu machen, ist ein Bezug auf eine von Hermann (1979) eingeführte Unterscheidung zwischen *technologischen und wissenschaftlichen Theorien* sinnvoll. „Wissenschaftliche Theorien dienen der Beschreibung, Erklärung und Vorhersage von Sachverhalten; sie werden in der Grundlagenforschung entwikkelt. Technologische Theorien geben konkrete Handlungsanweisungen zur praktischen Umsetzung wissenschaftlicher Theorien; sie fallen in den Aufgabenbereich der angewandten Forschung sowie der Interventions- bzw. Evaluationsforschung" (Bortz & Döring 1995, S. 99). Technologische Ansätze wie die Evaluationsforschung können sich an der laborexperimentellen Forschung orientieren und müssen „strengen methodischen Anforderungen genügen ..., um valide zu sein" (Rohrmann 1999, S. XIX). Wegen der defacto begrenzten Kontextkontrolle, die bei Feldstudien zur Erfolgskontrolle jedoch gegeben ist, werden die Standards hier nur bedingt erreichbar sein und müssen mit anderen Vorteilen, wie z.B. der ökologischen Validität, kompensiert werden.

5 „Pollution-Control"

Für den Begriff *Pollution* verfügt man im Deutschen über einen passenden, jedoch in der Praxis wenig verwendeten Begriff: *Verunreinigung*. Vermutlich ist die weiteste Definition von Pollution dadurch gegeben, dass etwas nicht am richtigen Platz ist. Eine mehr technische Information lautet: „Pollution can ... be defined as ... an undesirable change in the physical, chemical, or biological characteristics of our air, land, water, that may or will hostilely affect human life or that of other desirable species or industrial processes, living conditions, and cultural assets; or that may or will waste or deteriorate our natural resources“ (NAS/NRC 1966, S. 3).

Unter *Pollution Control* wurde zunächst ein Teilgebiet der naturwissenschaftlich orientierten Umweltforschung und –technologien verstanden, die sich mit der Messung, Ausbreitung, Kinetik, Metabolisierung (fate analysis) und der Vermeidung (environmental technology) von Umweltfremd- und Schadstoffen beschäftigt (siehe z.B. Sewell 1975; Strauss 1971; 1972; 1978). Pollution Control umfasst somit auch *Umweltmonitoring*. Bereits 1971 hat ein Unterausschuss des International Council of Scientific Unions (ICSU) ein umfangreiches Programm für ein weltweites Monitoring zusammengestellt, in dem ein Netzwerk von Messstationen Leitparameter (ICSU 1971, S. 7-8) beschrieben hat. Es wurde als zentral erachtet, eine Methodologie des Monitoring zu entwerfen, welche es erlaubt, bei veränder-tem Aufmerksamkeitsfokus und lokalen Schwerpunkten Grundinformationen zu liefern. Es sei angemerkt, dass sich die Kommission der Problematik einer zeitlich und regionalen Anpassung des Monitoringprogramms durchaus bewusst war.

Historisch wurde Pollution Control in den USA z.B. durch umwelthygienische und umweltpolitische Maßnahmen, durch die Water Pollution Control Act sowie die Federal Water Pollution Control Act (1956) eingeleitet (vgl. Ortolano 1997; Sewell 1975), welche durch Förderprogramme für Kommunen und Forschung ein Umweltmanagement in diesem Bereich unterstützte.

Pollution Control beschäftigt sich *nicht* ausschließlich mit Stoffen, deren Schädlichkeit bereits für ein Umweltschutzgut ermittelt worden ist (Freeman 1982). Ausgehend vom *Vorsorgeprinzip* und der Unsicherheit, die gegenüber einer Wirkung von Stoffen besteht, aber auch gegenüber dessen, was als Schutzgut zu begreifen ist, sollte Pollution Control einen möglichst suffizienten Satz von messbaren aus anthropogen Prozessen resultierenden Emissionen widmen.

6 Ökobilanzierung

Die Frage, wie für Stoffe, deren Wirkungen nicht bekannt sind, eine Bewertung zu realisieren ist, wird heute vornehmlich im Rahmen der Ökobilanzen behandelt.

Wie auch für (anerkannt) schädliche Stoffe benötigt man auch für Stoffe mit unbekannten Wirkungen einen Maßstab, wie er z.B. durch sog. proxy indicators for the unknown vorgegeben ist. In der Literatur sind verschiedene proxy indicators vorgeschlagen worden. Bei Hofstetter (1998, S. 113) findet sich etwa ein sog. Bioakkumulationsfaktor, der auf dem Wissen und der Erfahrung aufbaut, die man über den Stoff und dessen Akkumulation besitzt. Berg & Scheringer (1994) konstruieren einen Faktor, der auf räumlicher und zeitlicher Reichweite aufbaut. Ist ein solcher Faktor konstruiert, dann ist in ähnlicher Weise zumindest eine Kennzahl gegeben, die als Maßstab für die Erfolgskontrolle von Umweltmaßnahmen genommen wird. Damit wird, wie in der Einführung dargelegt, eine Grundlage für eine Operationalisierung des Vorsorgegedankens geschaffen, der einer Erfolgskontrolle zugänglich ist.

Ist die Schädlichkeit für die menschliche Gesundheit, Ökosysteme usw. bekannt, so können entsprechende Wirksamkeitsfaktoren (Umweltindikatoren) konstruiert werden, die als Referenz dienen können.

Die Ökobilanzierer bauen in gewisser Weise auf der Arbeit der naturwissenschaftlich begründeten Erfassung im Rahmen *einer Pollution Control* auf. Das Wissen über die Verbreitung und die Wirkung von einzelnen Stoffen ist eine Voraussetzung für ihre Arbeit. Ein wichtiger Schritt besteht nun darin, die verschiedenen Schädlichkeitsfaktoren bzw. *proxy indicators* miteinander zu verrechnen. Grundsätzlich lassen sich dabei 2 verschiedene Ansätze unterscheiden. Im Rahmen der Ökobilanz wird dabei eine sog. „Umweltwährung" konstruiert, d.h. es werden Äquivalenzziffern konstruiert, indem verschiedene Gesundheits- und Ökosystemschäden sowie die *proxy values* zu Umweltindizes verrechnet werden (Goedkoop 1995). Die Schwierigkeit besteht hier, im Rahmen einer wirkungsorientierten Ökobilanz, in der gegenseitigen Verrechnung bzw. Gewichtung von verschiedenen Schäden. Ein ähnlicher Ansatz besteht in der *Methode der kritischen Flüsse* oder der *Grenzwerte* (Ahbe et al. 1990), in der Referenzfaktoren für bestimmte Belastungsgrenzen zugeordnet werden.

Die Entwicklung der Ökobilanzierung ist gegenwärtig relativ weit entwickelt und es besteht eine Reihe von praxistauglichen Verfahren (vgl. BUWAL 1998; Goedkoop 1995; Hofstetter 1998; OECD 1995, etc.). die für die Erfolgskontrolle vom Umweltmaßnahmen verwendet werden kann. Als ein zentrales Problem verbleibt natürlich die Gewichtung der einzelnen zu verrechnenden Umweltauswirkungen (vgl. Hofstetter et al. 2000).

Betrachten wir die einzelnen Schritte einer Erfolgskontrolle (s. Tab. 1), so hilft der in diesem Kapitel vorgestellte umweltingenieur- und umweltnaturwissenschaftliche Ansatz, da er Grundlagen für die *Problemidentifikations-, Wirkungs- bzw. Effekt-* und die *Effizienzkontrolle* liefert. Das Konzept des Life-Cycle Assessments spielt deshalb auch im Rahmen der ISO 14000 Verordnung zum betrieblichen Umweltmanagement eine zentrale Rolle (Cascio et al., ISO 14000 Guide). Als ein offenes und weitgehend ungelöstes Problem verbleibt aber in den nichtsozialwissenschaftlichen Zugängen die Bestimmung des Gesamtnutzens, der aus einer Umweltmaßnahme resultiert.

7 Umweltökonomie

In der *Umweltökonomie* wird traditionell eine *Makroperspektive* eingenommen, d.h. Umweltschutz wird unter volkswirtschaftlichen Aspekten betrachtet. Für den Ökonomen ist Umwelt ein knappes Gut mit dem mehr oder weniger ausreichend gewirtschaftet werden kann.

Umweltschutz wird in der Makroökonomie als staatliche Aufgabe gesehen. Von daher interessiert sich die Umweltökonomie für die Erfolgskontrolle von staatlicher Umweltpolitik, wobei ein Hauptgesichtspunkt bzw. Kriterium darin besteht, inwieweit die Gesamtwirtschaft von einer bestimmten Umweltpolitik beeinflusst wird. Als umweltpolitische Maßnahmen werden dabei Emissionsabgaben, Ge- und Verbote, handelbare Emissionsrechte bzw. Umweltzertifikate oder Haftungsregeln betrachtet (vgl. Cansier 1993).

Eine *Erfolgskontrolle* von Umweltmaßnahmen bezieht sich aus der Sicht der *Oekonomie* darauf, wie sich *gesamtwirtschaftlich* am kostengünstigsten ein Umweltschutz realisieren lässt, der einerseits umfassende und nachhaltige Wirkungen erzielt, andererseits die wirtschaftliche Entwicklung nicht blockiert, sondern eher fördert.

Der Kern der Erfolgskontrolle einer nach der klassischen Nationalökonomie ausgerichteten Umweltökonomie besteht darin, einen Regelungsmechanismus zu finden, der die Grenzkosten für Schadensvermeidung und die Grenzkosten für Umweltschäden optimiert. Bestimmt man der Einfachheit halber Schäden anhand der Emissionsmengen E, so ist es plausibel, anzunehmen, dass die Kosten für die Reduktion desto höher werden, je kleiner die Emissionen sind. Die Schadensvermeidungskosten steigen also überproportional, sodass die durch die erste Ableitung gebildeten Grenzkosten als lineare Funktion dargestellt werden können. Umgekehrt steigen die Schadenskosten überproportional. Gesucht wird nun das Regelungsverfahren, welches die Gesamtkosten minimiert (s. Abb. 2) und auf gesellschaftlicher Ebene Über- sowie Unterregulierung vermeidet.

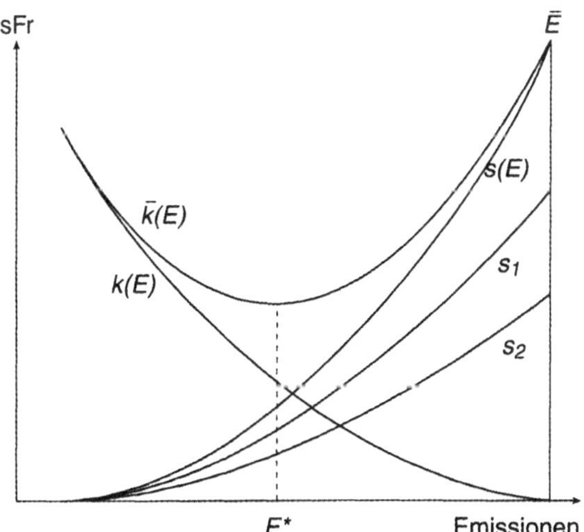

Abb. 2. Schadensfunktion $s(E)$ für Emissionsmengen sowie Vermeidungskostenfunktion $\bar{k}(E)$ in einer Kostendimension (z.B SFr.) E^* ist die optimale Lösung

Die *Annahmen der auf der klassischen Nationalökonomie* basierenden Umweltökonomie, wie z.B. vollständig informierte Käufer mit zeitstabilen Präferenzen auf transparenten Märkten, sind an verschiedenen Stellen ausführlich kritisiert worden. Sie erscheinen insbesondere *für Umweltgüter vielfach als nicht realistisch* (vgl. Laslett 1995). Das zentrale Konstrukt der in diesem Rahmen operierenden Umweltökonomie ist Zahlungsbereitschaft (*willingness to pay*). Es wird postuliert, dass die Mitglieder eines Marktes bereit sind, eine Kosten-Nutzen-Abwägung durchzuführen und willens sind, für Umweltgüter, wie einzelne Spezies oder die Erhaltung der Kulturlandschaft, zu zahlen. Postuliert wird von den Makroökonomen weiterhin, dass die Zahlungsbereitschaft durch referendumsähnliche (direkte) *Befragungen* (*contingent valuation*, vgl. Cummings et al. 1986)) ermitteln lässt. Hier soll dieser Weg nicht weiter verfolget, sondern lediglich angemerkt werden, dass die empirische Ermittlung für Umweltgüter (*Monetarisierung*) bislang noch mit großen methodischen Problemen verbunden ist.

Die Umweltökomie besitzt aber für den Bereich Erfolgskontrolle von Umweltmaßnahmen auf Makroebene eine wichtige konzeptionelle Funktion, da sie in der Lage ist, die postulierte Funktion von bestimmten Phänomenen oder Maßnahmen, wie z.B. Arbeitslosigkeit oder Absatzkrisen, auf die Umweltqualität qualitativ gut zu beschreiben. Grundsätzliche Schwierigkeiten bestehen aber bzgl. Erfolgskontrolle und quantitativen Operationalisierungen.

Etwas leichter hingegen erscheint es, auf den ersten Blick *Erfolgskontrollen auf betrieblicher Ebene* zu organisieren, indem man etwa die betriebliche Leistung $u_{ökon}^{BWL}(L)$ (z.B. gemessen am Umsatz, L) den in Franken gemessenen negativen Umweltauswirkungen $k_{ökol}(L)$ gegenüberstellt. Ein solcher Ansatz erlaubt zwar nicht zwischen Betrieben mit unterschiedlichen Produkten zu vergleichen, er ermöglicht jedoch innerhalb eines Betriebes die Umweltauswirkungen sichtbar zu machen und eine Kennzahl für den Grad der Umweltbelastung zu berechnen:

Betriebliche Oekoeffizienz: $$\left|k_{ökol}(L)\right| \Big/ u_{ökon}^{BWL}(L)$$

Aus der Sicht eines einzelnen Unternehmens ist eine solche Orientierung im Rahmen einer Erfolgskontrolle schwierig zu organisieren.

Eine etwas andere Perspektive erhält man, wenn bezogen auf unterschiedliche zur Verfügung stehende Umweltmaßnahmen A_i geprüft werden soll, welche die optimalere ist. Hier ist es nahestehend, für eine Maßnahme den absoluten Wert der Umweltschadensreduktion, den eine Maßnahme erbringt, $\left|\tilde{u}_{ökol}(A_i)\right|$, mit dem

Betrag der Kosten $\left|k_{BWL}(A_i)\right|$ in Beziehung zu setzen (vorausgesetzt die Maßnahme liefert eine Umweltentlastung und die Kosten sind negativ).

Betriebliche Maßnahmen-Oekoeffizienz: $\left|u_{ökol}^{VWL}(A_i)\right| \Big/ \left|k_{ökon}^{BWL}(A_i)\right|$

8 Weitere Gebiete

Einige weitere Wissenschaftsgebiete könnten im Rahmen dieses Artikels gewürdigt werden. Dies sind insbesondere die Verwaltungswissenschaften, die Raum- und Landesplanung (AFR 1995), das Systems Engineering (Chesnut 1967; Züst 1997), die Evaluationsforschung im Bereich der Wissenschaftsforschung (Daniel & Fisch 1988; OECD 1987) oder aber, um etwas stärker in die methodischen Grundlagen hineinzugehen, die Operations Research (Churchman et al. 1995) und Entscheidungsforschung (Winterfeldt & Edwards 1986; Yates 1990). Da hier aber keine Vollständigkeit angestrebt wird und die 4 dargestellten Bezugswissenschaften das weite Spektrum relativ gut abdecken, wird auf eine Darstellung verzichtet.

9 Schwierigkeiten und Fallen der Erfolgskontrolle

Schon aus den vorstehenden Ausführungen dürfte deutlich geworden sein, dass die Durchführung eine Erfolgskontrolle eine schwierige Angelegenheit ist, die auf verschiedene, miteinander verwobene Probleme führt. An dieser Stelle sollen 3 fundamentale Schwierigkeiten diskutiert werden.

9.1 Indikatorenfalle

Unter der *Indikatorenfalle* bei einer Erfolgskontrolle versteht man, dass Kennzahlen zusammengestellt werden, ohne der *spezifischen Perspektive* gegenwärtig zu sein, unter der die Erfolgskontrolle durchgeführt wird. Dieser Gefahr sind *insbesondere Monitoringprogramme* ausgesetzt. Dies gilt insbesondere wenn Erfolgskontrolle (im Rahmen von Vorsorgehandeln) mit „Dauerbeobachtungen“ gleichgesetzt (vgl. Plachter 1991) und lediglich gefordert wird, „mit eindeutigen, reproduzierbaren Methoden, ohne absehbare Zeitbegrenzung kontinuierlich Daten“ zu ermitteln (Böcker 1997, S. 14).

Die Konsequenz der Indikatorenfalle ist, dass – etwa um $\tilde{u}_{ökol}(A_i)$ zu ermitteln - gleichzeitig zu viele und zu wenige Indikatoren ausgewählt werden. Der Forscher wird insbesondere Opfer der Indikatorenfalle, wenn er nicht hinreichend *zwischen Modell und Wirklichkeit* differenziert und sich keine ausreichenden Gedanken darüber gemacht hat, was (*abhängige*) *Modellvariablen* sind, die benötigt werden, um einen Gegenstand und dessen Dynamik zu beschreiben bzw. welche Variablen schliesslich zu einer Bewertung herangezogen werden. Dies wird ebenso, wenn auch in einer etwas anderen Terminologie als dem der Evaluationsforschung, in dem folgenden Zitat ausgedrückt: „Perhaps the most important change in thinking about indicators in recent years has been the distiction that has been made between descriptive and performance indicators. ... Performance indicators are key to establishing the policy relevance of an indicator set" (WorldBank 1995, S. 79).

Welche Schwierigkeiten entstehen können, wenn die *Perspektive* (bei Beibehaltung der Systemgrenzen) verschoben wird, kann am Beispiel der forstwirtschaftlichen Definition von Nachhaltigkeit (vgl. Peters 1984) illustriert werden. Wird die Nachhaltigkeit eines Stück Waldes als Erfolgsziel betrachtet, so stellt sich die Frage, was aufrecht erhalten werden soll. Ist dies die Waldfläche, der Holzvorrat, das schlagbare Holz, der Holzertrag, der Nährstoffgehalt des Waldbodens, der Wildbestand, der Erholungswert oder sind das verschiedene ökologische Funktionen? Wie der Umwelthistoriker Radkau (Radkau & Schäfer 1987) aufzeigte, stehen diese Operationalisierungen von Nachhaltigkeit zueinander im Widerspruch. Weiterhin sind mit den verschiedenen forstwirtschaftlichen Definitionen von Nachhaltigkeit verschiedene Interessen und gesellschaftliche Machtstrukturen verbunden. So setzte sich das auf eine Begrenzung des Holzeinschlags definierte Nachhaltigkeitsprinzip in den USA in der 20er Jahre im Rahmen einer kartellartigen Absprache unter den großen Holzgesellschaften im Interesse der Hochhaltung der Preise durch.

Am Beispiel der forstwirstschaftlichen Nachhaltigkeitsdefinition kann auch ein anderer Aspekt der Indikatorenfalle nachvollzogen werden. Häufig verschiebt sich der Aufmerksamkeitsfokus durch neues Wissen und andere Aspekte rücken in den Vordergrund als zu Beginn der Erfolgskontrolle. Dies führt dazu, dass der ursprüngliche Kennzahlensatz expost an Interesse und damit an Bedeutung verliert.

Neben diesen grundsätzlichen Problemen, welche die sog Indikatorenfalle charakterisieren, gibt es eine Reihe von Kriterien, welche im Rahmen von Erfolgskontrollen anzubringen sind. Auf folgende Kriterienliste der OECD (1991) wird Bezug genommen.

Umweltindikatoren sollten unter dem Gesichtspunkt der Kommunikation und politischen Wirksamkeit folgende Eigenschaften besitzen (OECD 1991):

- *Indicators should be easy to interpret*
- *They should show trends over time*
- *They should be responsive to changes in underlying conditions*
- *A threshold or reference value must be established against which conditions can be measured*

Bezogen auf die wissenschaftliche Absicherung gilt es zu fordern:

- Indicators should be well founded in technical and scientific terms

Um schließlich eine Operationalisierung von Erfolgskontrolle vornehmen zu können, ist die schnelle und kostengünstige Verfügbarkeit von aktuellen Messungen eine wichtiges Kriterium:

- Indicators should be calculated from data that are readily available or available at reasonable cost
- Data should be documented and of known quality
- Data and indicators should be updated at regular integrals

Auf der Grundlage dieser Forderungen kann man prinzipiell auch dazu übergehen, eine Erfolgskontrolle der Erfolgskontrolle zu formulieren. Werden z.B. Indikatorensysteme oder Messreihen geplant, so kann man ein Mengenziel (operationalisiert über die Anzahl der Messreihen), ein Qualitätsziel (orientiert an der Repräsentativität bzw. Validität der Resultate der Messreihen), ein Fristenziel (festgemacht an den Termineinhaltungen und Terminüberschreitungen), ein Kostenziel (ausgedrückt etwa in sFr. pro Messreihe) und ein Zufriedenheitsziel (gemessen am Anteil zufriedener Kunden) formulieren.

9.2 Systemfalle

Unter der *Systemfalle* in der Erfolgskontrolle versteht man, dass sich im Verlauf der Erfolgskontrolle die *Sytemgrenzen* verschieben. Dies kann sowohl für das *Maßnahmensystem* (d.h. die geplanten und durchgeführten Interventionen), das *Wirkungssystem* (d.h. den Umweltausschnitt für den die Maßnahmen gedacht waren) als auch das *Bewertungssystem* (d.h. die Kriterien, die für eine Gesamtbewertung beigezogen werden) gelten.

Eine Kontrolle des Maßnahmesystems ist Gegenstand *der Vollzugs- bzw. Durchführungskontrolle (s.o.).* Gleichermaßen wird durch die *Bedingungs- bzw. Prämissenkontrolle* untersucht, ob das System, für den vorher Einwirkungen der Maßnahmen geprüft werden sollten, sich verändert hat. Dies ist schwierig, da etwa bei dem Studium von Naturschutzmaßnahmen es de facto unmöglich ist die Klimabedingungen oder andere „Störvariablen" genau zu erfassen und zu kontrollieren.

9.3 Bewertungsfallen

Unter einer Bewertungsfalle versteht man, dass sich im Verlauf der Erfolgskontrolle die Bedeutung und das Gewicht bestimmter Bewertungskriterien verändert.

Auch wenn die *Indikatoren* ($I_j, j = 1,...,n$) und die *Systemgrenzen* während einer Studie *unverändert* bleiben, können sich

1. die *Gewichte* (w_j), die einzelnen Aspekten zukommen, oder
2. der *Referenzpunkt* der Bewertung verändern und somit unterschiedliche Gesamtbewertungen resultieren

Ad (i): Umweltmaßnahmen sind häufig konfliktbeladen. Geht es etwa um die ökologische Aufwertung einer Landschaft, so steht die Förderung einzelner Subsysteme wie Wald, Offenland, Gewässer vielfach im Widerspruch. Aber auch innerhalb der einzelnen Subsysteme konkurrieren Tier- und Planzenarten sowie deren Förderung.

Technisch sprechen wir in diesem Fall auch von Multikriterien-Bewertung, in die verschiedene Indikatoren, I_j, einbezogen werden. Möchte man die Gewichtungen schon auf der Stufe der Maßnahmenplanung offen legen, so kann man sich sog. Multikriterien-Modelle bedienen. Im Rahmen dieser Modelle werden die Indikatoren, die zur Bewertung mittels Gewichtung für eine gemeinsame Nutzeneinheit, $u(A_k)$ beigezogen werden, verrechnet. Diese Nutzeneinheit oder -skala erlaubt es, alle Alternativen und/oder Ausgänge von Maßnahmenanwendungen zu bewerten. Ein Fallstrick bei der Zielerreichungskontrolle besteht nun darin, dass in der Literatur verschiedene Verfahren für eine Multikriterien-Bewertung angeboten werden (Winterfeldt & Edwards 1986). Diese Verfahren können aber zu verschiedenen Bewertungen führen. Um nun eine den Intentionen der Projektplaner und Projektbewerter angemessene Aussage zu treffen, müssten eigentlich das Verfahren und die Gewichtungen für die einzelnen Aspekte/Kriterien vor oder zu Beginn der Planung erhoben werden.

Ad (ii) Vor dem Hintergrund der Schwierigkeiten einer Multikriterien-Bewertung könnte man geneigt sein, auf eine (eindimensionale) Nutzenbewertung, $u(A_k)$, zu verzichten und sich lediglich darauf beschränken, die einzelnen Indizes, die zu einer Bewertung beigezogen werden, zu betrachten. Dies führt auf eine andere Variante der Bewertungsfalle, welche unter dem Namen „Arrows-Paradoxon" bekannt ist und in folgendem Bewertungsdilemma besteht:

In eine Bewertung zwischen 3 Alternativen, A_k, werden 3 Indikatoren I_1, I_2, I_3 einbezogen, die für jede Alternative ein Indikatorenvektor $v(A_k) = (I_1^k, I_2^k, I_3^k)$ liefert. Der Einfachhalt halber nimmt man an, dass für diese Indikatoren die Werte $1, 2, 3$ eingesetzt werden können, wobei 1 der beste Wert sei und 3 der schlechteste. Ein Vergleich zwischen den Alternativen wird nun so durchgeführt, dass die eine Alternative besser ist ($"\prec"$) als die andere, wenn sie in der Mehrzahl der Indikatoren besser ist.

Wir nehmen nun an, dass in einer Erfolgskontrolle folgende Bewertungssituation ergibt:

$$v(A_1) = (1,2,3) \prec v(A_2) = (2,3,1) \prec v(A_3) = (3,2,1) \prec v(A_1)$$

Die Bewertung führt zu keinem vernünftigen Ergebnis. Je nach Ausgangspunkt (Referenzpunkt) erscheinen andere Alternativen besser. Technisch spricht man von „zyklischen Triaden". Diese lassen sich nur vermeiden, wenn eine eindimensionale Nutzenfunktion, wie unter (i) skizziert, gegeben ist.

Es gibt eine Reihe weiterer Bewertungsfallen, die sich beispielsweise aus der Unstabilität (technisch mangelhafte Reliabilität) oder der Kontextabhängigkeit von Urteilen ergibt. Wesentlich ist jedoch, dass die Bewertungsfallen deutlich machen, dass für eine Erfolgskontrolle von Umweltmaßnahmen eine Ex-ante-Perspektive notwendig ist

10 Zusammenfassung und Folgerungen

Die Erfolgskontolle ist eine Schlüsselgröße der Umweltmanagements. Sie ist ein Beispiel technologischer Wissenschaft (Herrmann 1979), welches höchste methodische Anforderungen in Bezug auf Projekt- und Entscheidungscontrolling, Evaluationsmethodik und Wirtschaftslichkeitsrechnung erfordert.

Aus diesen methodischen Anforderungen ergibt sich auch, dass eine Erfolgskontrolle von Umweltmaßnahmen als integraler Bestandteil des Umweltmanagements zu begreifen ist (Ortolando 1997). Eine Ex-ante-Planung von Erfolgskontrolle erlaubt es, bereits in der Zielbildung und Projektplanung die Indikatoren, Kennzahlen, Systemgrenzen und Bewertungsperspektiven zu formulieren, die den Akteuren und den Randbedingungen der Entscheidungen gerecht werden.

Da eine Wertung des Erfolgs letztendlich perspektivenabhängig ist (Hofstetter et al., 2000), verlangt eine Erfolgskontrolle eine partizipative Projektplanung und Projektverwaltung (Mariotta 1998). Dies ist ungewohnt und stellt eine wichtige Barriere dar. Ein wesentlicher Grund hierfür dürfte im Problem der Over-Confidence liegen. Bekanntlich sind Menschen bei einer Entscheidung oder bei eine Projektplanung von dem Erfolg überzeugt (Kahneman & Tversky 1982; 1996; Tversky & Shafir 1992), sodass die Notwendigkeit einer Ex-ante-Erfolgskontrolle nicht eingesehen wird.

Literatur

AFR (Ed.). (1995). *Akademie für Raum- und Landesplanung. Handwörterbuch der Raumplanung.* Hannover: Akademie für Raum- und Landesplanung.

Ahbe, S., Braunschweig, A., & Müller-Wenk, R. (1990). *Methodik für Ökobilanzen auf der Basis ökologischer Optimierung.* (Schriftenreihe 133). Bern: Bundesamt für Umwelt, Wald und Landschaft (BUWAL).

Berg, M., & Scheringer, M. (1994). Problems in Environmental Risk Assessment and the Need for Proxy Measures. *Fresenius Environmental Bulletin, 3*(8), 487-492.

Böcker, R. (Ed.). (1997). *Erfolgskontrolle im Naturschutz am Beispiel des Moorkomplexes Wurzacher Ried.* Stuttgart: Ulmer.

Bohne, E., & König, H. (1976). Probleme der politischen Erfolgskontrolle. *Die Verwaltung*, 20-31.

Borg, I., & Staufenbiel, T. (1989). *Theorien und Methoden der Skalierung.* Bern: Huber.

Bormann, W., Buchholz, H., & Schröter, R. (1976). *Studie für ein Verfahren zur Erfolgskontrolle von Maßnahmen des Umweltschutzes* (44). Berlin: Institut für Zukunftsforschung.

Bortz, J., & Döring, N. (1995). *Forschungsmethoden und Evaluation.* Berlin: Springer.

Bortz, J., Lienert, G. A., & Boehnke. (1990). *Verteilungsfreie Methoden in der Biostatistik.* Heidelberg: Springer.

BUWAL. (1998). *Methode der ökologischen Knappheit - Ökofaktoren 1997* (Schriftenreihe 297): Bundeamt für Umwelt, Wald und Landschaft.

Campbell, D. T., & Stanley, J. C. (1963). *Experimental and Quasi-Experimental Designs for Research.* Chicago: Rand McNally.

Cansier, D. (1993). *Umweltökonomie.* Stuttgart: Gustav Fischer.

Cascio, J., Woodside, G., & Mitchell, P. (ISO 1400 Guide). *1996.* New York: McGraw-Hill.

Chesnut, H. (1967). *Systems Engineering.* New York: John Wiley & Sons.

Churchman, C. W., Achoff, R. L., & Arnoff, E. L. (1995). The General Nature of Operations Research. In P. Keys (Ed.), *Understanding the Process of Operational Reserach* . New York: Wiley.

Cook, T. D., Cooper, H., Cordray, D., Hartmann, H., Hedges, L., light, R., Louis, T., & F, M. (1992). *Meta-Analysis for Exploration: A CAsebook.* New York: Russel Sage Foundation.

Cronbach, L. J., Ambron, S. R., Dornbusch, S. M., & al., e. (1980). *Toward reform of program evaluations..* San Francisco: Bass.

Cummings, R. G., Brookshire, D. S., & Schulz, W. D. (1986). *Valuing Environmental Goods: An Assessment of the Contingent Valuation Method.* Totowa, N.Y.: Rowman An Allenheld.

Daniel, H.-D., & Fisch, R. (1988). *Evaluation von Forschung.* Konstanz: Universitätsverlag Konstanz.

DIFU. (1987). *Fallbeispiele kommunaler Umweltverträglichkeitsprüfungen* (DIFU-Materialien 2/87). Berlin: Deutsches Institut für Urbanistik (DIFU).

Freeman, H. E., & Solomon, M. A. (1980). The next decade in Evaluation Reserach. In R. A. Levine, M. A. Solomon, G.-M. Hellstern, & H. Wollmann (Eds.), *Evaluation Reserach and Practice. Comparative and International Perspectives.* . Beverly Hills: Sage.

Freeman, M. (1982). *Air and Water Pollution Control; A Benefit-Cost Assessment.* New York: Wiley.

Gigerenzer, G. (1981). *Messung und Modellbildung in der Psychologie.* München: Reinhardt.

Goedkoop, M. (1995). *Eco-Indicator 95, Final Report and Manual for Designers* . Amersfoort.

Haldemann, T. (1999). New Public Management im Umweltschutzbereich. Erfolgs- und Wirkungskontrolle von institutionellen Reformen un politischen Maßnahmen. In Scholz & R.W. (Eds.), *Erfolgskontrolle von Umweltschutzmaßnahmen* . Heidelberg: Springer.

Hanssmann, K.-W. (Ed.). (1998). *Umweltorientierte Betriebswirtschaftslehre.* Wiesbaden: Gabler.

Heijungs, R., Guinee, J. B., Huppes, G., Lankreijer, R. M., Udo de Haes, H. A., & Wegener Sleeswijk, A. (1992). *Environmental Life Cycle Assessment of Prodects; Backgrounds & Guide* . Leiden.

Heitzer, A. (1999). Strategien und Konzepte der Erfolgskontrolle von Umeltmaßnahmen. In R. W. Scholz (Ed.), *Erfolgskontrolle von Umweltmaßnahmen* . Heidelberg: Springer.

Hellstern, G.-M., & Wollmann, H. (Eds.). (1984). *Handbuch der Evaluationsforschung*. Opladen: Westdeutscher Verlag.

Herrmann, T. (1979). *Psychologie als Problem*. Stuttgart: Klett.

Hesse, R. (1975). *Die Kostenwirksamkeitsanalyse* (3). Köln: Bundesakademie für öffentliche Verwaltung.

Hofstetter, P. (1998). *Perspectives in Life Cycle Assessment; A structured approach to combine models of the technosphere, ecosphere, and valuesphere*. Boston: Kluwer.

Hofstetter, P., Baumgartner, T., & Scholz, R. W. (2000). Modelling the Valuesphere and the Ecosphere: Integrating the Decision Makers' Perspectives into LCA. *International Journal of Life Cycle Assessment, 5(3)*.

Jöreskog, K. G., & Sörbom, D. (1979). *Advances in Factor Analysis and Structural Equation Models*. Cambridge M.A.: Abt. Books.

Kahneman, D., & Tversky, A. (1982). On the study of statostical intuitions. In D. Kahneman, P. Slovic, & A. Tversky (Eds.), *Judgment under Uncertainty* (pp. 493-508). Cambridge MA: Cambridge University Press.

Kahneman, D., & Tversky, A. (1996). On the reality of cognitive illusions. *Psychological Review*(103), 582-591.

Königs, L. (1989). *Erfolgskontrolle un Evaluierung kommunaler Entwicklungsplanung*. Dortmund: IRPUD.

Lange, C., & Ukena, H. (1996). Intergrierte Investitionsplanung und -kontrolle im Rahmen eines betrieblichen Umweltschutz-Controllingsystems. *Zeitschrift für angewandte Umweltforschung, 9*(1), 67-85.

Laslett, R. (1995). The Assumptions of Cost-Benefit Analysis. In K. G. Willis & J. T. Corkindale (Eds.), *Environmental Valuation* . Wallingford: CAB International.

Mariotta, S. (1998). *Basisinformation für die Erfolgskontrolle von waldbaulichen Maßnahmen* (Praxishilfe). Bern: Bundesamt.

Müller-Wenk, R. (1978). *Ökologische Buchhaltung*. Stuttgart: Campus.

NAS/NRC. (1966). *Waste Management and Control* (Publication 1400): National Academy of Sciences/National Reserach Council.

OECD. (1987). *Evaluation of Research* . Paris: Organisation for Economic Co-operation and Development.

OECD. (1991). *Environmental Data Compendium 1991* . Paris.

OECD. (1995). *The Life Cycle Approach: AN Overview of Product/Process Analysis, Technology and Environment* (GD(95) 118). Paris: OECD.

Orth, U. (1996). Umweltcontrolling mit erweiterter Kosten-Nutzen-Analyse - dargestellt am Beispiel des Wassereinsatzes zur Pflanzenerzeugung -. *Zeitschrift für angewandte Umweltforschung, 9*(2), 233-246.

Ortolano, L. (1997). *Environmental regulation and impact assessment*. New York: John Wiley & Sons.

Ossadnik, W. (1996). *Controlling*. München: Oldenbourg.

Peters, W. (1984). Die Nachhaltigkeit als Grundsatz der Forstwirtschaft, ihre Verankerung in der Gesetzgebung und ihre Bedeutung in der Praxis : die Verhältnisse in der Bundesrepublik Deutschland im Vergleich mit einigen Industrie- und Entwicklungsländern. Diss. Univ Hamburg.

Plachter, H. (1991). *Naturschutz*. Stuttgart: Gustav Fischer.

Preissler, P. R. (1997). *Controlling*. München: Oldenbourg.

Radkau, J. & Schäfer, I. (1987). Holz: Ein Naturstoff in der Technikgeschichte. Reinbek bei Hamburg: Rowohlt.

Roethlisberger, F., & Dickson, W. J. (1939). *Management and the Worker.* Cambridge MA: Harvard University Press.

Rohrmann, B. (1999). Die Evaluation von Maßnahmen zur Risiko- Kommunikation. Methodische Prinzipien und zwei Fallstudien. In R. W. Scholz (Ed.), *Erfolgskontrolle von Umweltmaßnahmen* (pp. 205-224). Heidelberg: Springer.

Rose-Ackerman, S. (1995). *Controlling Environmental Policy.* New Haven: Yale University Press.

Rossi, P. H., & Freeman, H. E. (1993). *Evaluation.* Beverly Hills: Sage.

Rüttinger, B., & Lasser, M. (1999). Kunden- und nutzerorientierte Entwicklung umweltgerechter Produkte. In R. W. Scholz & R. Bühlmann (Eds.), *Erfolgskontrolle von Umweltzmaßnahmen.* Heidelberg: Springer.

Sewell, G. H. (1975). *Environmental Quality Management.* Englewood Cliffs, N.J.: Prentice-Hall.

Stoltenberg, U., & Funke, M. (1996). *Betriebliches Oekocontrolling.* Wiesbaden: Gabler.

Strauss, W. (1971). *Air Pollution Control I.* New York: Wiley-Interscience.

Strauss, W. (Ed.). (1972). *Air Pollution Control II.* New York: Wiley-Interscience.

Strauss, W. (Ed.). (1978). *Air Pollution Control III.* New York: Wiley Interscience.

Tversky, A., & Shafir, E. (1992). The disjunction effect in choice under uncertainty. *Psychological Science, 3,* 305-309.

USPCEQ. (1993). *Environmental Quality* (23d Annual Report). Washington, D.C.: United States Presidents Council of Environmental Quality.

von Winterfeldt, D., & Edwards, W. (1986). *Decision analysis and behavioral research.* Cambridge, MA: Cambridge University Press.

Winer, B. J. (1971). *Statistical Principles in Experimental Design.* New York: McGraw Hill.

WorldBank. (1995). *Monitoring Environmental Progress* . Washington, D.C.: World Bank.

Wottawa, H., & Thierau, H. (1990). *Evaluation.* Stuttgart: Huber.

Yates, J. F. (1990). *Judgment and decision-making.* Englewood Cliffs, NJ.: Prentice Hall.

Züst, R. (1997). *Einstieg ins Systems Engineering.* Zürich: Verlag industrielle Organisation.

Strategien und Konzepte der Erfolgskontrolle

Armin Heitzer*

1 Was ist Erfolgskontrolle?

Die wirksame und effiziente Lösung aktueller Umweltprobleme und insbesondere die Minimierung oder Vermeidung zukünftiger Probleme stellt sowohl Wirtschaftsunternehmen als auch staatliche Behörden vor ständig wachsende Aufgaben und neue Herausforderungen.

Erfahrungen aus den letzten Jahren haben klar gezeigt, dass eine Verbesserung der Ökoperformance in Unternehmen neben Imagevorteilen und einer Konsolidierung der Akzeptanz auf dem Markt auch wirtschaftliche Vorteile bringen kann, indem ein Beitrag zur Senkung von Produktions- und Dienstleistungskosten erreicht werden kann. Aufgrund des sich in stetem Wandel befindlichen gesetzlichen Umfeldes wird von Unternehmen ein hohes Maß an Flexibilität gefordert.

Um sich optimal an die aktuellen und aus strategischer Sicht auch an die zukünftigen Rahmenbedingungen anzupassen, müssen geeignete Maßnahmen getroffen werden. Welches sind nun aber geeignete Maßnahmen und wie lassen sich die getroffenen Maßnahmen und deren Wirkungen überprüfen und verbessern? Wie lässt sich deren Erfolg nachweisen?

Um als Unternehmen möglichst rasch und systematisch an solche entscheidungsrelevanten Informationen zu gelangen, ist es notwendig, eine Erfolgskontrolle als integralen Bestandteil einer Umweltmaßnahme schon in deren Planung miteinzubeziehen. Die Erfolgskontrolle wird damit zu einem eigentlichen Führungs- und Entscheidungshilfeinstrument.

Die umweltorientierte Leistung von Unternehmen kann auf verschiedenen Ebenen beurteilt werden: Management, Prozess/Produktion, lokaler/regionaler Umweltzustand.

Je nach Einsatzebene ist nun eine Erfolgskontrolle zur Evaluation der getroffenen Maßnahmen an die spezifischen Bedürfnisse der Nutzer anzupassen.

---

* BMG Engineering AG, Ifangstr- 11, CH 8952 Schlieren, Schweiz.

2 Funktionen einer Erfolgskontrolle

Damit zwischen Erfolg und Misserfolg unterschieden werden kann, ist es notwendig, ausgewählte Eigenschaften der geplanten oder getroffenen Maßnahmen mit definierten Referenzgrößen zu vergleichen. Von Erfolg kann erst dann gesprochen werden, wenn zum einen Zielgrößen oder Zielentwicklungen erreicht wurden und zum anderen die Wirksamkeit und Effizienz der Maßnahmen auch aufgezeigt werden konnten.

Daraus wird ersichtlich, dass eine der Hauptfunktionen in der *Kontrolle* von Maßnahmen bezüglich der Erfüllung bestimmter Eigenschaften liegt. Bei Nichterfüllung der Anforderungen deckt eine Erfolgskontrolle diesen Sachverhalt frühzeitig auf und kann auch spezifische Informationen zur *Korrektur* von fehlgeschlagenen Maßnahmen, Fehlentscheiden oder Fehlentwicklungen liefern. Mit diesen 2 Eigenschaften wird ein zyklischer und iterativer Prozess eingeleitet, in dem die Erfolgskontrolle einen wesentlichen Beitrag zu einer *kontinuierlichen Verbesserung* von umweltrelevanten Maßnahmen während der Planungs-, Entwicklungs- und Vollzugsphase leistet.

3 Voraussetzungen für eine Erfolgskontrolle

3.1 Gegenstand der Erfolgskontrolle - Systemverständnis

Bevor eine Erfolgskontrolle durchgeführt werden kann, sind die beiden Fragen "Wozu eine Erfolgskontrolle?" und "Worüber soll sie sein?" genau zu beantworten.

Zuvor muss zunächst der Untersuchungsgegenstand definiert werden. Handelt es sich um die Überprüfung der Wirksamkeit von technischen Umweltmaßnahmen in einem Betrieb? Oder soll die Umsetzung einer staatlichen Umweltpolitik evaluiert werden? In beiden Fällen muss das zu betrachtende System charakterisiert und dessen Grenzen eindeutig definiert werden. Dazu gehören ebenso ein Verständnis des zu lösenden Problems mit seinen Ursachen wie auch ein Verständnis der getroffenen Maßnahmen und Ihren Wechselwirkungen mit dem zu lösenden Problem. Neben diesen Aspekten sind auch externe Faktoren, welche die Maßnahmenwirkung beeinflussen können, zu berücksichtigen und nach Möglichkeit zu erfassen. Von Bedeutung für die Systembeschreibung sind schließlich die Ziele, welche mit einer Maßnahme verfolgt werden.

3.2
Ziele

Damit für eine Maßnahme eine Erfolgskontrolle durchgeführt werden kann, muss definiert werden, was unter Erfolg zu verstehen ist. Dazu sind eindeutige Ziele festzulegen. Die mit einer Maßnahme bewirkte Zielerreichung sowie die Wirksamkeit und Effizienz der Maßnahme liefern schließlich die übergeordneten Erfolgskriterien. Die Messbarkeit des Erfolges hängt primär vom Operationalisierungsgrad der Ziele ab. In Tab. 1 sind einige Anforderungen für eine operationale Zielformulierung zusammengestellt.

Tabelle 1. Merkmale einer operationalen Zielformulierung. (Nach Haberfellner et al. 1994)

Merkmal	Zu beantwortende Frage
Zielobjekt	Woran sind die Ziele gebunden?
Zieleigenschaft	Was soll erreicht werden?
Zielausmaß	Wieviel soll erreicht werden?
Raumbezug	Wo soll das Ziel erreicht werden?
Zeitbezug	Wann soll das Ziel erreicht werden?

So werden beispielsweise in der schweizerischen Luftreinhalteverordnung Immissionsgrenzwerte quantitativ in Mikrogramm pro Kubikmeter Luft als 24-h-Mittelwerte definiert, die höchstens einmal pro Jahr überschritten werden dürfen. Es liegt auf der Hand: Je besser der Operationalisierungsgrad der Ziele ist, desto einfacher gestaltet sich auch eine Überprüfung der Zielerreichung. Bei schlecht operationalisierten Zielen, ist dieser Prozess mit oft beträchtlichem Aufwand nachzuholen, indem geeignete Indikatoren zur Erfassung der Zielerfüllung erarbeitet werden müssen.

Die Erarbeitung von Zielen ist eine schwierige Aufgabe, da sie oft einen Kompromiss und Konsens von unterschiedlichen, oft gegensätzlichen Interessen darstellt, welchen es auszuhandeln gilt (Stäubli & Heitzer 1996).

3.3
Indikatoren

Umweltindikatoren sind messbare Grössen und dienen der Überprüfung von Umweltzielen. Generell informieren sie über einen umweltrelevanten Sachverhalt. Sie können ursachen-, zustands- oder wirkungsorientiert sein. Indikatoren sollen komplexe Sachverhalte für den Nutzer verständlich, anwendbar und kommunizierbar machen. Für bestimmte Anwendungen können mehrere Umweltindikatoren auch zu einem Umweltindex zusammengefasst werden. Ein praktisches Beispiel dazu liefern Umweltbelastungspunkte in Ökobilanzierungen (BUWAL 1990).

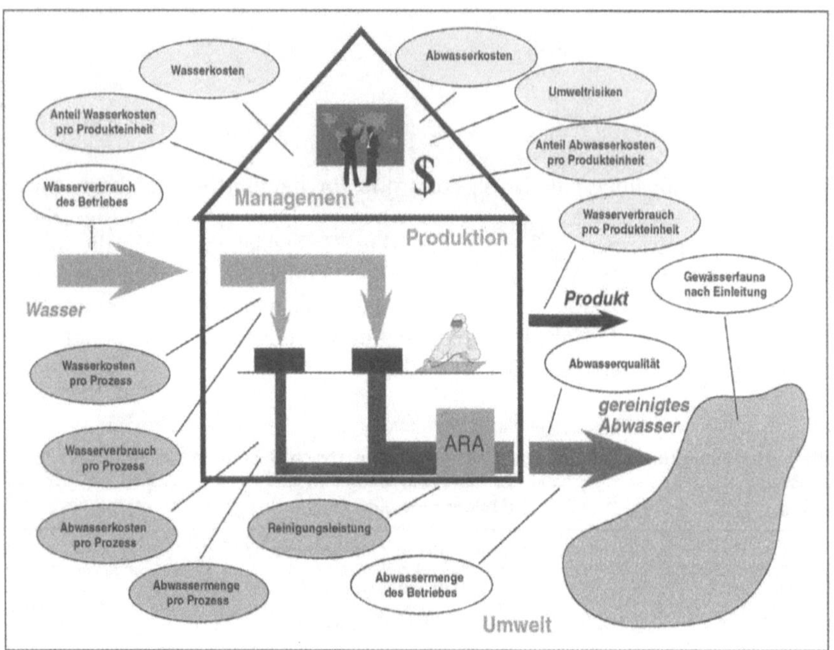

Abb. 3. Mögliche Erfolgsindikatoren zu Ressourcenverbrauch und Emissionen in einem Betrieb am Beispiel Wasser: Indikatoren für die Management-, Produktions- und Umweltebenen

In Abb. 3 sind für einen nicht näher bezeichneten Betrieb verschiedene Umweltindikatoren zum Thema „Wasser" dargestellt. Diese wurden anwendungsspezifisch den Bereichen Management, Produktion und Umwelt zugeordnet. Während auf der Managementebene der Beitrag des Wassers zu den Produktionskosten von Interesse ist, sollten auf Produktionsebene verursacherbezogene Indikatoren zur Anwendung gelangen, welche eine Identifizierung der Wasserverbraucher ermöglichen. Die Umwelt betreffend interessieren der gesamte Wasserressourcenverbrauch, die anfallende Abwassermenge des Betriebes sowie die Qualität des Abwassers, welche eine Vergleichsgrundlage mit anderen Verbrauchern liefern.

4 Phasen einer Erfolgskontrolle

Eine Erfolgskontrolle steht immer in Zusammenhang mit der Planung oder Durchführung eines Projektes oder einer Maßnahme. Zur optimalen Integration in den Projektablauf, sollte eine Erfolgskontrolle in verschiedene Phasen aufgeteilt werden (Eekhoff 1981, Marti et al. 1993). In Abb. 4 sind diese Phasen in einem logischen Ablauf zusammengefasst, welcher zu einer systematischen Erhebung und Vertiefung der Kontroll- und Korrekturinformationen führt.

In der Praxis müssen nicht in jedem Fall alle diese Phasen einer Erfolgskontrolle durchlaufen werden, sondern der Aufwand ist jeweils spezifisch dem Fall und der Fragestellung entsprechend anzupassen. Nachfolgend werden die Ziele und Aufgaben der einzelnen Phasen kurz beschrieben:

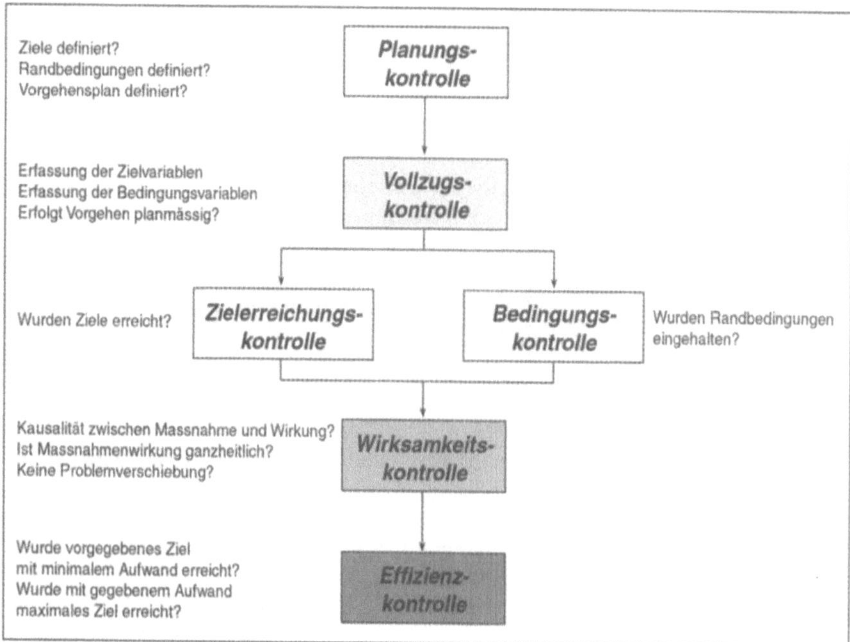

Abb. 4. Phasen einer umfassenden Erfolgskontrolle

4.1 Planungskontrolle

Mit der Planungskontrolle werden die Planungsarbeiten für eine Umweltmaßnahme auf ihre Vollständigkeit hin überprüft. Dazu sollten verschiedenene Punkte berücksichtigt werden:

- Der Zweck der Durchführung einer Erfolgskontrolle sollte definiert sein: Handelt es sich um eine Routineaufgabe zur Überprüfung der Grenzwerteinhaltung oder um den Wirksamkeitsnachweis für eine neue Umwelttechnologie?
- Die mit einer Umweltmaßnahme verfolgten Ziele müssen eindeutig und operational definiert sein. Die verwendeten Indikatoren dienen als Zielvariablen und sollen hinsichtlich der Erfolgsbeurteilung aussagekräftig sein.
- Die zur erfolgreichen Durchführung einer Maßnahme angenommenen Randbedingungen und kritischen Einflussfaktoren sollten mittels geeigneter Indikatoren als Bedingungsvariablen ebenfalls operational definiert sein.
- Der Vorgehensplan zur Durchführung einer Umweltmaßnahme muss definiert sein.

4.2
Vollzugskontrolle

Aufgabe der Vollzugskontrolle ist die periodische Messung aller relevanten Ziel- und Bedingungsvariablen während der Durchführung einer Maßnahme. Ebenso ist zu prüfen, ob die Durchführung einer Maßnahme dem ursprünglichen Plan folgt. Aus diesen Informationen lassen sich mögliche Zielabweichungen später interpretieren oder erklären und Ansätze für Maßnahmenverbesserungen finden.

4.3
Zielerreichungskontrolle

Mit der Zielerreichungskontrolle wird festgestellt, ob die mit einer Maßnahme vorgegebene Ziele erreicht wurden oder ob eine gewünschte Enwicklungsrichtung eingehalten wurde. In beiden Fällen wird die Zielvariable, d.h. der „Ist-Wert" mit einer Zielgröße oder -entwicklung, d.h. einem "Soll-Wert" verglichen.

4.4
Bedingungskontrolle

Wird mit der Zielerreichungskontrolle festgestellt, dass die Ziele nicht erreicht worden sind, stellt sich die Frage nach den Ursachen für den Misserfolg. Als erster Schritt werden mit der Bedingungskontrolle analog zur Zielerreichungskontrolle die Einhaltung der Randbedingungen, der wichtigen Einflussfaktoren und des Vorgehensplanes überprüft und Abweichungen gegenüber den ursprünglich getroffenen Annahmen erfasst. Mit diesen Ergebnissen lassen sich mögliche Gründe für den Misserfolg einer Maßnahme identifizieren und erste Korrekturinformationen gewinnen, welche zu einer weiteren Verbesserung der Maßnahme dienlich sein können.

Ebenso können Ziele auch erreicht worden sein, während die Randbedingungen nicht eingehalten wurden. In solchen Fällen ist die Wirksamkeit der getroffenen Maßnahme in Frage zu stellen, da die Zielerreichung möglicherweise auf die geänderten Randbedingen zurückzuführen ist.

4.5
Wirksamkeitskontrolle

Zur Feststellung der Wirksamkeit einer Umweltmaßnahme müssen verschiedene allgemeine Kriterien berücksichtigt werden, welche in Tab. 2 zusammengefasst sind. Als erste Voraussetzung sollten die mit der Maßnahme vorgegebenen Ziele erreicht worden sein. Diese Information wird bereits mit der Zielerreichungskontrolle geliefert. Als weiteres Kriterium muss eine Kausalität zwischen dem Einsatz einer Maßnahme und der Zielerreichung bestehen. Auch dazu werden mit der Bedingungskontrolle bereits wichtige Teilinformationen geliefert.

Tabelle 2. Allgemeine Kriterien zur Prüfung der Wirksamkeit einer Maßnahme

Kriterium	Bedeutung
Zielerreichung	Damit eine Maßnahme als wirksam betrachtet werden kann, muss ihr Einsatz das Erreichen vorgegebener Ziele ermöglichen
Kausalität zwischen Maßnahme und Wirkung	Zwischen dem Einsatz einer Maßnahme und den beobachteten Effekten muss ein kausaler Zusammenhang bestehen
Dauerhaftigkeit und Ganzheitlichkeit des Effektes	Die Wirkung der Maßnahme sollte dauerhaft sein und nicht in einer Problemverschiebung resultieren

Dem dritten Kriterium der Dauerhaftigkeit und Ganzheitlichkeit ist besonders bei technischen „end of pipe"-Umweltmaßnahmen Aufmerksamkeit zu schenken, da diese bei genauerer Betrachtung häufig nur zu partiellen Problemlösungen führen. Die Folge sind räumliche und zeitliche Problemverlagerungen.

Mit der Wirksamkeitskontrolle wird spezifische Information zur Beurteilung der Qualität einer Maßnahme aus einer ganzheitlichen Perspektive gewonnen. Daraus resultieren als systematische Weiterführung der Zielerreichungs- und Bedingungskontrolle auch vertiefte und gezielte Informationen zur Korrektur von Fehlentwicklungen getroffener Maßnahmen.

4.6 Effizienzkontrolle

Die Grundlagen für ein wirtschaftliches und effizientes Handeln sind durch das duale Effizienzprinzip gegeben (Bohr 1993) , welches besagt:

Mit einem begrenzten Aufwand soll ein maximaler Ertrag erreicht werden (Prinzip A)

oder

Ein festgelegter Ertrag soll mit einem minimalen Aufwand erreicht werden (Prinzip B).

Bei den Aufwendungen handelt es sich stets um knappe Güter oder Ressourcen, welche zur Erreichung eines Ertrags benötigt werden und mit denen sparsam umzugehen ist. Ihr Verbrauch wird als Aufwand angesehen, während das Ziel den gewünschten Ertrag vorgibt. Die Effizienz ist schließlich definiert als der Quotient von Ertrag und Aufwand.

Effizienz = Ertrag : Aufwand

Erträge können auf die unterschiedlichsten Arten dargestellt werden: So kann Ertrag als ein Nutzen irgendeiner Art, als monetärer Gewinn, Ressourceneinsparung, Chance usw. anfallen. Im Gegensatz dazu kann der Aufwand einer Maßnahme als ein Schaden irgendeiner Art, als Kosten, Umweltbelastungen, Risiken usw. anfallen.

In Abb. 5 ist ein systematischer Ansatz zur Effizienzbetrachtung einer Umweltmaßnahme als Prozess mit Inputs und Outputs dargestellt. Die Inputs entsprechen Aufwendungen, während bei den Outputs zwischen erwünschten und nicht erwünschten Erträgen unterschieden wird. Bei den erwünschten Outputs handelt es sich um die eigentlichen Erträge im Gegensatz zu den unerwünschten Outputs, die zwar ebenfalls „Erträge" darstellen, jedoch in einem negativen Sinn. Gemäß diesem Modell lassen sich unterschiedliche Quotienten zur Beschreibung der Effizienz definieren (Tyteca 1996). Die folgenden 3 Möglichkeiten ergeben sich aus dem Modell und können, je nach Aufgabenstellung, zur Anwendung kommen:

Gesamteffizienz = erwünschter Output / (Input + unerwünschter Output)
Outputeffizienz = erwünschter Output / unerwünschter Output
Produkteffizienz = erwünschter Output / Input

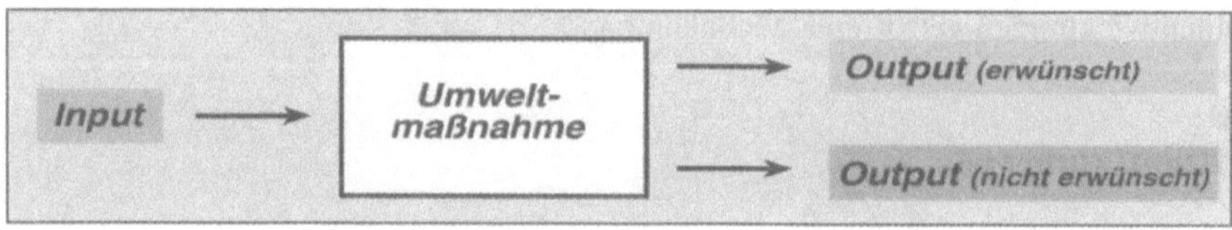

Abb. 5. Die Umweltmaßnahme als Prozess mit Inputs und Outputs

Diese letzte Phase der Erfolgskontrolle baut wiederum auf den Informationen vorausgegangener Phasen auf. Mit der zusätzlichen Bildung von Effizienzquotienten zur Beurteilung der Umweltmaßnahmen wird schließlich ein Rahmen geschaffen, der eine Verbindung zwischen ökologischen und ökonomischen Aspekten von Umweltmaßnahmen erlaubt. Darüber hinaus lassen sich Maßnahmen durch den Schaden- und Nutzenbezug in einen Referenzrahmen setzen, der zur Beurteilung verschiedener Maßnahmenalternativen beigezogen werden kann.

Nachfolgend werden einige methodische Beispiele zur Durchführung von Zielerreichungs-, Wirksamkeits- und Effizienzkontrollen von Umweltmaßnahmen kurz beschrieben.

5 Methodische Ansätze zur Erfolgskontrolle von Umweltmaßnahmen

5.1 Zielerreichungskontrolle: Überprüfung der Einhaltung von Umweltzielen

Die einfachste Form einer Zielerreichungskontrolle liegt vor, wenn quantitative Zielvorgaben als Referenzgrößen vorliegen und deren Einhaltung mit Messungen überprüft werden kann. Diese Form des Soll-Ist-Wert Vergleichs findet sich häufig in der betrieblichen Praxis. Beispiele dazu sind die regelmäßige Überprüfung der Einhaltung von Emissionsgrenzwerten während der laufenden Produktion oder im Rahmen eines Umwelt-Audits. Quantitative Zielangaben stammen nicht nur aus gesetzlichen Vorgaben, sondern können auch als Zielsetzungen einer betriebsinternen Umweltpolitik formuliert sein oder im Rahmen eines „benchmarkings" durch die Umweltdaten des Vorbildes vorgegeben werden.

Auch im behördlichen Vollzug der Umweltgesetzgebung spielt diese Art der Zielerreichungskontrolle eine wichtige Rolle. So wird beispielsweise mit regionalen Monitoringprogrammen die Einhaltung von Immissionsgrenzwerten für verschiedenen Luftschadstoffe wie Ozon, Stickoxide oder Schwefeldioxid und weitere mittels stationärer oder mobiler Meßeinrichtungen überprüft. In Abb. 6 a, b sind 2 in der Praxis oft gewählte Präsentationsformen der Resultate solcher Zielerreichungskontrollen schematisch abgebildet. Die Resultate aus solchen Zielerreichungskontrollen sind meist einfach kommunizierbar und werden regelmäßig in Umweltberichten veröffentlicht (Baudirektion des Kantons Zürich 1996).

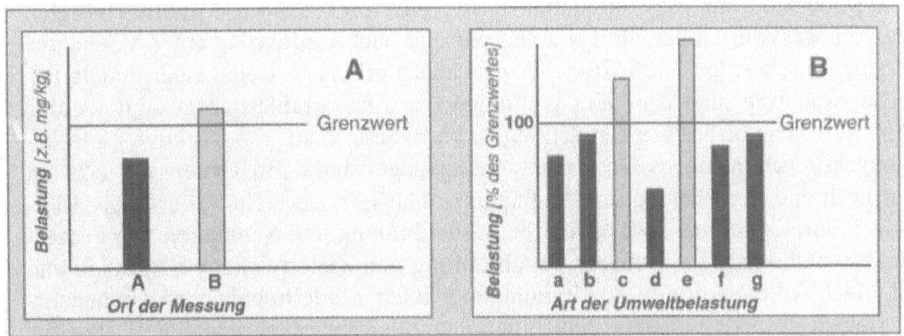

Abb. 6a, b. Zielerreichungskontrolle bei quantitativ vorgegebenen Zielen. a Räumliche Überprüfung der Einhaltung eines Einzelwertes b Gleichzeitige Überprüfung der Einhaltung verschiedener Grenzwerte

Wichtig für die Erfassung der Zielvariablen sind neben eindeutig definierten Indikatoren, ein repräsentativer Probenahmeplan, definierte Messverfahren sowie eine geeignete Datenverarbeitung, welche eine Charakterisierung von Unsicherheiten ermöglicht.

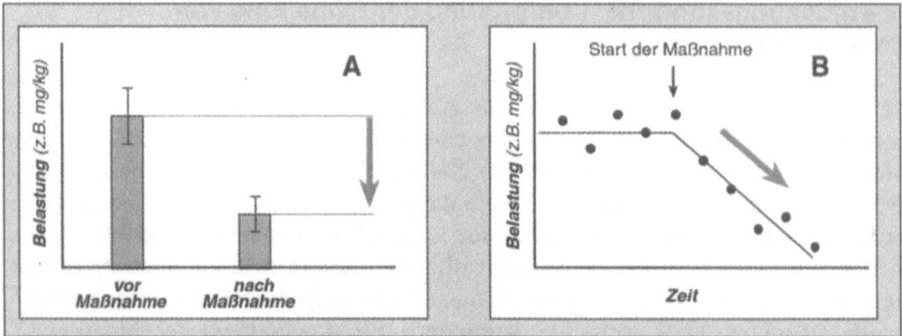

Abb. 7a, b. Zielerreichungskontrolle bei Vorgabe von Entwicklungsrichtungen. a Überprüfung durch Vergleich der Mittelwerte verschiedener Messungen einer Umweltbelastung vor und nach Durchführung einer Maßnahme. b Überprüfung der zeitlichen Entwicklungsrichtung einer Umweltbelastung nach Start der Maßnahme

Oft werden Ziele auch als erwünschte Entwicklungsrichtungen formuliert. Beispiele finden sich in der Abfallgesetzgebung wo es darum geht, Abfälle so weit als möglich zu vermeiden, zu vermindern oder aber die Abfälle zu verwerten und zu recyceln. Die entstehenden Abfallmengen sollten reduziert und der Anteil an verwertetem Material sollte erhöht werden. In diesen Fällen stellt sich die Frage, ob sich die Situation gegenüber früher verbessert hat.

Methodisch kann dies durch statistische Testverfahren wie Mittelwertvergleiche von Messwerten der Zielvariablen vor und nach Einführung einer Maßnahme durchgeführt werden (Abb. 7 a). Für periodisch erhobene Daten kann mittels Regressionsanalyse eine Zu- oder Abnahme der Zielvariablen aufgezeigt werden (Abb. 7 b). Die bisherigen Betrachtungen bezogen sich auf retrospektive Zielerreichungskontrollen am realen Untersuchungsgegenstand. Im Gegensatz dazu ist man während der Planung von Maßnahmen häufig noch nicht in der Lage, Messungen durchzuführen, sodass hier die Modellbildung und Simulation von Prozessen der methodische Ansatz zur Durchführung von Zielerreichungskontrollen und zur Machbarkeitsprüfung ist. Grundlagen solcher Modellrechnungen können Erfahrungsdatensätze aus ähnlichen Situationen oder aber experimentelle Daten aus Pilotversuchen sein.

5.2 Wirksamkeitskontrolle: Reinigungsleistung technischer Maßnahmen

Die Beurteilung der Wirksamkeit von umwelttechnischen Maßnahmen zur Schadstoffbeseitigung ist eine Aufgabe, welche in der Umweltpraxis häufig angetroffen wird. Ein systematischer Wirksamkeitsnachweis lässt sich durch eine Stoffflussanalyse durchführen, welche auf dem Prinzip der Massenbilanzierung beruht (Baccini & Bader 1997).

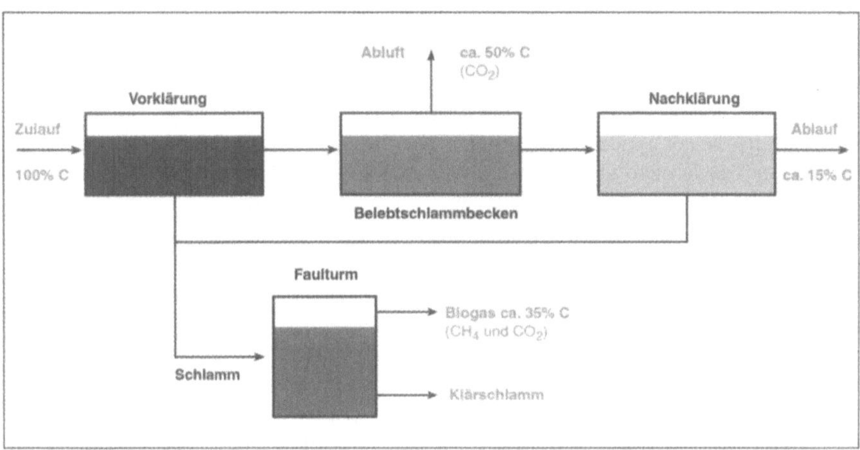

Abb. 8. Stoffflussbetrachtung zur Wirksamkeitsbeurteilung einer Kläranlage: idealer Kohlenstofffluss C, [% des Kohlenstoffeintrags] (Verändert nach Baudirektion des Kanton Zürich 1996)

In Abb. 8 ist als Beispiel eine biologische Kläranlage zur Reinigung kommunaler Abwässer mit den Stoffflüssen für Kohlenstoff dargestellt. Die Kläranlage steht hier stellvertretend für weitere Umwelttechnologien wie Kehrichtverbrennungsanlagen, Abluftreinigungsprozesse etc. Für die Stoffflussanalyse ist das betrachtete System mit seinen Teilprozessen zu beschreiben. Danach sind die zu analysierenden Stoffe unter Berücksichtigung der relevanten Transport- und Reaktionsprozesse zu quantifizieren. Diese Schritte sind in geschlossenen Systemen relativ einfach durchzuführen, werden jedoch in offenen Systemen zunehmend komplexer.

Ziel der biologischen Abwasserreinigung ist unter anderem ein möglichst vollständiger Abbau der Kohlenstofffracht zu CO_2 und CH_4, sodass bei der Einleitung des Abwassers in den Vorfluter die gesetzlichen Grenzwerte eingehalten werden. Die Wirksamkeit der Anlage bezüglich Abbauleistung von Kohlenstoff im Abwasser zu CO_2 und CH_4 liegt bei 85%. Für prognostische Zielerreichungskontrollen lässt sich diese Kennzahl zur Abschätzung der Grenzwerteinhaltung verwenden. Bei Anlagen im Betrieb wird die Kohlenstofffracht im Abwasser analytisch gemessen.

Der kausale Zusammenhang zwischen biologischen Prozessen der Kläranlage und der Kohlenstoffreduktion wird durch die Rückverfolgung der Kohlenstoffflüsse auf die einzelnen Teilprozesse ermöglicht: Die quantitative Umwandlung zu CO_2 und CH_4 kann dem Belebtschlammprozess und der Schlammfaulung zugeordnet werden, während 15% des Kohlenstoffs nicht eliminiert und über den Ablauf dem Vorfluter zugeführt werden.

Obwohl der Kohlenstofffluss vollständig erfasst und beschrieben wurde, bleiben bezüglich Ganzheitlichkeit und Dauerhaftigkeit der Problemlösung noch einige Fragen offen. So können gewisse organische Stoffe, welche zwar meist nur einen geringen Anteil der gesamten Kohlenstofffracht ausmachen, im Schlamm akummuliert werden oder durchlaufen die biologische Reinigungsstufe, ohne abgebaut zu werden und gelangen so unverändert in den Vorfluter.

Da der Summenparameter „Kohlenstoff" als Indikator nur begrenzte Aussagen zur Qualität der Kohlenstofffracht in den Vorfluter erlaubt, ist es notwendig, die verschiedenen Frachten genauer bezüglich Stoffzusammensetzung, Umweltverhalten und Toxikologie kritischer Stoffe und möglichen daraus resultierenden lokalen Umweltrisiken zu charakterisieren (Häner 1999).

Aus globaler Sicht liefert die Umwandlung von Kohlenstoffverbindungen zu CO_2 und CH_4 Beiträge zu neuen Problemen. Beide Endprodukte tragen zum Treibhauseffekt bei; somit findet partiell eine Problemverschiebung statt. Gleichzeitig ist jedoch wiederum zu berücksichtigen, dass CH_4 in Form von Biogas als Energiequelle genutzt werden kann und somit als positiv zu wertende Ressource zu Buche schlägt.

Dieses Beispiel verdeutlicht die hohen Anforderungen einer ganzheitlichen Maßnahmenbeurteilung bezüglich Umweltwirkungen. Eine systematische Methode zur ganzheitlichen Beurteilung der Umweltauswirkungen aus globaler Sicht ist die Ökobilanzierung.

5.3 Wirksamkeitskontrolle: Umweltauswirkungen von Produkten

Stellt sich für ein Unternehmen zum Nachweis der Verbesserung seiner Ökoperformance die Aufgabe, die Umweltwirksamkeit einer Prozessänderung zur Herstellung eines Produktes aufzuzeigen, wird eine ganzheitliche Betrachtung unter Berücksichtigung sämtlicher zur Herstellung, Nutzung und Entsorgung relevanter Prozesse notwendig. Die Beurteilung des Produktes geschieht vor und nach Einführung der Prozessänderung anhand verschiedener Beurteilungskriterien, zu welchen jedoch oft keine quantitativen Ziele als Referenzgrößen vorliegen. Für einzelne Kriterien gilt der bessere Wert als Vergleichsmaßstab. Wie aber lässt sich nun eine Erfolgskontrolle zum Nachweis der Umweltwirksamkeit dieser Prozessoptimierung durchführen?

Ein geeigneter methodischer Ansatz ist die Erstellung einer Ökobilanz. Ausgangspunkt der Analyse ist eine Systemcharakterisierung, welche den gesamten Lebensweg der Produkte, von der Rohstoffgewinnung bis hin zur Entsorgung, vor und nach der Prozessoptimierung umfasst. Nach Festlegung der funktionalen Einheit, beispielsweise ein Exemplar des Produktes, werden für die einzelnen Prozesse des Lebensweges die Stoff- und Energieflüsse erfasst, welche aus Ressourcen- und Güterverbräuchen sowie aus Emissionen und Abfällen resultieren (Heijungs 1992). Diese Sachbilanz dient schließlich als Grundlage für eine Zuordnung der einzelnen Stoffe zu definierten Problemkategorien.

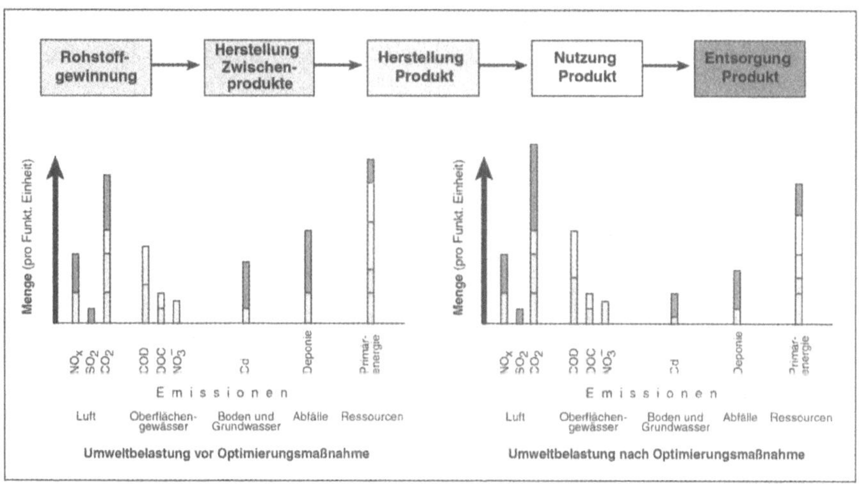

Abb. 9. Wirksamkeit von Verbesserungsmaßnahmen: Umweltbelastungen eines fiktiven Produktes mit den Anteilen der verschiedenen Phasen seines Lebensweges vor und nach der Umsetzung einer Optimierungsmaßnahme

Je nach Ökobilanzierungsmethode kann es sich um unterschiedliche Kategorien von Umweltbelastungen handeln (Heijungs et al. 1992; BUWAL 1998). In Abb. 9 sind die verursachten Umweltbelastungen für ein fiktives Produkt vor und nach einer Prozessoptimierung schematisch dargestellt. Zu den Kategorien der Ökobilanzierungsmethode der „ökologischen Knappheit" gehören (BUWAL 1998): „Emissionen in die Luft", „Emissionen in Oberflächengewässer", „Emissionen in Boden und Grundwasser" einschließlich „Abfälle" sowie „Ressourcenverbrauch" in Form von Primärenergieträger. Mit dieser Darstellung können zwar Schwachstellen erkannt werden, es lässt sich jedoch nicht entscheiden, ob die Prozessoptimierung zu einer Verbesserung der Umweltverträglichkeit geführt hat. Dieser zusätzliche Schritt wird durch verschiedene Bewertungsansätze unterstützt. Mit der Ökobilanzierungsmethodik der „ökologischen Knappheit" werden die einzelnen Umweltbelastungen mit sog. Ökofaktoren multipliziert (BUWAL 1990, 1998). Die resultierenden Ökopunkte lassen sich schließlich einfach addieren, sodass ein direkter Produktvergleich und somit eine Wirksamkeitskontrolle der Prozessoptimierung möglich wird. In Abb. 10 sind die aggregierten Ökopunkte für das Produkt vor und nach der Umsetzung von 4 verschiedenen Verbesserungsmaßnahmen zur Optimierung des Herstellungsprozesses dargestellt. Mit der Maßnahme C liesse sich die größte Reduktion der Umweltbelastungspunkte realisieren.

Dieser Ansatz besticht durch seine klare Aussage, welche durch die Vollaggregation der Daten aus der Sachbilanz zu einer Gesamtumweltbelastung ermöglicht wird. Die bei der Methode der „ökologischen Knappheit" durchgeführte Gewichtung und Normierung der Daten anhand „gesellschaftlich akzeptierter" Umweltstandards in der Form „kritischer Flüsse" soll eine konsensfähige Bewertung erlauben, welche den umweltpolitischen Zielsetzungen entspricht (Hofstetter & Braunschweig 1994).

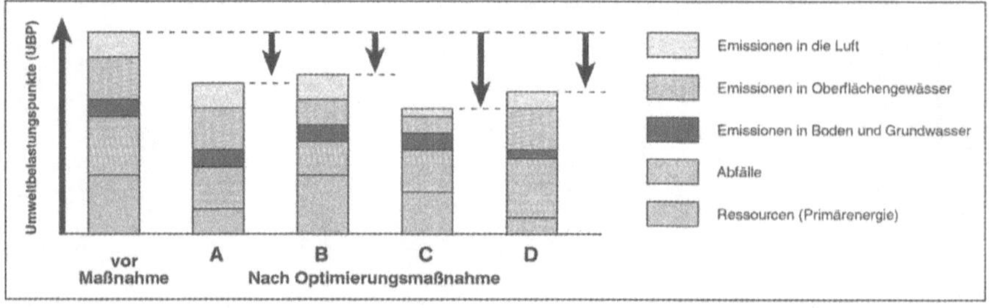

Abb. 10. Vergleich eines Produktes mittels Ökobilanz vor und nach Umsetzung von 4 verschiedenen Verbesserungsmaßnahmen zur Optimierung des Herstellungsprozesses. Die Beiträge zu Emissionen in die Luft, Oberflächengewässer, Boden und Grundwasser sowie die Entstehung von Abfall und der Verbrauch von Primärenergie sind als Umweltbelastungspunkte dargestellt

5.4 Effizienzkontrolle: Entscheidungshilfe bei der Maßnahmenauswahl

Bei der Auswahl geeigneter Maßnahmen zur Verbesserung der Ökoperformance eines Produktes stellt sich aus unternehmerischer Sicht die Frage nach der effizientesten Maßnahme. Dabei sollen sowohl ökologische als auch ökonomische Kriterien Berücksichtigung finden. Als ökologische Kriterien lassen sich, je nach Zielsetzung, die im vorausgegangenen Kapitel beschriebenen Ökopunkte verwenden. Zur Beurteilung der Wirtschaftlichkeit einer Verbesserungsmaßnahme eignen sich beispielsweise „Paybackzeiten" (O'Callaghan 1996). Diese bezeichnen die

Dauer, bis sich eine Investition durch die erzielten Einsparungen für ein Unternehmen lohnt.

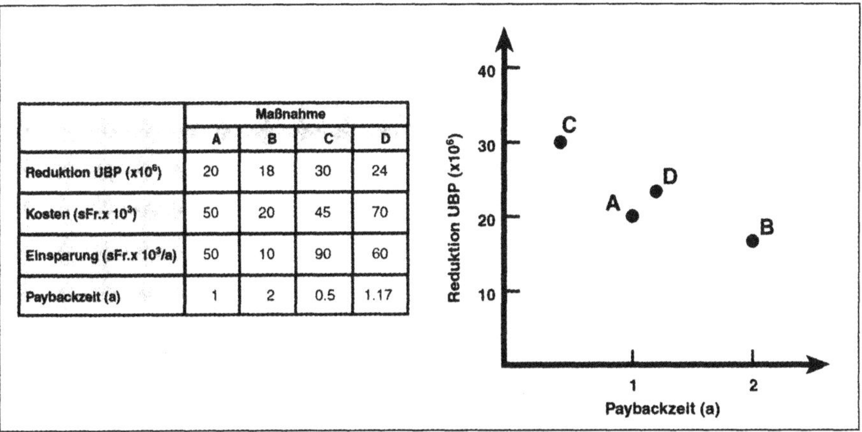

	Maßnahme			
	A	B	C	D
Reduktion UBP (x10^6)	20	18	30	24
Kosten (sFr.x 10^3)	50	20	45	70
Einsparung (sFr.x 10^3/a)	50	10	90	60
Paybackzeit (a)	1	2	0.5	1.17

Abb. 11. Beispiel zur Effizienzkontrolle: Auswahl der effizientesten Maßnahme mittels „Umweltbelastungspunkten" und „Paybackzeiten"

Soll nun aus verschiedenen Maßnahmen die effizienteste identifiziert werden, können die jeweiligen Ökopunkte und Paybackzeiten in einem Bewertungsquadranten gegeneinander aufgetragen werden, wie in Abb. 11 dargestellt. Dieses zu einer Kosten-Wirksamkeits-Analyse analoge Verfahren erlaubt eine transparente Unterstützung der Entscheidungsfindung zur Auswahl ökoeffizienter Maßnahmen. Im Beispiel aus Abb. 11 wäre die Maßnahme C als die effizienteste Lösung zu betrachten.

6 Einsatzbereiche und Nutzen von Erfolgskontrollen

Mit Erfolgskontrollen werden systematische Informationen über die Qualität von Umweltmaßnahmen erarbeitet und damit wesentliche Entscheidungsgrundlagen zur Maßnahmenbeurteilung und -auswahl geschaffen. Je nach Fragestellung und Aufgabe einer Erfolgskontrolle steht eine breite Palette von methodischen Werkzeugen zur Verfügung. Neben den erwähnten naturwissenwissenschftlichen Methoden zur Beurteilung umwelttechnischer Maßnahmen steht auch eine große Anzahl sozialwissenschaftlicher Methoden zur Evaluation umweltpolitischer Maßnahmen zur Verfügung (Patton 1990; Bussmann et al. 1997).

Im Unternehmen eröffnet sich ein breites Feld von Einsatzmöglichkeiten für Erfolgskontrollen: Neben der Überprüfung der Einhaltung von gesetzlichen Vorgaben können auch andere betriebsinterne oder betriebsexterne Kennzahlen und Benchmarks als Zielgrößen für Erfolgskontrollen beigezogen werden.

Der Aufbau von betrieblichen Umweltmanagementsystemen setzt neben der organisatorischen Integration des Systems in die Betriebsstruktur die Formulierung einer griffigen Umweltpolitik voraus. Diese wird anhand messbarer Umweltziele operationalisiert und schließlich durch den Einsatz wirksamer und effizienter Maßnahmen umgesetzt. In Umweltmanagementsystemen wie ISO 14001 und EMAS sind Kontrolle und Korrektur integrale Bestandteile zur Umsetzung der betriebsinternen Umweltpolitik und zur kontinuierlichen Verbesserung der Ökoperformance.

Auf der Stufe der Planung und Entwicklung von Produkten, Prozessen und Technologien leisten systematische Erfolgskontrollen einen wichtigen Beitrag zur Umsetzung des Vorsorgeprinzips im Rahmen des ökologischen Prozess- und Produktedesigns. So kann mittels Kenn- und Erfahrungsdaten das Umweltverhalten von Produkten modelliert werden (Brüschweiler & Gälli 1998), wodurch sich die Einhaltung von spezifischen Zielen auch prognostisch überprüfen lässt.

Die Ergebnisse von Erfolgskontrollen lassen sich innerhalb oder ausserhalb einer Institution in verschiedenen Bereichen einsetzen. Neben der externen Verwendung zu Marketingzwecken oder für Umweltberichte kann betriebsintern eine Sensibilisierung für Umweltbelange erreicht werden. Somit können sämtliche Mitarbeiter eines Betriebes in den Prozess der kontinuierlichen Verbesserung miteinbezogen werden. Die daraus resultierenden Reduktionen des Ressourcenverbrauchs und der Abfälle können direkt zur Senkung der Produktionskosten beitragen.

Bisher schon gehörten Erfolgskontrollen von Umweltqualität und Umweltmaßnahmen zu den regelmäßigen Tätigkeiten und Aufgaben von Umweltbehörden. Seit einigen Jahren bereits werden die Ergebnisse in Umweltberichten regelmäßig einer breiteren Öffentlichkeit zugänglich gemacht (BFS, BUWAL 1997; Baudirektion des Kantons Zürich 1996). Die Ergebnisse lassen sich auch spezifisch zur administrativen oder politischen Steuerung von Maßnahmen sowie zu deren Begründung und Legitimation einsetzen. Letzterem Aspekt kommt im Rahmen der Einführung des New Public Managements (Schedler 1995) und der resultierenden Reorganisation der öffentlichen Verwaltung hin zu einer verstärkten Kunden-, Produkt- und Wirkungsorientierung eine zunehmend größer werdende Bedeutung zu.

Literatur

Baccini, P. und H.-P. Bader (1997) Regionaler Stoffhaushalt: Erfassung, Bewertung und Steuerung. Spektrum Akademischer Verlag, Heidelberg. 420 S.

Baudirektion des Kantons Zürich (1996) Umweltbericht für den Kanton Zürich 1996. 214.

BFS, BUWAL (1997): Umwelt in der Schweiz 1997. Hrsg.: Bundesamt für Statistik und Bundesamt für Umwelt Wald und Landschaft. 376 S.

Bohr, K. (1993): Effizienz und Effektivität. In: W. Wittmann, W. Kern, R. Köhler, H.-U. Küpper and K. v. Wysocki (Hrsg.), Handwörterbuch der Betriebswirtschaft. 1, Stuttgart, Schäffer-Poeschel Verlag. 855-869.

Brüschweiler, B. und R. Gälli (1998) Ökologische Portfolio-Analyse: Systematik deckt Schwächen und Marktpotentiale auf. Chemische Rundschau Nr. 22 11. Dezember 1998.

Bussmann, W., Klöti, U., and Knoepfel, P. (1997). *Einführung in die Politikevaluation*, Helbing und Lichtenhahn, Basel.

BUWAL (1990): Methodik für Oekobilanzen auf der Basis oekologischer Optimierung Ahbe, S., A. Braunschweig und R. Müller-Wenk. Schriftenreihe Umwelt Nr. 133

BUWAL (1998): Bewertung in Oekobilanzen mit der Methode der ökologischen Knappheit. Ökofaktoren 1997. Schriftenreihe Umwelt Nr. 297.

Eekhoff, J. (1981): Zu den Grundlagen der Entwicklungsplanung: Methodische und konzeptionelle Überlegungen am Beispiel der Stadtentwicklung (1 Hrsg.). Hannover, Hermann Schroedel Verlag KG 194.

Haberfellner, et al. (1994) Systems Engineering: Methodik und Praxis. W.F. Daenzer, F. Huber (Hrsg.) 8. Aufl. Verlag industrielle Organisation Zürich. 618.

Häner, A. (1998) Ökologische Produkterisiken: Daten für wenig Geld. Chemische Rundschau Nr. 21, 20. November 1998.

Heijungs, R. (1992) Environmental life cycle assessment of products: Backgrounds - October 1992. CML.

Hofstetter, P. und A. Braunschweig (1994): Bewertungsmethoden in Ökobilanzen - ein Überblick. GAIA 3 (4), 227-236.

Marti, F. und H.-P. Stutz, B. (1993): Zur Erfolgskontrolle im Naturschutz: Literaturgrundlagen und Vorschläge für ein Rahmenkonzept (Bericht Nr. 336). Eidgenössische Forschungsanstalt für Wald, Schnee und Landschaft (WSL). 171.

O'Callaghan, P.W. (1996) Integrated Environmental Management Handbook. John Wiley & Sons, Chichester. 368.

Patton, M.Q. (1990) Qualitative Evaluation and Research Methods; 2nd edition; Sage Publ., Newbury Park, 532.

Schedler, K. (1996) Ansätze einer wirkungsorientierten Verwaltungsführung. Verlag Paul Haupt, Bern, 295.

Stäubli, B. und A. Heitzer (1996) Sanierungsverträgliche Umweltziele oder umweltverträgliche Sanierungsziele. In: Baudirektion des Kantons Zürich (Hrsg.) Altlastentagung 1996: Grundsätze, Modelle und Praxis der Altlastenbearbeitung im Kanton Zürich. 1-21.

Tyteca, D. (1996) On the measurement of environmental performance of firms: A literature review and a productive efficiency perspective. J. Environ. Managem. 46, 281-308.

Umweltmanagement gemäß der ISO 14000er-Reihe und die SQS-Zertifizierung

René Wasmer*

1 Einleitung

Umweltschutz hat in den letzten 10 Jahren für die Unternehmen eine neue und wesentlich umfassendere Bedeutung erhalten. Der Weg geht hin zum integrierten Umweltmanagement mit strategischer Bedeutung.

Die Zunahme und die Vielfalt der Umweltbelastungen sowie deren Disskusion in der Öffentlichkeit haben das Bewusstsein ganz allgemein verändert und den technischen und organisatorischen Handlungsbedarf aufgezeigt.

Aus der Erkenntnis heraus, dass sich Umweltschutz in Zukunft mehr auf marktwirtschaftliche Anreize sowie auf unternehmerische Eigeninitiative und Selbstverpflichtung stützen muss, entstanden innerhalb weniger Jahre branchenweise nationale und internationale Praktiken und Regeln zum Umweltmanagement.

Die internationale Norm ISO 14001 sowie die Europäische Verordnung EMAS sind die Regelwerke mit der höchsten internationalen Bedeutung. Das Vorhandensein und die Anwendung von international anerkannten Kriterien zum Umweltmanagement führt zu mehr Transparenz und zu neuen Chancen.

Wer die neuen Regeln befolgt, optimiert seine internen Prozesse, schont die Umwelt und gewinnt bei Kunden, Lieferanten , Behörden und der Gesellschaft an Vertrauen.

2 Ziele und Absichten des Umweltmanagements

Systematisches Umweltmanagement verlangt die *kontinuierliche, umweltmäßige Verbesserung* des *gesamten* Unternehmens.

---

* Swiss Association for Quality and Management Systems (SQS), CH-3052 Zollikofen.

Umweltmanagement nach ISO 14001 bedeutet für eine Firma:

- gesetzliche Anforderungen und behördliche Auflagen erfüllen
- kontinuierliche Verbesserung des Umweltschutzes mit folgenden Elementen sicherstellen:
  - Alle Prozesse und Produkte hinsichtlich Ressourcenschutz, Emissionsbegrenzung und
  - Risikobegrenzung systematisch planen, umsetzen, überwachen, beurteilen und verbessern
  - Stärkung der ökologischen Eigenverantwortlichkeit des Unternehmens
  - offene Informationspolitik über den betrieblichen Umweltschutz

3 Anreize und Beweggründe zum Umweltmanagement

Das umweltbewusste Management nutzt unternehmerische Chancen (z.B. Energieeinsparungen, Prozessoptimierungen, Entsorgungskosteneinsparungen, umweltfreundliche Markttrends) und vermeidet unternehmerische Risiken (z.B. Kosten und Rechtsfolgen wegen Umweltverschmutzung).

Mit einem Umweltmanagementsystem nimmt ein Unternehmen seine Eigenverantwortung wahr und schaut voraus, um nicht unter Druck reagieren zu müssen. Auf überbetrieblicher Ebene trägt umweltbewusste Unternehmensführung zur Sicherung unserer natürlichen Existenzgrundlagen Boden, Luft und Wasser bei. Nachstehend sind die wichtigsten internen und externen Vorteile eines Umweltmanagementsystems aufgeführt:

Interne Beweggründe und Vorteile	**Externer Nutzen**
• Kostentransparenz, Kosteneinsparungen (Ressourcenschutz) • Mitarbeiterschutz, -motivation (Risiken vermeiden, vermindern) • Emissionsbegrenzung (Emissionen vermeiden, vermindern; Abfälle reduzieren, verwerten, entsorgen) • Früherkennung von Umweltproblemen (strategische Existenzsicherung) • Risikotransparenz, Risikoreduktion • (Störfälle verhindern, begrenzen) • Mehr Rechtssicherheit • Systematisches Führungsinstrument	• Verminderte Umweltbelastung • Wettbewerbsvorteile / Imagegewinn • Bessere Öffentlichkeitsarbeit • Vertrauen von Kunden und Behörden

4 Schwerpunkte eines Umweltmanagementsystems

Die zentrale Frage steht nun im Vordergrund: „Was muss das Unternehmen tun?"

Grundsätzlich hilft das Umweltmanagementsystem als Selbstverpflichtung des Unternehmens, die Leistungsverbesserung bezüglich seiner Umweltauswirkungen zu organisieren.

Die oberste Unternehmensleitung ist gefordert, durch Ziele, Strategien und Einsatz von Mitteln das Umweltverhalten zu bestimmen und zu kontrollieren. Es ist daher unerlässlich, dass sich die oberste Leitung mit der Philosophie der Umweltmanagementnorm auseinandersetzt und die Anforderungen umsetzt.

Wesentliche Elemente beim Aufbau und der Realisierung des Umweltmanagements sind:

Erarbeitung der Umweltpolitik
Grundsätze und Verpflichtungen des Unternehmens zum Umweltverhalten sind zu definieren.

Umweltanalyse
Geltende gesetzliche Anforderungen und behördliche Bestimmungen werden erfasst.

Für das Unternehmen relevante Umweltauswirkungen werden ermittelt und bestimmt, festgehalten und bewertet.

Die Umweltanalyse bildet die Basis für die Aktionsplanung und das systematisch praktizierte Umweltmanagement.

Formulierung von Umweltzielen
Konkrete und messbare Ziele als Vorgabe zur Verbesserung der Umweltauswirkungen werden festgelegt (Bsp. Energie-/Rohstoffeinsatz pro Produktionsmenge).

Erstellung und Verabschiedung des Umweltprogrammes
Vorgehen, Verantwortlichkeit, Ressourceneinsatz und Termine werden aufgezeigt. Das Umweltprogramm ist die Ausgangslage zur Bewertung umweltmäßiger Verbesserungen.

Festlegung und Inkraftsetzung der Umweltorganisation
Dies beinhaltet:
- die Bestimmung und Zuordnung von Aufgaben und Verantwortlichkeiten
- die Festlegung und Lenkung der betroffenen Prozesse
- die Erstellung und Inkraftsetzung des UMS-Handbuches bzw. der Verfahrensdokumentation

Durchführung des Umweltaudits und des Reviews durch die oberste Leitung
Erarbeiten von ausreichenden Nachweisen um folgende Fragen zu klären:

- Sind die Umweltziele erreicht?
- Ist die Gesetzeskonformität gewährleistet?
- Ist das UMS vollständig, zweckmäßig funktionell und wird es gelebt?
- Werden die Ergebnisse dokumentiert, Korrekturmaßnamen eingeleitet und weitere Ziele gesetzt?

Berichterstattung an die Öffentlichkeit
Die wichtigsten Daten, Kennzahlen, Leistungen und Vorhaben (Umweltschutzbericht) sollten der Öffentlichkeit zugänglich sein.

5 ISO 14001 - die internationale Messlatte

Die Ansprüche der Ökologie und eine bessere ökologische Effizienz erfordern mehr Maßnahmen an den Belastungsquellen. Ein Umweltmanagementsystem ist dabei von Bedeutung. Die International Standards Organisation (ISO) hat aufgrund von Kunden- und Marktbedürfnissen ab 1993 die internationale Norm für Umweltmanagement ISO 14001 erarbeitet und diese Norm im Herbst 1996 publiziert. Die Norm ISO 14001 sowie weitere Leitfäden zum UMS und zur Auditierung können bei der nationalen Normenorganisation (SNV) bezogen werden. Aufgrund der weltweiten Bedeutung und der Erfahrung von Firmen mit Qualitätsmanagement-Systemen gemäss der ISO 9000er Reihe zeichnet sich eine breite und mit ISO 9000 kombinierte Anwendung der ISO Norm 14001 ab. Nebst der ISO 14001 erarbeitet das ISO TC 207 weitere wichtige normative Dokumente (Tab. 3, Abb. 12).

Ihre Anwendung soll die einzelnen Firmen und die Wirtschaft bei der Verbesserung der Umweltleistungen, der geeigneten Vorgehensweise und der internen und externen Kommunikation unterstützen.

Tabelle 3. Übersicht über die Normenserie

	Environmental Management Systems (EMS)	
14001	EMS - Specification with guidance for use	✓
14004	EMS - General guidelines on principles, systems and supporting techniques	✓
	Environmental Auditing (EA)	
14010	General principles of EA	✓
14011	Procedures for auditing of EMS	✓
14012	Qualification criteria for environmental auditors	✓
14015	Environmental assessment of sites and organisations	CD
....	Joint-Standard for Q and E auditing	WI

Tabelle 3. (Fortsetzung)

	Environmental Labelling (EL)	
14020	General principles	✓
14021	Environmental labels and declarations - Self-declared environmental claims (Type II)	DIS
14024	Type I - Environmental labelling - Guiding principles and procedures	FDIS
14025	Type III - Environmental declarations - Guiding principles and procedures	WD
	Environmental Performance Evaluation (EPE)	
14031	Generic environmental performance methodology	DIS
14032	ISO-Technical Report: Case studies illustrating the use of ISO 14031	WI
	Life Cycle Assessment (LCA)	
14040	Principles and framework	✓
14041	Inventory analyses	✓
14042	Impact assessment	DIS
14043	Interpretation	DIS
14047	ISO-Technical Report: Illustrative examples on how to apply ISO 14042	WI
14048	ISO-Technical Report: Data documentation format	WI
14049	ISO-Technical Report: Illustrative examples on how to apply ISO 14041	WD
14050	Terms and Definitions: Environmental management vocabulary	✓
14061	ISO-Technical Report: Use of EMS-Standards ISO 14001 and ISO 14004 in forestry organisations	WI

✓ = Published, FDIS = (Final) Draft International Standard, CD = Committee Draft, WD = Working Draft, WI = Work Item

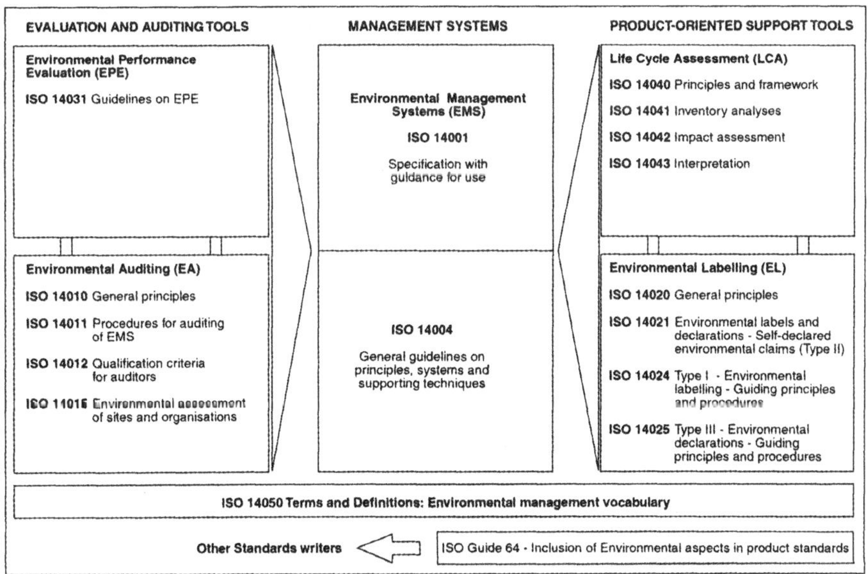

Abb. 12. Übersicht über die ISO-Normenserie

6 Fünf Hauptelemente und Anforderungen der ISO 14001

6.1 Fünf Hauptelemente der ISO 14001

Die ISO 14001 beschreibt die Anforderungen an ein Umweltmanagementsystem in 5 Elementen, welche einerseits den Kreis zur kontinuierlichen Verbesserung bilden und gleichzeitig die Kapitel der ISO 14001 darstellen. (Abb. 13).

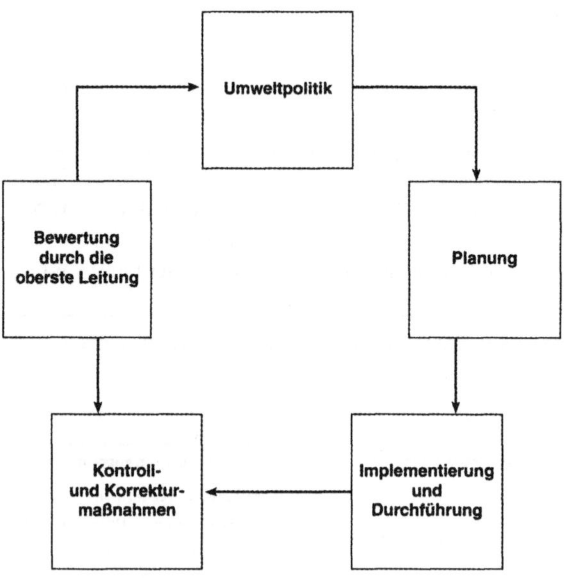

Abb. 13. Fünf Hauptelemente und Anforderungen der ISO 14001

6.2 Anforderungen der ISO 14001 an ein Umweltmanagementsystem

Die folgenden Stichworte sind kapitelweise gegliedert und stellen eine Kurzfassung der Normenforderungen dar:

I Allgemeine Forderungen

- Einführung und Aufrechterhaltung UMS
- Forderungen nachfolgender Punkte 2-6 abdeckend

II Umweltpolitik

- Festlegung und Inkraftsetzung
- Angemessenheit und Aussagekraft
- Verpflichtung
  - zur kontinuierlichen Verbesserung
  - zur Vorbeugung gegen Umweltbelastungen
  - zur Einhaltung der Umweltgesetze- und vorschriften
- Bekanntmachung, Implementierung und Aufrechterhaltung
- der Öffentlichkeit zugänglich machen

III Planung

III.1 Umweltaspekte
- Verfahren zur Ermittlung und Beurteilung der Umweltaspekte mit bedeutenden Auswirkungen
- beeinflussbare Tätigkeiten, Produkte, Dienstleistungen eingeschlossen
- Bestimmung der signifikanten Umweltaspekte
- periodische Aktualisierung

III.2 Gesetzliche und andere Forderungen
- Verfahren zur Ermittlung der umweltrelevanten Forderungen
- gesetzliche, behördliche und unternehmensspezifische Forderungen
- zweckmäßige Übersicht

III.3 Zielsetzungen und Einzelziele
- Dokumentierung und Aufrechterhaltung
- für jede relevante Funktion und Ebene der Organisation Beachten von folgenden 5 Faktoren:
  - gesetzliche und andere Forderungen
  - bedeutende Umweltaspekte
  - technologische Optionen
  - finanzielle, betriebliche, geschäftliche Rahmenbedingungen
  - Standpunkt interessierter Kreise
- Konsistenz zur Umweltpolitik

III.4 Umweltmanagementprogramm(e)
- Einführung und Aufrechterhaltung
- Verantwortlichkeiten, Mittel, Termine
- Einschluss relevanter Funktionen und Ebenen der Organisation
- Zielsetzungen und Programme im Falle der Änderung von Geschäftsaktivitäten

IV Implementierung und Durchführung

IV.1 Organisationsstruktur und Verantwortlichkeit
- Aufbauorganisation

- Aufgaben, Verantwortlichkeiten, Befugnisse
- alle Funktionen
- Dokumentierung und Bekanntmachung
- Bereitstellung benötigter Mittel, z.B.:
  - Personal
  - spezielle Fähigkeiten
  - Technologie
  - finanzielle Mittel
  - Umweltbeauftragter (GL-Mitglied)
  - Festgelegte Aufgaben, Verantwortlichkeiten, Befugnis des Umweltbeauftragten

IV.2 Schulung, Bewusstsein und Kompetenz

- Verfahren zur Bedarfsermittlung und Realisierung der Schulung
- Personal mit umweltrelevanten Tätigkeiten
- Planung, Durchführung und Dokumentation
- Bildung des Umweltbewusstseins (UMS-Bedeutung, Funktion, Abweichungsfolgen)
- Kompetenz des Personals mit umweltrelevanten Aufgaben

IV.3 Kommunikation

- Verfahren für:
  - interne Kommunikation
  - Mitteilungen externer interessierter Kreise
  - externe Kommunikation in Betracht ziehen

IV.4 Dokumentation des Umweltmanagementsystems

- Elemente des UMS und Wechselwirkung beschreiben
- Zweckmäßigkeit
- Strukturierte Systemdokumentation

IV.5 Lenkung der Dokumente

- Verfahren zur Lenkung umweltrelevanter Dokumente
- Erstellung, Prüfung und Freigabe durch befugtes Personal
- Verfügbarkeit der Dokumente
- periodische Überprüfung und Aktualisierung
- festgelegtes Änderungswesen
- Identifikation des Einsatzortes
- Aufbewahrungszeit

IV.6 Ablauflenkung

- Ermittlung der umweltrelevanten Arbeitsvorgänge und Tätigkeiten
- dokumentierte Verfahren zur Prozesslenkung
- ausreichender Umfassungsgrad
- Prozessmerkmale in den Verfahrensanweisungen

- Beschaffung von Waren und Dienstleistungen
- Anforderungen und Vorschriften für Zulieferanten

IV.7 Notfallvorsorge- und maßnahmen
- systematische Situationsanalyse (Risikoanalyse)
- dokumentierte Verfahren
- Bekanntmachung beim Personal
- Zuständigkeiten, Vorgehensweisen, Schadensbegrenzung
- Überarbeitung der Notfallkonzepte / Verfahren
- Erprobung auf Funktionsfähigkeit

V Kontroll- und Korrekturmaßnahmen

V.1 Überwachung und Messung
- Übersicht der zu überwachenden umweltrelevanten Kriterien
- Abstützung auf geltende Anforderungen
- Verfahren zum Überwachen, Messen und Aufzeichnen
- Verfahren zur Feststellung der Erfüllung gesetzlicher Anforderungen
- Sichtbarmachung der Zielkonformität
- Kalibrierung und Wartung der Überwachungsgeräte

V.2 Abweichungen, Korrektur und Vorsorgemaßnahmen
- Dokumentierte Verfahren
- Erfassung der Abweichungen
- Erfassung der umweltrelevanten Zwischenfälle
- Zuständigkeiten und Vorgehensweisen festlegen hinsichtlich:
  - Fehlerhandling
  - Maßnahmen zur Begrenzung
  - Korrektur und Vorbeugung
  - Angemessenheit der Korrektur- und Vorbeugemaßnahmen
  - Aufzeichnung im Falle von Verfahrensänderungen

V.3 Aufzeichnungen
- dokumentierte Verfahren
- umweltbezogene Aufzeichnungen festgelegt
- Aufzeichnungen von Schulungen, Auditergebnissen, UMS-Bewertungen etc.
- Identifizierbarkeit und Zuordenbarkeit
- Aufbewahrung
- Aufbewahrungszeiten

V.4 Umweltmanagementsystem-Audit
- Verfahren für die regelmäßige Auditierung
- Feststellung Normkonfomität, Zielkonformität, Aufrechterhaltung
- Schriftliches Programm
- Zweckmäßigkeit, Auditintervalle und Auditumfang
- Festgelegte Auditkriterien

- Aufzeichnungen und Information der Auditergebnisse
- Einleitung von Korrekturmaßnahmen
- Qualifikation der Auditoren

VI Bewertung durch die oberste Leitung

- periodische Bewertung
- Eignung, Angemessenheit, Wirksamkeit des UMS
- Sammlung erforderlicher Informationen
- Kriterien und Intervall definiert
- Dokumentierung der Bewertung
- Maßnahmendefinition
- Ergebnisberücksichtigung hinsichtlich:
  - Politik
  - Zielsetzungen
  - Weiterentwicklung des UMS
  - Verbesserung der Umweltleistung

7 EMAS - die EU-Verordnung

Mit der Verordnung Nr. 1836 / 93 "über die freiwillige Beteiligung gewerblicher Unternehmen an einem Gemeinschaftssystem für das Umweltmanagement und für die Umweltbetriebsprüfung" (EMAS) soll die dauerhafte und umweltgerechte wirtschaftliche Entwicklung durch mehr Selbstverantwortung und Selbstkontrolle und das Spielen von Marktmechanismen erreicht werden.

Die Teilnahme an der EMAS-Verordnung ist für die Firmen freiwillig und z.Z. auf den europäischen Wirtschaftsraum EWR beschränkt. Die im Rahmen von EMAS verlangten Anforderungen entsprechen denjenigen der internationalen Norm ISO 14001, wobei für EMAS zusätzlich die Umwelterklärung erstellt und veröffentlicht werden muss.

Die Europäische Kommission hat am 16. April 1997 die ISO Normen 14001 14010 14011 und 14012 als zur Erfüllung der in EMAS referenzierten Anforderungen offiziell anerkannt.

Für EMAS gelten folgende Besonderheiten:

- Inhalt der EMAS ist die Festlegung und Umsetzung der standortbezogenen Umweltpolitik, der Umweltziele- und programme und des Umweltmanagementsystems durch ein Unternehmen.
- Firmen, welche die Anforderungen erfüllen, können ihre Standorte bei der zuständigen Stelle in einem Teilnahmeverzeichnis registrieren lassen.
- Voraussetzung zur Registrierung ist im Weiteren, dass die Umwelterklärung für den Firmenstandort erstellt und von den Auditoren für gültig erklärt worden ist.

- Die Anwendung von EMAS ist z.Z. vorab Firmen mit gewerblichen Tätigkeiten vorbehalten.
- Die Erstellung einer Umwelterklärung und die Unterrichtung der Öffentlichkeit sind erforderlich.

Firmen, die am EMAS teilnehmen, können sich in Europa seit April 1995 registrieren lassen. Der Ablauf bis zur EMAS-Registrierung von teilnehmenden Firmen wird in Abb. 14 dargestellt.

In der Schweiz sind Registrierungen derzeit noch nicht möglich. Dies kann sich im Rahmen der bilateralen Verhandlungen der Schweiz mit der EU ändern.

Die SQS kann die Umweltmanagementsysteme anhand der EMAS-Spezifikationen begutachten und deren Erfüllung bescheinigen.

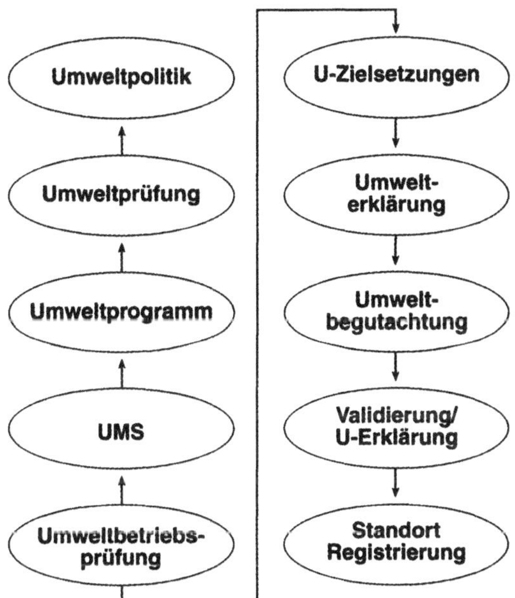

Abb. 14. Der Ablauf bis zur EMAS-Registrierung

8 ISO 9000 und ISO 14001 - die sinnvolle Ergänzung

Der Vergleich der ISO Norm 14001 mit den Qualitätsmangementsystemen nach der ISO 9000er Normenreihe zeigt, dass eine weitere Dimension für ein gesamtheitliches Managementsystem entstanden ist (Abb. 15).

Auf den ersten Blick unterscheiden sich die Normen durch den unterschiedlichen strukturellen Aufbau. Die nähere Betrachtung zeigt aber, dass viele identische Kritierien zu Managementpraktiken in der ISO-Norm 14001 wie auch in 9000 ff zu finden sind. Die beiden Normen bauen auf gleichartigen Prinzipien für Managmentsysteme auf. Dies sollte beim Anwender unbedingt genutzt werden.

Der geübte ISO-9000-Praktiker verfügt daher über wesentliche Einstiegsvorteile beim Aufbau und der Einführung eines Umweltmanagementsystems. Teilweise müssen qualitätsseitig bereits bestehende Systemelemente lediglich durch die relevanten Umweltmanagement-Systemelemente spezifisch ergänzt werden. Dazu gibt es aber auch, neue umweltseitige Praktiken besonders zu beachten, sorgfältig zu erlernen und umzusetzen.

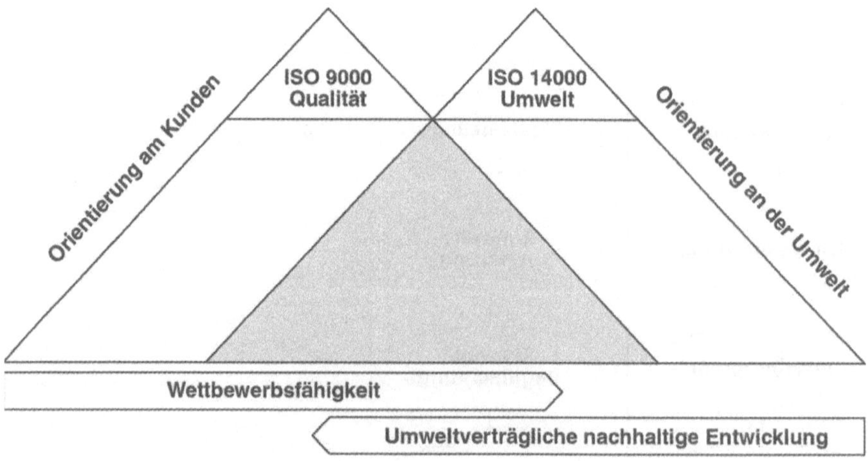

Abb. 15. Mit der ISO Norm 14001 ist gegenüber den Qualitätsmangementsystemen nach der ISO 9000er Normenreihe eine weitere Dimension für ein gesamtheitliches Managementsystem entstanden

9 Kombiniertes Managementsystem für Umwelt und Qualität

Zu einem Managementsystem gehört die Systembeschreibung. Viele Firmen werden dabei eine Lösung anstreben, die auf der Basis ihres bestehenden Qualitätshandbuches zum Ziel führt. Grundsätzlich gibt es folgende Möglichkeiten (s. Abb. 16 u. 17):

1. Bestehendes Handbuch Kapitel 1–20 gemäß ISO 9001 verwenden und die Elemente der ISO 14001 integrieren. Eine Referenzmatrix dient als Wegweiser für die einfache Handhabung.

2. Aufbau entsprechend der Struktur nach ISO 14001. DiesesVorgehen ist eine Möglichkeit, wenn noch kein Managementsystem vorhanden ist.
3. Prozessorientierter Aufbau. Dieses Vorgehen empfehlen wir jenen Firmen, die ihr QM-System prozessorientiert aufgebaut haben oder ihr Managementsystem neu aufbauen. Die SQS-Erfahrung mit Managementsystemen zeigt, dass der prozessorientierte Ansatz der zukunftsweisende Weg ist.

Möglichkeit für die Struktur eines kombinierten Qualitäts- und Umweltmanagementsystems (typische „nur" Umweltanforderungen sind eingerahmt)

0. **Allgemeines (Einleitung in Handbuch)**
   - Firma (Kurzvorstellung)
   - Managementsystem (Struktur, Verwaltung, Geltungsbereich, Inkraftsetzung

1. **Managementprozesse**
   - Politik
   - Organisation
   - Führung und Weiterentwicklung QM / UM
   - [Umweltaspekte]
   - [Gesetzliche und andere Forderungen]
   - [Zielsetzungen & Programm(e)]
   - Interne Audits
   - Management Review
   - [Kommunikation]

2. **Ressourcenprozesse**
   - Beschaffung
   - Personaleinstellung
   - Personalentwicklung

3. **Kundenbeziehungsprozesse**
   - Marketing
   - Akquisition
   - Vertrieb
   - Kundendienst

4. **Leistungserbringungsprozesse (Realisierung)**
   - Entwicklung
   - Produktion [← Überwachen und Messen]
   - Logistik
   - Retrodistribution
   - etc.

5. **Unterstützende Prozesse**
   - Dokumente und Datenlenkungsverfahren
   - Aufzeichnungsverfahren
   - Mess- und Prüfmittelkalibrierungsverfahren
   - Korrektur- und Vorbeugungsmaßnahmen
   - Notfallvorsorge und Maßnahmenplanung
   - Statistische Methoden

Abb. 16. integrierter, prozessorientierter Aufbau

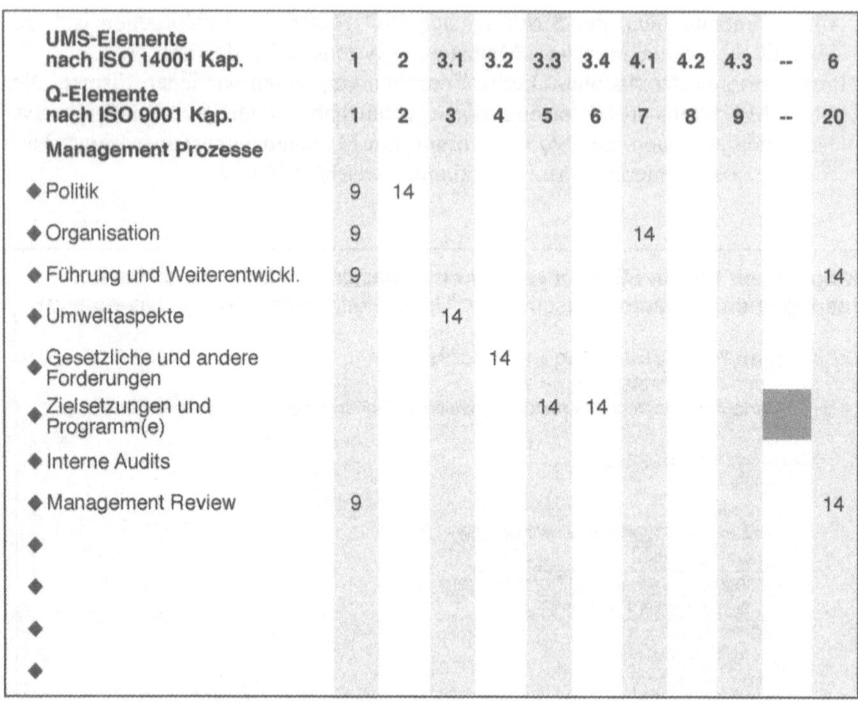

UMS-Elemente nach ISO 14001 Kap.	1	2	3.1	3.2	3.3	3.4	4.1	4.2	4.3	--	6
Q-Elemente nach ISO 9001 Kap.	1	2	3	4	5	6	7	8	9	--	20
Management Prozesse											
◆ Politik	9	14									
◆ Organisation	9						14				
◆ Führung und Weiterentwickl.	9										14
◆ Umweltaspekte			14								
◆ Gesetzliche und andere Forderungen				14							
◆ Zielsetzungen und Programm(e)					14	14					
◆ Interne Audits											
◆ Management Review	9										14
◆											
◆											
◆											
◆											

9 entspricht ISO 9001

14 entspricht ISO 14001

Abb. 17. Matrix für das Qualitäts- und Umwelthandbuch

10 Zertifizierung eines Umweltmanagementsystems

10.1 Zertifizierungsvorgehen und SQS-Zertifikat

Der Zertifizierungsablauf erfolgt in denselben bekannten Schritten wie bei einem Qualitätsmanagementsystem nach der ISO 9000er Reihe.

Jeder SQS-Kunde erhält nach der Anmeldung zum Zertifizierungsverfahren den SQS-Fragenkatalog ISO 14001 / EMAS. Damit ist er in der Lage, eine umfassende Standortbestimmung und Lagebeurteilung vorzunehmen und die richtigen Schritte für den Systemaufbau einzuleiten.

Kunden der SQS können ihr Umwelt- und Qualitätsmanagementsystem kombiniert auditieren und zertifizieren lassen. Dadurch ergeben sich Kostenvorteile der Zertifizierung. Ebenfalls wird ein kombiniertes Zertifikat für das Managementsystem ausgestellt, welches die Erfüllung der qualitäts- und umweltspezifischen Anforderungen aufzeigt.

10.2 Dienstleistungen der SQS im Umweltmanagement

Das Angebot der SQS im Umweltmanagement umfasst die folgenden Leistungen:

- Überprüfung, Auditierung und Zertifizierung auf der Basis der internationalen Norm ISO 14001
- Begutachtung von Umweltmanagement-Systemen nach den Spezifikationen der EMAS Verordnung 1836/93 einschließlich der Bescheinigung
- Auditierung und Zertifizierung auf der Basis von gängigen länderspezifischen Umweltmanagementsystem-Normen

10.3 Akkreditierung der SQS für die Zertifizierung von Umweltmanagementsystemen

Anfang 1995 hat die Schweizerische Akkreditierungsstelle des EAM (Eidgenössisches Amt für Messwesen) die SQS nach den europäischen Kriterien für Umweltmanagementsystem-Zertifizierung überprüft. Sie hat der SQS als erste Zertifizierungsstelle in der Schweiz am 12.06.1995 im erwähnten Bereich die Akkreditierung erteilt.

10.4 Nutzen der SQS-Zertifizierung

Die Beweggründe zum Betrieb eines Umweltmanagementsystems und die Vorteile daraus sind im Kap. 3 erläutert. Die SQS-Zertifizierung und das UMS-Zertifikat bieten ihnen zusätzlichen Nutzen:

- Die Zertifizierung wirkt zielführend und steigert die Effizienz der Zielerreichung Ihrer UMS-Projekte
- Der Zertifizierungsprozess unterstützt Ihre Bestrebungen, zweckmäßige Instrumente und funktionsfähige UMS-Systeme auf Anhieb zu realisieren
- Das UMS-Zertifikat der SQS ermöglicht den zertifizierten Unternehmen, die hohen Anstrengungen und das gute Funktionieren des Umweltmanagementsystems glaubhaft nachweisen zu können

- Die Akkreditierung der SQS nach der europäischen Norm EN 45012 und die Einbindung in das weltweite Zertifizierungs-Netz der IQNet (The International Network for Quality
System Assessment and Certification) sind bedeutungsvoll für die breite nationale und internationale Akzeptanz der SQS-Zertifikate

- Das Umweltmanagementsystem kann kombiniert mit einem vorhandenen Qualitätsmanagementsystem auditiert werden. Dadurch ergeben sich Kostenvorteile

- Mit einem zertifizierten Umweltmanagementsystem wird die Wettbewerbsposition im Umfeld zunehmender Anforderungen verbessert. Sie besitzen damit ein Instrument, welches Wettbewerbsvorteile bietet, wo die Erfüllung von Umweltanforderungen durch Gesetzgeber und Kunden bereits zur Pflicht gemacht wird.

11 Schlussbemerkung

Umweltschutz wurde von den Betroffenen lange als kostenintensive Zusatzbelastung empfunden. Je mehr aber das Verursacherprinzip zum Tragen kommt, umso mehr Chancen bieten sich in diesem Sektor. Mit einem Umweltmanagementsystem gibt es 3 Hauptgewinner:

1. Der Konsument erhält ein qualitativ hochstehendes Produkt: Dienstleistung
2. Der Hersteller von Produkten oder Dienstleistungen nutzt systematisch das Kostensparpotential und beherrscht seine Unternehmensprozesse und Betriebsrisiken. Zudem eröffnen sich neue Märkte. Die umweltbewusste Unternehmensführung bietet viele ökonomische Anreize
3. Die Umwelt profitiert durch Ressourcenschutz: Emissions- und Risikobegrenzung

Literatur

"Neue Dimensionen"
SAQ-Leitfaden zur Normenreihe ISO 14001 Umweltmanagement-Systeme
Dyllick / Gilgen / Häfliger / Wasmer
SAQ-Olten 1996

"Orientierung 106"
Aufbau integrierter Führungssysteme
H.D. Seghezzi / G. Caduff
Crédit Suisse, Zürich 1997

Leitfaden zur Umweltrechts-Konformität in ISO 14001 und EMAS
E. Roos-Rohrer
N. Cathomas
öbu (Schweiz. Vereinigung für ökologisch bewusste Unternehmensführung, Zürich) 1998

FEE Research Paper on Expert Statements in Environmental Reports
FEE (Fédération des experts comptable européens)

Umweltorientierte Unternehmensführung in kleinen und mittleren Unternehmen und in Handwerksbetrieben
LfU (Landesanstalt für Umweltschutz Baden Württemberg) 1994

"Eco-Performance"; Beiträge zum betrieblichen Umweltmanagement
R. Züst / A. Schlatter
Eco-Performance Zürich 1998

Richtlinien zur Einhaltung des Umweltrechts
SNV-Zürich 1997

Forderungen der SN EN ISO 14001
Umweltmanagementsysteme und Hinweise zu deren Umsetzung
SNV-Zürich 1998

II Teil: Erfolgskontrolle im Bereich Naturschutz

Erfolgskontrollen von Naturschutzmaßnahmen

Fridli Marti*
in Zusammenarbeit mit Richard Maurer** und André Stapfer***

1 Einführung

Eine langfristige und verantwortungsbewußte Umweltpolitik zielt auf eine dauerhaft nachhaltige Entwicklung in sozialer, ökologischer und ökonomischer Hinsicht ab. Eine solche Entwicklung ist jedoch nur möglich, wenn Führungsinstrumente zur Steuerung und Kontrolle eingesetzt werden. Ein Beispiel eines solchen Instrumentes ist die Erfolgskontrolle.

Erfolgskontrollen befassen sich stets mit den Auswirkungen zweckgerichteten Handelns. Im Wesentlichen dienen sie dem Soll-Ist-Vergleich. Auf der Grundlage der Ergebnisse dieses Vergleichs schlägt die Erfolgskontrolle mögliche Optimierungen und Korrekturen vor. Bei der Anwendung im Natur- und Landschaftsschutz interessiert dabei in erster Linie der Erfolg bzgl. Auswirkungen auf Arten und Lebensräume. Folgende Fragestellungen sind hier typisch für Erfolgskontrollen:

- Führt eine bestimmte Maßnahme zur erwünschten Entwicklung in der Natur?
- Wo liegen die größten Schwachstellen in der Umsetzung?
- Hat eine bestimmte Organisationseinheit ihre Arbeit gut gemacht?
- Sind Organisation und Ablaufplanung zur Erreichung der Ziele zweckmäßig? Sind die zur Verfügung gestellten Mittel dem beabsichtigten Wirkungsziel angemessen?
- Wurden die Mittel wirtschaftlich eingesetzt?
- Sind die getroffenen Maßnahmen Ursache der Veränderungen?
- etc.

Die Fragen ließen sich beliebig erweitern. Sie zeigen, dass es keine „Standard"-Erfolgskontrolle gibt. Die Fragestellung, die Anlaß zu einer Erfolgskontrolle gibt, bestimmt im Wesentlichen das Vorgehen bei Konzeption und Ausführung. Im vorliegenden Beitrag soll ein Konzept für Erfolgskontrollen im Natur- und Land-

* quadra GmbH, Klosbachstr. 4, CH-8032 Zürich.
, * Baudepartement des Kantons Aargau, Abteilung Landschaft und Gewässer, Entfelderstr. 22, CH-5001 Aarau.

schaftsschutz vorgestellt und dessen Anwendung am Beispiel des Kontrollprogramms Natur und Landschaft des Kantons Aargau erläutert werden. Für dieses Konzept steht die Anwendbarkeit für die Praxis des Natur- und Landschaftsschutzes im Vordergrund, weniger dagegen die Anwendung im Rahmen wissenschaftlicher Forschungsprogramme zu Evaluation und Erfolgskontrolle.

Eine wichtige Rahmenbedingung für die Anwendung in der Praxis betrifft die Finanzierung von Maßnahmen im Natur- und Landschaftsschutz. Kann in Zeiten zunehmend knapper Mittel der öffentlichen Hand nicht gezeigt werden, was genau umgesetzt wurde und was dies bewirkt hat? Verliert der Natur- und Landschaftsschutz an Glaubwürdigkeit und damit auch an Verhandlungsstärke? Zudem kann es sich der Natur- und Landschaftsschutz kaum mehr leisten, Gelder für Vorhaben einzusetzen, deren Wirkung nachweisbar gering ist. Allerdings müssen hier die teilweise sehr langen Wirkungszeiträume in Betracht gezogen werden.

Eine weitere Motivation zur Durchführung von Erfolgskontrollen im Natur- und Landschaftsschutz ergibt sich aus der Einführung von „New Public Management" bzw. einer „Wirkungsorientierten Verwaltungsführung". Um Hinweise zur Wirkung der Verwaltungsführung zu erhalten, ist der Einsatz von Erfolgskontrollen unabdingbar. Zudem ergeben sich auch aus verschiedenen internationalen Abkommen Forderungen nach Erhebungen zu Erfolg und Wirkung von Naturschutzmaßnahmen sowie der weiteren Entwicklung wichtiger Naturwerte (vgl. etwa Konvention von Rio).

2 Hintergrund

2.1 Grundlagen für den Einsatz von Erfolgskontrollen im Natur- und Landschaftsschutz

Die Durchführung von Erfolgskontrollen an sich stellt weder eine besonders komplexe noch eine neue Aufgabe dar. In der Wirtschaft oder in der Raumplanung sind entsprechende Verfahren seit langer Zeit eingeführt und werden laufend angewendet. Für nähere Angaben sei beispielsweise auf die Arbeiten von Bussmann (1995), Eekhoff et al. (1984), Flury (1986), Königs (1989) oder Wollmann & Hellstern (1984) verwiesen. Mit dem „New Public Management" (wirkungsorientierte Verwaltungsführung, vgl. z.B. Scheidler (1995) einerseits und der Politikevaluation (vgl. Bussmann et al. 1997) andererseits werden Erfolgskontrollen nun auch im Bereich von Verwaltung und Politik zunehmend stärker thematisiert.

Bis vor wenigen Jahren existierten jedoch noch kaum Anwendungen von Erfolgskontrollen im Natur- und Landschaftsschutz (Marti & Stutz 1993). Zwar sind seit einigen Jahren verschiedene Überwachungsprojekte im Natur- und Landschaftsschutz im Gange. Doch diese sind kaum als eigentliche Erfolgskontrollen konzipiert (vgl. Übersichten in Marti & Stutz 1993 oder bei Wey et al. 1993). In den benachbarten Bereichen Dauerbeobachtung (Monitoring) und experimentelle Wirkungsforschung dagegen belegt eine reichhaltige Literatur den großen Erfahrungsschatz, zumindest in methodischer Hinsicht (vgl. z.B. Goldsmith 1991, Likens 1989 oder Spellenberg 1991).

2.2 Eingliederung der Erfolgskontrolle

Die zweiteilige Aufgabenstellung für das Kontrollprogramm weist bereits darauf hin, dass Erfolgskontrollen durchaus auf unterschiedlichen Ebenen zur Anwendung gelangen können bzw. unterschiedliche Ziele im Vordergrund stehen können. Subirats (1995) versteht Erfolgskontrollen und Evaluationen in erster Linie als Lernprozesse, welche zu einem Erfahrungsgewinn führen sollen. Im Gegensatz dazu steht etwa Lykke (1992), welcher Erfolgskontrollen vorwiegend in den Dienst von Rechenschaftsberichten stellt. Kentula et al. (1993) stellen dagegen die konkreten Hinweise zu allenfalls notwendigen Korrekturen und Anpassungen als Ergebnis von Erfolgskontrollen in den Vordergrund. Als weiterer Aspekt wird die Erfolgskontrolle immer häufiger auch in Zusammenhang mit dem Informationsmanagement gebracht (vgl. etwa Hawkworth et al. 1997).

Grundsätzlich können diese unterschiedlichen Schwerpunkte als verschiedene Facetten eines Grundprinzips aufgefaßt werden. Der Naturschutzpolitik als Teil der Umweltpolitik kommt vorab die Aufgabe zu, das Überleben der Artenvielfalt von Pflanzen und Tieren (Biodiversität) wirkungsvoll zu sichern. Dies kann auf griffige Art nur mit Hilfe eines Steuerungsprozesses (Abb. 18) gelöst werden. Eine dauerhaft umweltgerechte Entwicklung des Raumes benötigt periodische Rückmeldungen über die Wirkung getroffener Maßnahmen. Somit kann das Ziel nur erreicht werden, wenn:

- die Umweltpolitik 1.) über klar formulierte Ziele, festgelegte Umweltqualitätsstandards und dem entsprechenden Rahmen für die Wirtschaft verfügt,
- zur Verbesserung der Umweltqualität im Hinblick auf die Umweltziele die nötigen (staatlichen) Projekte und Programme 2.) umgesetzt werden,
- der Erfolg von Projekten und Programmen mittels Erfolgskontrollen 3.) geprüft wird,
- Projekte zur Umweltbeobachtung mit Messnetzen zur Dauerbeobachtung 4.) unabhängig von einzelnen Maßnahmen oder Programmen betrieben werden,
- die Schlüsseldaten aus Erfolgskontrollen und Beobachtungsprogrammen in einer integrierenden Umweltberichterstattung 5.) gesamthaft interpretiert und aus den Ergebnissen konkrete und umsetzbare Anträge für die Anpassung der Umweltpolitik formuliert werden.

Eine Rückkoppelung aus Erfolgskontrollen findet auf 2 Ebenen statt: einerseits projektbezogen direkt von der Erfolgskontrolle zurück zu den Projekten (Ziffer 3 zu Ziffer 2 in Abb. 18), andererseits auf einer übergeordneten Ebene über die Berichterstattung zurück zur Umweltpolitik (Ziffer 3 zu Ziffer 5 über Ziffer 4 in

Abb. 18). Daneben gilt es auch die unterschiedlichen Dimensionen zu beachten, in welchen der Erfolg von Maßnahmen beurteilt werden muß. Grundsätzlich können die folgenden 3 Dimensionen unterschieden werden (vgl. hierzu auch die identische Gliederung des Ansatzes von Noss & Cooperrider 1994 oder Wey et al. 1994):

- Wirkungskontrolle
  Kontrolle der Wirkung von Maßnahmen, Projekten oder anderen Vorhaben
- Umsetzungs- und Verfahrenskontrolle
  Beurteilung von Verfahrensablauf, Mittelplanung und Umsetzungsverlauf
- Zielkontrolle
  Kontrolle der Zweckmäßigkeit eines Vorhabens bzw. dessen Ziele (Angemessenheit gegenüber einem übergeordneten Zielsystem)

Nähere Erläuterungen zu diesen drei Dimensionen folgen in Kapitel 3.3.

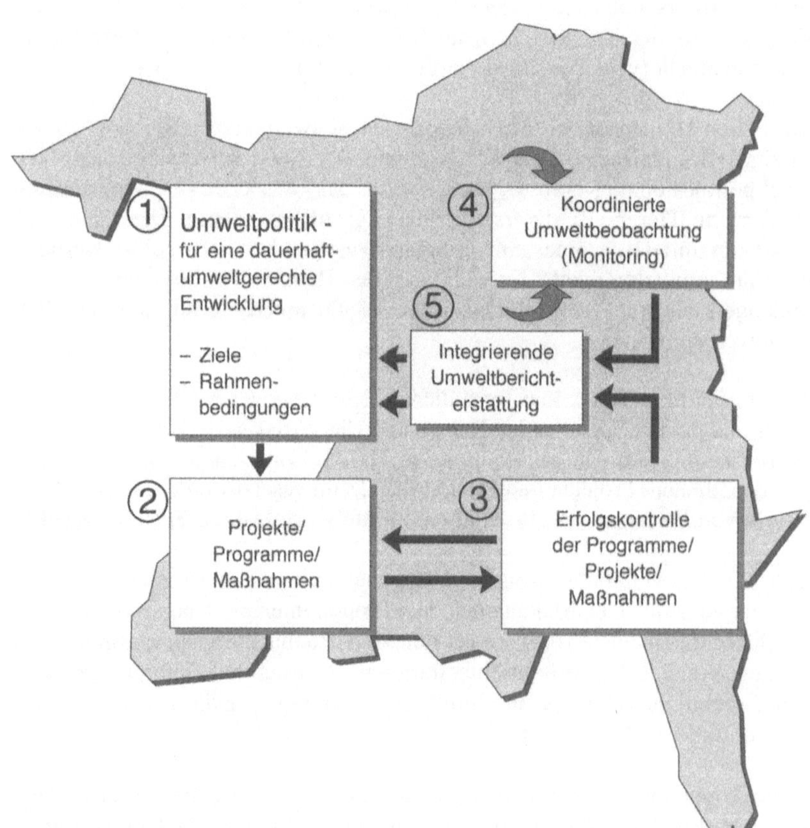

Abb. 18. Steuerungsprozess für eine dauerhaft umweltgerechte Entwicklung

2.3 Das Kontrollprogramm als ein Teil des Mehrjahresprogrammes Natur 2001 im Kanton Aargau

Ausgangslage für die Entwicklung des im folgenden beschriebenen Konzeptes einer Erfolgskontrolle war das Mehrjahresprogramm Natur- und Landschaftsschutz (Natur 2001) im Kanton Aargau (Schweiz). Dieses Mehrjahresprogramm wurde vom Aargauischen Großen Rat am 16.11.93 genehmigt und erstreckt sich über 2 Finanzplanperioden von je 4 Jahren. Die im Baugesetz enthaltenen, für den Aargau spezifischen normativen Ziele wurden für diese Zeitperiode in 4 Teilziele übersetzt. Sie leiten sich aus dem für den Aargau spezifischen Handlungsbedarf ab. So liegt die Begründung für das Teilziel 3 (dezentraler Vollzug, vgl. Tab. 4) in der großen Zahl von 232 Gemeinden, die mit Vollzugsaufgaben im Natur- und Landschaftsschutz beauftragt sind.

Tabelle 4. Vier Teilziele des Mehrjahresprogrammes Natur 2001

Teilziel	Projekte und Vorhaben zur Erreichung des jeweiligen Teilziels
1. Sichern biologisch hochwertiger Flächen	• Sichern der Vorrangflächen Naturschutz Flächenbedarf außerhalb des Waldes: 2,8 % der landwirtschaftlichen Nutzfläche (inkl. Pufferzonen) • Umsetzung des Auenschutzes • Ergänzung naturnaher Flächen durch Renaturierung und durch gezielte Förderung der Vernetzung • Systematischer Ausbau der Pflege von biologisch hochwertigen Flächen
2. Aufwertung und Vernetzung der Landschaft außerhalb von Vorrangflächen 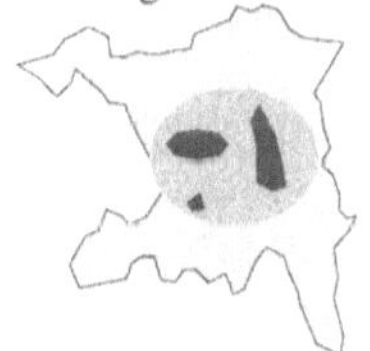	• Naturgemäße Landwirtschaft und Folgeprojekte außerhalb des Fricktals. Die naturschutzbezogenen Maßnahmen erfordern ca. 6 % der landwirtschaftlichen Nutzfläche • Wiederherstellen von Mooren • Aufwertung von Gewässern, Neuanlage von Vernetzungselementen im Rahmen laufender Verfahren (Wasserbau, Güterregulierungen etc.) • Einsatz von Güterregulierungen für Zwecke des NLS • Naturschutz im Wald (s. Wald-Naturschutz-Programm)
3. Dezentraler Vollzug bestehender Schutzbestimmungen insbesondere der Nutzungsplanungen 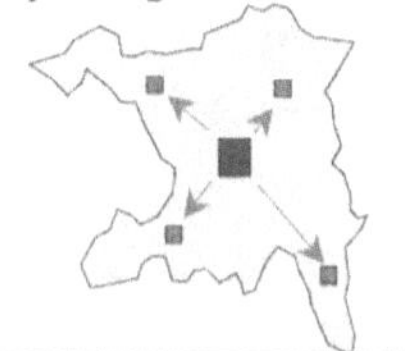	• Aufbau regionaler Dienstleistungsstellen für Vollzugsaufgaben und die Unterstützung von Gemeindebehörden • Aus- und Weiterbildung von Naturschutzverantwortlichen für regionale und lokale Aufgaben • Ausbau der Information in den Gemeinden etc.

Tabelle 4. (Fortsetzung)

4. Kontrollprogramm als Voraussetzung für die langfristige Vorsorge im Natur- und Landschaftsschutz 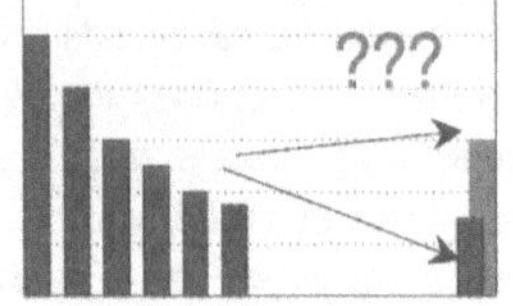	• Kontrollprogramm Natur und Landschaft aufbauen, generelles Konzept für Erfolgskontrolle erstellen, Langfristbeobachtung biologischer Vielfalt systematisch ausbauen • Institut für biologische Umweltbeobachtung als Ausbauoption
5. Voraussetzungen zur Erreichung der Teilziele 	• Begleitung der Bearbeitung des Richtplanes: Teil Landschaft sowie Nachbearbeitung und Folgeaufträge • Übersicht der Flora des Kantons Aargau erstellen • Grundlagenbeschaffung, Ausrüstung, Werkhof etc. • BIOLADA (biologisch-geographisches Informationssystem des Kantons Aargau) betreuen

Das Teilziel 4 (Kontrollprogramm) deckt im Wesentlichen die folgenden 2 Bereiche ab:

- Integrierende Berichterstattung (Rückkoppelung auf Ebene der Umweltpolitik). Das Kontrollprogramm soll sowohl ein Bild zur Entwicklung von Natur und Landschaft liefern wie auch über die Umsetzung im Natur- und Landschaftsschutz Auskunft geben. Ausgewählte Indikatoren dienen der Erfassung von Entwicklungstrends in der belebten Umwelt, Leistungs- und Wirkungsindikatoren liefern Angaben zur Umsetzung im Sinne eines Rechenschaftsberichtes bzw. entsprechend den Anforderungen aus dem „New Public Management".

- Optimierung von Projekten und Maßnahmen (Rückkoppelung auf Ebene der Projekte). Das Kontrollprogramm soll Angaben zum Erfolg einzelner Projekte und Maßnahmen liefern und ggf. Hinweise zwecks Korrektur und Optimierung liefern. Im Vordergrund stehen dabei Effizienz, Effektivität und Wirksamkeit der einzelnen Projekte.

Diese zweiteilige Aufgabenstellung für das Kontrollprogramm spiegelt die allgemein vorherrschenden Ansprüche an die Ergebnisse von Erfolgskontrollen wider. Es gelingt jedoch kaum, die Anforderungen mit einem einzigen Kontrollprojekt zu erfüllen. Vielmehr ist ein Set von Projekten mit unterschiedlichen Schwerpunkten und Zielsetzungen erforderlich. Dieser Weg wurde für das Kontrollprogramm im Kanton Aargau gewählt.

Der unmittelbare Gesetzesauftrag für das Kontrollprogramm im Aargau ist in §40 Abs. 4 des Gesetzes über Raumplanung, Umweltschutz und Bauwesen vom 19.1.1993 enthalten: „Der Kanton sorgt für die langfristige Überwachung der

Entwicklung der Pflanzen- und Tierwelt". Mit der Änderung des nationalen Umweltschutzgesetzes vom 21. Dezember 1995 wurde auch das Bundesgesetz über den Natur- und Heimatschutz ergänzt: Art. 25a Abs. 1: „Bund und Kantone sorgen für die Information und Beratung der Behörden und der Öffentlichkeit über die Bedeutung und den Zustand von Natur und Landschaft". Diese Bestimmungen fügen sich in die Reihe mittelbarer Aufträge ein, wie z.B. Art. 1, 6, 8, und 14 des Umweltschutzgesetzes oder Art. 7 der Biodiversitätskonvention von Rio („Identification and Monitoring").

3 Vorgehen

3.1 Anforderung an das Konzept einer Erfolgskontrolle

Grundsätzlich wurde für die Erfolgskontrolle ein Ansatz gewählt, welcher sich auf die Erfahrungen aus der Wirtschaft und aus der Raumplanung stützt. Spezifische Anforderungen für den Einsatz dieses Instrumentes im Natur- und Landschaftsschutz ergaben sich einerseits durch Literatursichtungen (vgl. u.a. Marti & Stutz 1993) und andererseits aus ersten Projekten zu Erfolgskontrolle und Dauerbeobachtung, welche im Kanton Aargau vor 1993 gestartet wurden.

Insbesondere einige um 1986 gestartete Überwachungsprojekte lieferten wertvolle Hinweise für die weitere Konzeption, auch wenn einzelne dieser Projekte für sich genommen nicht immer nur erfolgreich verliefen. In verschiedenen Projekten waren beispielsweise die Ziele zu wenig präzise formuliert, was Schwierigkeiten bei der Auswahl der Kontrollkriterien bereitete. Zudem geschah die Auswahl von Erhebungsmethoden und Beobachtungsparametern teilweise zu wenig systematisch und war nicht immer in ausreichender Weise auf die Zielsetzung abgestimmt. Außerdem wurde einigen langlaufenden Projekten zu wenig Aufmerksamkeit geschenkt, was vereinzelt zu Mängeln bei der Unterstützung und Motivierung der Mitarbeiterinnen und Mitarbeitern oder bei der Dokumentation führte.

Aufgrund der vorliegenden Erfahrungen konnten etliche zentrale Anforderungen an die Konzeption der Kontrolle zum Mehrjahresprogramm „Natur 2001" formuliert werden:

- Eine einheitliche Sprachregelung entwickeln, um einen „gemeinsamen Nenner" für die unterschiedlichen Anwendungen zu finden (vgl. nähere Ausführungen in Kap. 3.2). Damit soll auch die Entwicklung eines Systems von Erfolgskontrollen verbunden sein, welches skalierbar ist und sich für die Kontrolle sowohl von einfachen wie auch von umfangreichen und komplexen Vorhaben einsetzen lässt. Es soll Projekte ermöglichen, welche auf beiden Ebenen der Rückkoppelung (projektbezogen und übergeordnet) angesiedelt sind.

- Bestehende und bewährte Anwendungen übernehmen (v.a. Raumplanung) und für den Einsatz in der Praxis des Natur- und Landschaftsschutzes anpassen (d.h. kostengünstige Anwendungen, welche für die Praxis verwendbare Resultate liefern).

- Anforderungen aus dem „New Public Management" sowie aus der Politikevaluation berücksichtigen und soweit als möglich und sinnvoll kompatibel bleiben.

- Die projektspezifische Entwicklung einer Erfolgskontrolle soll großes Gewicht auf die Definition eines etwaigen „Erfolges" bzw. „Mißerfolges" legen. Hierzu ist ein Vorgehensmodell zu entwickeln, welches eine parallele Entwicklung der Projekte zur Umsetzung einerseits und zur Kontrolle andererseits ermöglicht.

- Die Organisation der verschiedenen Projekte zur Erfolgskontrolle soll professionell angegangen werden und der Motivation der Mitarbeiterinnen und Mitarbeitern die nötige Bedeutung zugemessen werden.

3.2 Definition von Erfolgskontrollen und ihrer Aufgaben im Natur- und Landschaftsschutz

So vielfältig die Verwendung von Kontrollen ist, so vielfältig fallen die Definitionen aus. Um für den Natur- und Landschaftsschutz eine möglichst koordinierte Begriffsverwendung im Bereich der Erfolgskontrollen zu erreichen, bestand eine Aufgabe der Konzeptentwicklung zum Kontrollprogramm des Kantons Aargau in der Formulierung von Begriffsempfehlungen (KBNL 1997). Diese Empfehlungen, welche einer breit abgestützten Vernehmlassung unterzogen wurden, liegen dem vorliegenden Beitrag zugrunde:

> „Die Erfolgskontrolle dient der Optimierung der Arbeit im Natur- und Landschaft s-schutz, indem sie den Erfolg eines Vorhabens überprüft und gegebenenfalls Korrekturen vorschlägt. Die Kontrolle erfolgt als Bestandteil des Planungs- und Entscheidungsprozesses im wesentlichen durch einen Vergleich der formulierten Ziele mit der erfolgten Umsetzung und der beobachteten Wirkung, d.h. ex post. Ausgedrückt werden die Resultate v.a. als Wirksamkeit, Effizienz und Effektivität sowie Zweckmäßigkeit. Die Resultate beziehen sich auf die Wirkungs- sowie die Umsetzungs- und Verfahrensziele eines Vorhabens" (aus KBNL 1997).

Im Zentrum von Erfolgskontrollen steht meist die Frage, ob die geplanten Änderungen in Natur und Landschaft erreicht wurden. Ist dies nicht der Fall, müssen Ursachen gesucht werden. Wurden dagegen die Ziele erreicht, kann das Vorgehen allenfalls optimiert werden. Ausgehend von diesen Hauptfragen lassen sich die folgenden Eigenschaften einer Erfolgskontrolle umreißen:

- Bei Erfolgskontrollen stehen Soll-Ist-Vergleiche auf verschiedenen Planungs- und Umsetzungsebenen im Vordergrund. Damit ist eine konkrete Definition des Soll-Zustandes (Ziele der Umsetzung) und des Erfolgsmaßstabes Voraussetzung.

- Die Erfolgskontrolle dient der Überprüfung von Wirkung, Umsetzung und Verfahren eines Vorhabens. Zudem werden die Ziele des Vorhabens bezüglich Angemessenheit und Zweckmäßigkeit kontrolliert und damit der gewählte Lösungsansatz aus einem größeren Zusammenhang heraus beurteilt.

- Erfolgskontrollen sind auf eine Optimierung und Qualitätssicherung der Arbeit im Natur- und Landschaftsschutz ausgerichtet. Um dies zu erreichen, müssen die Ergebnisse von Erfolgskontrollen ggf. als konkrete Korrekturaufträge ausgedrückt werden können. In ihrer Anlage ist der nachfolgende Lernprozess bereits zu berücksichtigen.

- Mindestens 2 Ebenen unterschiedlicher Komplexität sind auseinanderzuhalten:
  a) die Erfolgskontrolle auf der Ebene einzelner Projekte oder Sachprogramme, ausgerichtet auf konkrete Korrektur- und Optimierungsvorschläge
  b) die Evaluation der Naturschutzpolitik (Ebene der Umweltberichterstattung)

- Aus der Gegenüberstellung von Ist- und Soll-Zustand ergibt sich der Anstoß für einen Problemlösungsprozess, durch dessen Umsetzung ein neuer Zustand erreicht wird. Die Erfolgskontrolle darf nicht erst nach der Umsetzung beginnen. Ihr Konzept ist, zumindest in den Grundzügen, zusammen mit dem Umsetzungskonzept zu entwickeln. Die Entwicklung des Kontrollprojektes gehört demnach bereits in den Auftrag zur Entwicklung des Umsetzungsprojektes.

Für das hier vorgestellte Konzept einer Erfolgskontrolle steht die Anwendung im Alltag des Natur- und Landschaftsschutzes im Vordergrund. Nachstehende Abb. 19 zeigt die Zusammenhänge zwischen Planung und Umsetzung von Naturschutzmaßnahmen einerseits und Erfolgskontrolle sowie Dauerbeobachtung anderseits. Der Vergleich zwischen Ist- und dem formulierten Soll-Zustand führt im Problemlösungsprozess zu einer Problemerkennung (vgl. Problemlösungsprozess gemäß Systems Engineering in Haberfellner et al. 1994 oder in Witschi et al. 1996). Dies ist der Anstoß für die Planung von Maßnahmen zur Behebung des Problems. Über Umsetzungsziele (U-Z) sollen bestimmte Wirkungen (Wirkungsziele, W-Z) erreicht werden. Sie führen zu einem neuen Zustand, der sowohl mit dem früheren wie auch mit dem Soll-Zustand verglichen werden kann.

Auf der Basis der *Umsetzungs-* und *Wirkungsziele* sowie des Ist- und Soll-Zustandes werden die Indikatoren für die *Erfolgskontrolle* („Was ist als Erfolg anzusehen und was nicht?") festgelegt (Indikatorkonzept). Anschließend kann das Konzept zur *Zielkontrolle* (Z-K), *Wirkungskontrolle* (W-K) sowie *(Verfahrens-* und*) Umsetzungskontrolle* (U-K) entwickelt werden. Über die Resultate der *Erfolgskontrolle* bzw. des Umsetzungsprozesses wird Bericht erstattet (Reporting), womit ein Einbezug der Ergebnisse in neue Verfahren möglich wird. Die Dauerbeobachtung verläuft dagegen losgelöst vom Umsetzungsprozess und dient im Wesentlichen dem Erfassen von Zuständen zu verschiedenen Zeitpunkten.

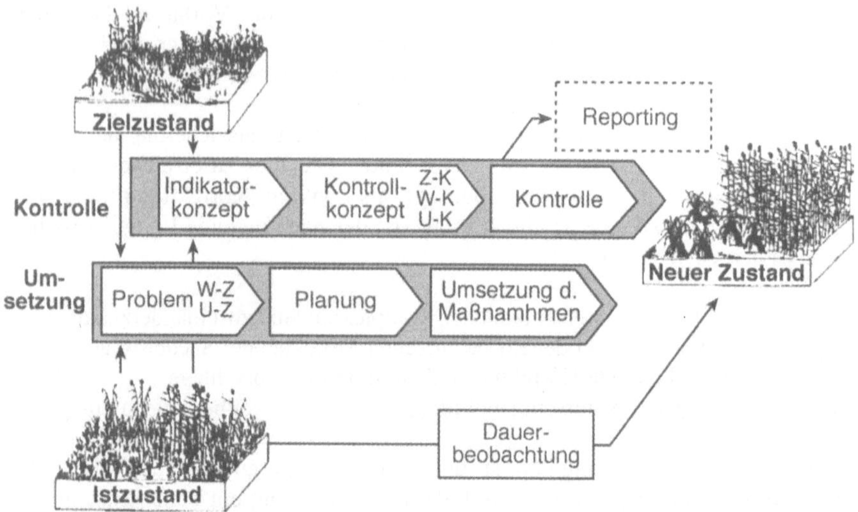

Abb. 19. Problemlösungszyklus und parallele Entwicklung von Umsetzung und Kontrolle (**W-Z** = Wirkungsziele, **U-Z** = Umsetzungsziele, **Z-K** = Zielkontrolle, **W-K**= Wirkungskontrolle, **U-K** = Umsetzungs- und Verfahrenskontrolle)

Bisher sind erst wenige Beispiele zu Erfolgskontrollen im Natur- und Landschaftsschutz bekannt. Vor allem konzeptionell am weitesten fortgeschritten ist dabei die Diskussion zur übergeordneten Berichterstattung. Dabei stehen Anwendungen in Zusammenhang mit dem Monitoring von Biodiversität (vgl. Art. 7 der Konvention von Rio) oder der Überwachung einer nachhaltigen Entwicklung („sustainable development") im Vordergrund. Rump (1996) bemerkt hierzu jedoch, dass sich diese Ansätze bisher auf ein mehr oder weniger passives Verfolgen (i.S. Dauerbeobachtung, vgl. unten) beschränken, während die Erfolgskontrollen im Sinne eines Soll-Ist-Vergleichs mit entsprechenden Korrekturvorschlägen noch kaum eingesetzt werden.

Anders sieht dies mit dem Konzept der „Effizienzkontrolle" aus, welches v.a. in Deutschland entwickelt und eingesetzt wird (vgl. Blab et al. 1994; Weiss 1996; Wey 1994). Allerdings werden mit dem Begriff „Effizienzkontrolle" sehr unterschiedliche Verfahren bezeichnet; eine eindeutige Klärung hat noch nicht stattgefunden. Ein vergleichbarer Ansatz wird auch in den USA verwendet, v.a. bei Projekten zur Renaturierung (z.B. Kentula et al. 1993; Westman 1991).

Verwandte Instrumente

Wie bereits erwähnt, existieren neben der Erfolgskontrolle im Sinne der o.g. Definition weitere vergleichbare Instrumente mit teilweise ähnlicher Zielsetzung. Hier soll kurz eine Abgrenzung zu einigen dieser Instrumente diskutiert werden.

Erfolgskontrolle und Projektsteuerung

Erfolgskontrollen geben meist rückblickend über den Projekterfolg Auskunft (ex post). Demgegenüber ist die *Projektsteuerung* in erster Linie auf eine vorausschauende Steuerung des Projektablaufs ausgerichtet (ex ante). Die Projektsteuerung soll Fehler verhindern, bevor sie sich überhaupt wesentlich bemerkbar machen konnten.

Bei der Projektsteuerung werden verschiedene Instrumente und Prüfpunkte verwendet, z.B. die Kostenkontrolle (als Ist-Soll-Vergleich), die Pendenzenliste der unerledigten Verpflichtungen in einem Projekt, das Projektjournal (Buchführung über Ergebnisse von Sitzungen, Telefonaten, Besprechungen usw.) oder das „Sündenregister" (weitere Ausführungen bei: Fachstellen Naturschutz der Kantone Aargau und Zürich & BUWAL Abteilung Naturschutz 1997).

Erfolgskontrolle und Politikevaluation

Grundsätzlich deckt die Politikevaluation einen ähnlichen Bereich ab wie das hier vorgestellte Konzept einer Erfolgskontrolle. Allerdings umfasst die Politikevaluation generell eine Vielzahl unterschiedlicher Ansätze, welche unterschiedliche Schwerpunkte setzen. Gemeinsam ist vielen dieser Ansätze, dass sie als einmalige Vorhaben mit Forschungscharakter ausgelegt sind, welche von externer Seite her durchgeführt werden. Konzeptionell und methodisch sind diese meist bei der Sozial- und Politikforschung angesiedelt.

Eine Übersicht zur Ausrichtung von Evaluationen allgemein liefert Hellstern (1991). Aus dem Nationalen Forschungsprogramm „Wirksamkeit staatlicher Maßnahmen" (NFP 27) liegt neben dem Schlußbericht (Bussmann et al. 1997) mit der Arbeit von Widmer (1996) auch ein Werk vor, das ein konkretes Kriterienraster für Evaluationen vorschlägt. Obwohl dieses Raster anhand von und für Politikevaluationen erarbeitet wurde, sind verschiedene Punkte auch für Erfolgskontrollen im Natur- und Landschaftsschutz relevant.

Erfolgskontrolle und Dauerbeobachtung

Projekte zur Dauerbeobachtung dienen dem Aufzeigen von Zustand und Entwicklung verschiedener Faktoren, die nicht in einem direkten Zusammenhang mit einem Umsetzungsprojekt stehen müssen (vgl. Goldsmith 1991). Daher müssen Vorhaben zur Erfolgskontrolle und zur Dauerbeobachtung konzeptionell auseinandergehalten werden, da der Bezug der Erfolgskontrolle zu einem Umsetzungsprojekt, dessen Erfolg kontrolliert werden soll, das wesentliche Element der Konzeption von Erfolgskontrollen darstellt. Allerdings existieren durchaus auch Gemeinsamkeiten, etwa bezüglich Datenerhebung und –auswertung. Tab. 5 liefert eine kurze Gegenüberstellung der Charakteristiken von Erfolgskontrollen und Dauerbeobachtungen.

Tabelle 5. Gegenüberstellung Erfolgskontrolle – Dauerbeobachtung

	Dauerbeobachtung	**Erfolgskontrolleprojekt** (am Bsp. der Wirkungskontrolle)
Zweck, Projektanlage	Erfaßt langfristige Veränderungen des Umweltzustandes	Erfasst Wirkung eines konkreten Vorhabens
Ziel / Ausrichtung	Andere Basis (Wissenschaft, Umweltberichterstattung etc.)	Basiert auf den Zielen der entsprechenden Umsetzung
Zeitdauer	Mittel bis langfristig	Zeitlich limitiert
Benötigte Indikatoren	Beschreibung des allgemeinen Zustandes; höchstens Hinweise auf Kausalbeziehungen möglich	Projektspezifisch, nach Möglichkeit mit Ursache-Wirkung-Aussagen zwischen Projekt und Veränderung
Auswahl der Probeflächen	Grundsätzlich eher nach Zufallsprinzip	Abhängig v. d. Notwendigkeit der Beschreibung von Kausalitäten
Verhältnis zum Betreiber	Unabhängig von Umsetzungsprojekten	Mit den Verantwortlichen für die Umsetzung d. Projektes entwickelt
Finanzierung	Separate Finanzierung	Zu Lasten Umsetzungsprojekt
Beispiele: 1) Gewässerschutz	Qualitätsuntersuchung von Fließgewässern	Wirkungskontrolle einer Kläranlage
2) Naturschutz	Dauerbeobachtung von Brutvögeln	Wirkungskontrolle von Vertragswiesen

Eine Anmerkung zur Begriffswahl „Dauerbeobachtung“: Im vorliegenden Beitrag werden Dauerbeobachtung und Monitoring als Synonyme verwendet, obwohl teilweise weitergehende Differenzierungen vorgeschlagen werden (vgl. etwa Hellawell 1991). Da im englischsprachigen Raum der Begriff „Monitoring“ für Vorhaben verwendet wird, welche teilweise an Erfolgskontrollen anlehnen, wird hier zur klareren Abgrenzung in erster Linie der Begriff „Dauerbeobachtung“ verwendet.

3.3 Drei Dimensionen einer Erfolgskontrolle

Bei Projekten zur Erfolgskontrolle werden 3 Dimensionen unterschieden:

- **Wirkungskontrolle: Wirksamkeit des Vorhabens**
  Die zentrale Frage zur Wirksamkeit als Erfolgsmaß der Wirkungskontrolle lautet: „Werden die geplanten Zustandsänderungen bzw. Wirkungen in der Natur (Outcome i.S. der Politikevaluation) überhaupt erreicht und in welchem Ausmass (qualitativ und quantitativ)?“ Die Wirksamkeit bezieht sich ausschließlich auf Wirkungen eines Vorhabens in Natur und Landschaft; Verhaltensänderungen bei Zielgruppen und Akteuren werden als Teilaspekt bei der Umsetzungs- und Verfahrenskontrolle behandelt (vgl. unten).

- **Umsetzungs- und Verfahrenskontrolle: Effizienz und Effektivität der Umsetzung.** Die zentrale Frage zur *Effizienz* (Erfolgsmaß) lautet: „Wie groß war der entsprechende Mittelverbrauch, um Maßnahmen umzusetzen, Produkte zu erstellen, Verhaltensänderungen bei den Akteuren sowie Zustandsänderungen in der Natur zu erreichen?“ Die Frage nach der Effizienz (Wirtschaftlichkeit) ist stets auf den Ressourcenverbrauch für einen bestimmten Ertrag ausgerichtet. Dieser „Ertrag“ beschränkt sich nicht nur auf Maßnahmen, Produkte und Verhaltensänderungen (Outputs und Impacts i.S. der Politikevaluation), sondern bezieht sich auch auf Wirkungen in Natur und Landschaft (Outcomes). Allerdings muß hier erwähnt werden, daß dem Vergleich der Effizienz unterschiedlicher Vorgehensweisen, Maßnahmen und Wirkungen rasch Grenzen gesetzt sind, da geeignete Beurteilungsmaßstäbe noch kaum entwickelt sind. Die zentrale Frage zur *Effektivität* des Umsetzungsprozesses (Erfolgsmaß) lautet: „In welchem Maß wurden die formulierten Umsetzungs- und Verfahrensziele erreicht, die geplanten Maßnahmen umgesetzt und die vorgesehenen Verhaltensänderungen erzielt (Soll-Ist-Vergleich)?“

  Neben der Zielerreichung insgesamt kann sich die Effektivität auch auf die Relation zwischen unterschiedlichen Stufen und Zwischenprodukten im Umsetzungsprozess beziehen. So kann etwa der Vergleich zwischen Maßnahmen und dadurch erzielten Verhaltensänderungen (Output-Impact-Vergleich i.S. Politikevaluation) als ein weiteres Maß der Effektivität verwendet werden. Wie oben erwähnt, ist die Bezeichnung der miteinander verglichenen Stufen wichtig.

- **Zielkontrolle: Zweckmäßigkeit der Ziele**
  Die zentralen Fragen zur Zweckmäßigkeit als Erfolgsmaß der Zielkontrolle lauten: Sind die (Wirkungs-) Ziele eines Projektes verglichen mit dem Ausgangszustand der Landschaft und den übergeordneten Vorgaben und Rahmenbedingungen zweckmäßig und angemessen? Sind die (früher) festgelegten Projekt-, Programm- oder Politikziele nach veränderten Rahmenbedingungen heute noch zweckmäßig? Trifft die Ableitung der Wirkungs- und Umsetzungs-

ziele aus den allgemeinen Zielvorstellungen den Kern des verfolgten Lösungsansatzes? Die Beurteilung der Zweckmäßigkeit setzt damit voraus, dass die zu beurteilenden Ziele wiederum als Mittel zur Erreichung von übergeordneten Zielen dienen. Zur Frage nach der Zweckmäßigkeit gehört auch die Überprüfung der Kohärenz der verschiedenen Verwaltungsprogramme bzw. Teilpolitiken im Hinblick auf das angestrebte Wirkungsziel.

Diese 3 Dimensionen der Erfolgskontrolle entsprechen den 3 Dimensionen, in welchen ein Naturschutzprojekt abgewickelt wird: Ziele, Mittel bzw. Ressourcen sowie Umsetzung und Verfahren. Die 3 Dimensionen sind eng miteinander verknüpft, weshalb eine vollständige Erfolgskontrolle stets alle 3 Dimensionen in ihrem Zusammenhang analysieren soll. In einzelnen Anwendungen können jedoch durchaus auch Erfolgskontrollen zweckmäßig sein, welche sich nur auf eine der 3 Dimensionen beschränken.

Erfolgsmaße bezeichnen Relationen zwischen verschiedenen Stufen des Planungs- und Umsetzungsprozesses. Grundsätzlich ist eine Vielzahl von Erfolgsmaßen denkbar. Eindeutige und abschließende Zuordnungen gibt es nicht. Deshalb wurden bei den 3 Dimensionen nur kurz auf die wichtigsten und allgemeingültigen Erfolgsmaße eingegangen. In der Anwendung ist jeweils konkret zu erwähnen, welches Erfolgsmaß welche Relation bezeichnet.

4 Anwendung der Erfolgskontrolle

4.1 Projektbezogene Anwendung von Erfolgskontrollen

Entscheidend für die projektbezogene Anwendung von Erfolgskontrollen ist eine Abstimmung auf das zu kontrollierende Vorhaben. Die Planung von Erfolgskontrollen kann nicht losgelöst von der Umsetzung von Vorhaben angegangen werden und sollte, wenn immer möglich parallel zur Entwicklung des Umsetzungsprojektes erfolgen (vgl. Abb. 19 und Differenzierung zur Dauerbeobachtung gemäß Tab. 5). Über weitere Zusammenhänge zwischen Projektaufbau und Entwicklung von Erfolgskontrollen geben die Arbeitshilfen für den Natur- und Landschaftsschutz (Fachstellen Naturschutz der Kantone Aargau und Zürich & BUWAL – Abteilung Naturschutz 1997) Auskunft.

Grundsätzlich hat sich eine Entwicklung von Erfolgskontrollen über 5 Hauptphasen bewährt (vgl. Abb. 20). Im Folgenden sollen diese kurz charakterisiert werden.

1. Auftrag und Zielfindung
Im Rahmen einer ersten Phase ist der zu prüfende Planungs- und Umsetzungsprozess im Detail zu beschreiben (Welches ist das zu evaluierende Projekt, Teilprojekt, Programm, die zu überprüfende Teilpolitik, der zu überprüfende Prozess?),

die Systemabgrenzung festzulegen (Was gehört noch dazu, was nicht?) und die Ausrichtung der Erfolgskontrolle zu definieren (Welche Dimension(en) soll(en) im Vordergrund stehen? Auf welcher Ebene sollen Rückkoppelungen erarbeitet werden? Was soll mit den Resultaten bewirkt werden?). Dabei ist zu beachten, daß Ergebnisse der Umsetzungs- und Verfahrenskontrolle teilweise sehr rasch vorliegen können, während sich der Zeitraum für eine sinnvolle Wirkungskontrolle nach dem biologischen Bezugssystem richten muß.

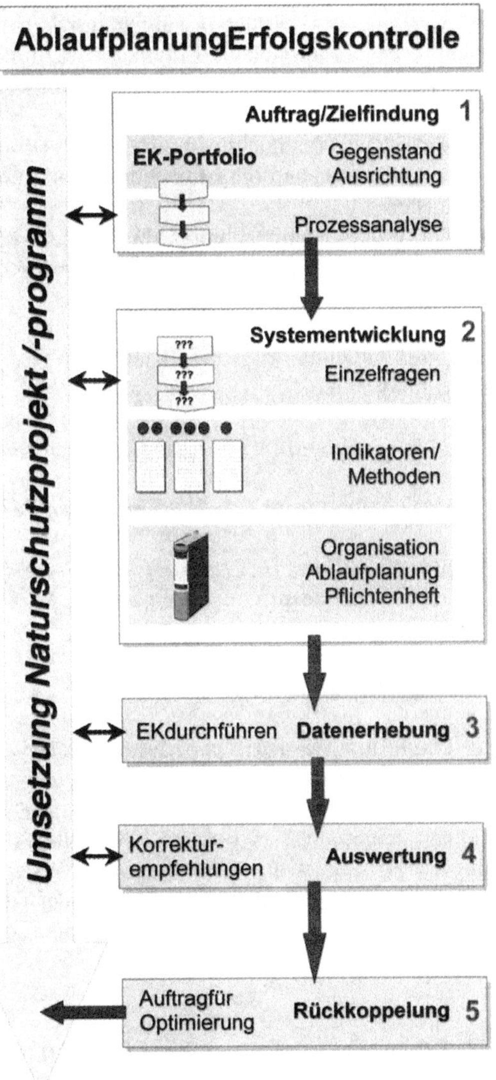

Abb. 20. Fünf Hauptphasen der Ablaufplanung einer Erfolgskontrolle

Zur ersten Phase gehört zudem die Überprüfung der Zielformulierung des Umsetzungsprojektes: Sind die Ziele ausreichend präzise und vollständig formuliert, damit daraus klar wird, was als Erfolg des Umsetzungsprojektes anzusehen ist und was eher nicht? Von grundsätzlicher Bedeutung ist die Differenzierung der Ziele in Wirkungsziele einerseits und Umsetzungs- und Verfahrensziele andererseits (im Systems Engineering werden die Begriffe „Systemziele" bzw. „Vorgehensziele" verwendet, vgl. Haberfellner et al. 1994). Diese beiden Zieldimensionen lassen sich wie folgt charakterisieren:

- **Wirkungsziele**: Beabsichtigte Wirkung des Vorhabens auf Natur und Landschaft (Was soll bewirkt werden?), z.B. „Lichtliebende Pflanzenarten im nördlichen Teil des Schutzgebietes fördern. In den nächsten 8 Jahren soll sich der Deckungsgrad dieser Arten mindestens verdoppeln".
- **Umsetzungs- und Verfahrensziele**: Ziele für den Einsatz der Mittel (in Verfahren, im Feld, bei Akteuren etc.), mit welchen die beabsichtigte Wirkung erreicht werden soll (Wie ist vorzugehen?).
  z.B.: „Alle Hecken im nördlichen Teil des Schutzgebietes sind in den nächsten 4 Jahren abschnittsweise auf den Stock setzen. Die Flachmoorflächen sollen nicht mehr betreten werden".

Bezüglich Vollständigkeit ist darauf zu achten, dass eine Zielformulierung auf die folgenden 5 Fragen eine Antwort liefert:

- **WORAUF** bezieht sich das Ziel? Was ist betroffen? (Zielobjekt) *„Lichtliebende Pflanzenarten ..."*
- **WO** soll das Ziel wirksam werden? (Ortsbezug) *„....im nördlichen Teil des Naturschutzgebietes ..."*
- **WAS** soll erreicht werden? (Zielinhalt) *„... fördern ..."*
- **WANN** soll das Ziel erreicht werden? (Zeitbezug) *„...in den nächsten 8 Jahren ..."*
- **WIEVIEL** soll erreicht werden? (Zielausmaß)
  „... soll sich der Deckungsgrad mindestens verdoppeln."

Soll der Erfolg eines Vorhabens kontrolliert werden, das bereits im Gange oder sogar abgeschlossen ist, kommt der Überprüfung der Zielformulierung eine etwas andere Bedeutung zu, da kaum mehr Einfluß auf die Zielsetzung genommen werden kann. Die bisherigen Erfahrungen zeigen, dass in solchen Fällen die exakte Definition des „Erfolges" anhand der ursprünglich formulierten Ziele oft schwer fällt. Demgegenüber steht jedoch ein möglicher Erkenntnisgewinn aus der Überprüfung von Entwicklungen über längere Zeiträume, sofern entsprechende Daten zur Ausgangslage und zur Umsetzung vorliegen.

2. Systementwicklung

Sind die einzelnen Prozessschritte klar, so sind in einem nächsten Schritt die zentralen, treffenden Fragestellungen für die Erfolgskontrolle herauszuarbeiten. Dies ist im Wesentlichen eine Aufgabe des Auftraggebers, wobei allenfalls – v.a. bei größeren Vorhaben – auch eine Vorstudie im Dialog mit dem Auftragnehmer angebracht ist. Wesentlich ist hier auch eine präzise Definition der zu verwendenden Erfolgsmaße. Den einzelnen Fragen sind Indikatoren und entsprechende Erhebungsmethoden zuzuordnen. Zusammen mit Angaben zur Organisation ergibt sich daraus das Pflichtenheft für die Erfolgskontrolle.

Im Kontrollprogramm Natur und Landschaft des Kantons Aargau wird eine Vielzahl unterschiedlicher Erfassungsmethoden angewendet. Leider zeigte die Entwicklung des Kontrollprogrammes, daß für viele praxisnahe Projekte geeignete Methoden zu Erfolgskontrolle und Dauerbeobachtung fehlen. Zwar liegen einige Werke zur standardisierten Datenerfassung vor, zu finden in Anonymus (1996), Eyre (1996), New (1998), Sutherland (1996), Sykes & Lane (1996) oder Trautner (1992) sowie für allgemeinere Hinweise Hayek & Buzas (1997) oder Heywood & Watson (1995). Oft sind die vorgestellten Methoden jedoch entweder zu aufwendig für eine routinemäßige Anwendung oder dann zu wenig reproduzierbar für eine verläßliche Erfassung von Zeitreihen.

Sind die Indikatoren festgelegt, können aufgrund der übrigen Rahmenbedingungen (finanzielle, personell-organisatorische etc.) die Pflichtenhefte, die Umsetzungsorganisation, die Ablaufplanung usw. verfaßt werden. Darin wird im Detail dargelegt, welches die Ziele des Kontrollprojektes sind, die gewünschten Aussagen, die Indikatoren mit der Methodik, die entsprechende Qualitätssicherung sowie Qualitätskontrolle, die räumliche und zeitliche Abdeckung (Stichprobenmuster), die Art der Auswertung, das Datenmanagement sowie die langfristige Datensicherung, die Zuständigkeiten, die Kosten pro Jahr.

3. Datenerhebung

Die Phase der Datenerhebung ist weitgehend durch das Pflichtenheft (vgl. oben) gegeben. Am wichtigsten ist dabei der Entscheid, wer für die Erfolgskontrolle verantwortlich sein soll. Zur Wahl stehen die Verantwortlichen des Umsetzungsprojektes selbst, eine externe Stelle oder eine Kombination daraus. Interne Kontrollen sind zwar meist effizient, dafür nicht unabhängig. Bei externen dürfte der Aufwand zur Grundlagenbeschaffung und Einarbeitung hoch sein. Zusätzlich liegt es im Aufgabenbereich der für das Kontrollprogramm verantwortlichen Personen (und damit ist allenfalls auch der Auftraggeber angesprochen), die Motivation bei den verschiedenen Personen, welche für die Datenerhebung zuständig sind, auf eine angemessene Art zu fördern.

4. Auswertung / Korrekturempfehlungen

Erfolgskontrollen erhalten ihren Sinn als Führungs- und Entscheidungsinstrument erst, wenn eine Rückkoppelung mit den Umsetzungsprozessen möglich wird. Die Ergebnisse der projektbezogenen Erfolgskontrolle sind demnach als Empfehlungen zur Einleitung von Korrekturen zu formulieren. Diese Empfehlungen, welche zur Auftragsvorbereitung von Korrektur- und Optimierungsmaßnahmen dienen, müssen dem kontrollierten Vorhaben angemessen sein. Konkret bedeutet dies, daß die Empfehlungen auf die Akteure zugeschnitten sein müssen, daß sie stufengerecht, inhaltlich kohärent und wirkungsbezogen erfolgen sowie Angaben zu den 3 Dimensionen enthalten. Es sind also Empfehlungen zu den Zielen (inkl. Hinterfragen des Umfeldes), zur Umsetzung (Akteure, Verfahren, Umsetzungsprogramm) und zum Mitteleinsatz auseinanderzuhalten. Im Prinzip handelt es sich dabei um eine Auftragsvorbereitung, wie sie etwa in den Arbeitshilfen für den Natur- und Landschaftsschutz (Fachstellen Naturschutz der Kantone Aargau und Zürich & BUWAL – Abteilung Naturschutz 1997) behandelt wird.

5. Rückkoppelung
In der Phase der Rückkoppelung geht die Verfahrensleitung wieder in die Verantwortung des Auftraggebers über. Er hat zu entscheiden, welche Korrekturempfehlungen auf welche Art umzusetzen sind. Geht es um projektinterne Korrekturen (z.B. Anpassungen bei einzelnen Maßnahmen), so kann die Entscheidung autonom erfolgen. Sind jedoch Anpassungen z.B. bei den Projektzielen, der Ressourcenzuteilung, der Organisation oder gar bei benachbarten Projekten und Teilpolitiken notwendig, müssen weitere Kreise für die Entscheidungsfindung miteinbezogen werden und allenfalls Antragsverfahren gestartet werden.

4.2
Die übergeordnete Anwendung von Erfolgskontrollen

Neben der projektbezogenen Anwendung von Erfolgskontrollen gilt es auch, die übergeordnete Anwendung von Erfolgskontrollen zu beachten. Diese Anwendungen können im vorliegenden Beitrag nur kurz behandelt werden; zudem ergeben sich sehr viele Schnittstellen und teilweise auch Überschneidungen mit anderen Instrumenten und Verfahren, wie sie teilweise im Kap. 3.2 erwähnt wurden.

Die Anwendung erfolgt in einem viel offeneren Rahmen als die projektbezogene Anwendung. Daher fällt es auch schwer, verbindliche Merkmale und Charakteristika zu formulieren. Insbesondere werden die Grenzen zu einer reinen Dauerbeobachtung fließend, da der Bezug zu bestimmten Umsetzungsprojekten oft nicht mehr klar umrissen ist, da eher ganze Tätigkeitsfelder oder Politikbereiche im Vordergrund stehen. Dementsprechend rückt auch der Aspekt des „Rechenschaftsberichtes" stärker in den Vordergrund. Damit verbunden ist auch eine vermehrte Ausrichtung auf Adressaten in der breiten Öffentlichkeit und im Kreis (politischer) Entscheidungsträger.

Deutlich zeigt dies etwa das von der OECD (1994) propagierte Set von Indikatoren, welche in ein System von „Pressure"-„State"-„Response" eingegliedert sind. Dieses System ist im Wesentlichen als eine passive Dauerbeobachtung ausgelegt, ohne Erfolgskontrolle einzelner Vorhaben. Trotzdem erhofft man sich damit auch gewisse Hinweise zum Erfolg verschiedener (Schutz-) Maßnahmen über die „Response"-Indikatoren (Ter Keurs & Meelis 1986). Eine Weiterentwicklung des Indikator-Ansatzes ist im Gange (vgl. etwa Moldan et al. 1997 oder United Nations 1996).

Diese Ansätze gehen dabei deutlich über den Bereich des traditionellen Natur- und Landschaftsschutzes hinaus und können am zweckmäßigsten als „Environmental performance review“ (Lykke 1992) aufgefaßt werden.

Das Kontrollprogramm des Kantons Aargau soll neben projektbezogenen Aussagen auch ein übergreifendes Bild vermitteln. Zu diesem Zweck wurde das folgende Vorgehen gewählt:

- Auf der Ebene der 4 Teilziele des Mehrjahresprogrammes (vgl. Kap. 2.3) wurden Kennwerte und Indikatoren definiert, welche einerseits eine Aggregation der Aussagen der Maßnahmen- und projektbezogenen Erfolgskontrollen darstellen und andererseits auf der Ebene der Teilziele leistungs- und wirkungsbezogene Aussagen im Sinne des „New Public Management“ erlauben. Auf dieser Ebene erfolgt eine jährliche Berichterstattung mit folgendem Inhalt:

  1. Wirkungsziele sowie Umsetzungs- und Verfahrensziele des betreffenden Teilprojektes für die ganze Dauer des Mehrjahresprogrammes
  2. Umsetzungs- und Verfahrensziele / Kennwerte für das vergangene Jahr und Zielerreichung
  3. Fazit zur Erreichung der Wirkungsziele / Schwachstellen
  4. Ressourcenverbrauch im Vergleich zur Budgetplanung (Soll - Ist)
  5. Beurteilung des vergangenen Jahres

- Die Charakterisierung der einzelnen Teilziele wird in einer weiteren Aggregationsstufe mit Ergebnissen aus verschiedenen Projekten zur Dauerbeobachtung (welche inner- und ausserhalb des Kontrollprogrammes durchgeführt werden) zusammengeführt. Zusätzlich werden auch Ergebnisse aus der Politikbeobachtung, aus Befragungen, aus einem Medienspiegel u.a. verwertet. Auf dieser Ebene erfolgt eine Berichterstattung alle 4 Jahre. Der z.Z. erarbeitete Zwischenbericht ist wie folgt strukturiert:

  1. Wo steht dieser Bericht im zeitlichen Ablauf?
  2. Bedeutung des vorliegenden Zwischenberichtes im Umsetzungs- und Steuerungsprozess (WOV: Verknüpfung von Sach- und Finanzplanung, der Steuerungsprozess, Qualitätssicherung)
  3. Ausgangslage, Ziele und Auftrag 1993 (Ausgangslage 1993, Leistungsauftrag)
  4. Umsetzung 1994 – 1997 (Überblick: Leistungsstand bei den Teilzielen, Kosten, Zusammenarbeit und Koordination, Information, Organisation)
  5. Beurteilung: Erfolge, Schwachstellen (u.a. Beurteilung durch die externe Kontrollstelle)
  6. Rahmen für die 2. Periode (Rechts- und Sachgrundlagen, Richtplan Aargau, Regierungsprogramm und Finanzplan, neue Akzente der Naturschutzpolitik, benachbarte Sachgrundlagen, Anpassung der Teilziele für die zweite Periode)

7. Fortführung des Mehrjahresprogrammes (Produkte und übergeordnete Ziele – Übersicht, Folgerungen und Änderungen zum politischen Auftrag 1993, Gesamtkosten und Verpflichtungskredit für 2. Periode, Anpassungsmodalitäten, Produkteblätter)
8. Antrag an den Großen Rat

- Ein weiterer Ausbau in Richtung eines Einbezugs von Ergebnissen aus Projekten zu Erfolgskontrolle und Dauerbeobachtung verwandter Politikbereiche ist in Vorbereitung.

5 Anwendungsbeispiele aus dem Kontrollprogramm

Nachfolgend sind 2 Beispiele von Projekten zur Erfolgskontrolle aus dem Kontrollprogramm des Kantons Aargau aufgeführt. Diese Beispiele sind dem Bericht von Maurer et al. (1997) entnommen.

Erfolgskontrolle Projekt 3 – Trendanalyse der Wiesenentwicklung	
Kurzbeschreibung des kontrollierten Naturschutzprojekts	Mit dem Projekt 3 (Bewirtschaftungsverträge / Ökologischer Ausgleich) soll die naturgemäße Nutzung in der Landwirtschaft mittels Abgeltung ökologischer Leistungen gefördert werden. Jährlich werden ca. 200 ha (z.B. Magerwiesen, Buntbrachen, Hecken, Hochstammobstbäume usw.) neu unter Vertrag genommen und in 15 - 20 zusätzlichen Gemeinden wird den Landwirten mittels Informationskampagnen das Angebot unterbreitet.
Ausrichtung der Erfolgskontrolle	Wirkungskontrolle: Die Entwicklung und die Zielerreichung bei einem der wichtigsten Vertragselemente des Projektes - bei den unter Vertrag stehender Wiesen (Fläche einer einzelnen Wiese: ca. 5 a bis 3 ha) - soll mit möglichst geringem Aufwand trendartig erfaßt werden. Im Vordergrund steht das Feststellen von deutlichen Fehlentwicklungen und die Rückmeldung über den Erfolg/Mißerfolg der Maßnahmen an den Bewirtschafter. Die Vertragserneuerung (jeweils nach 6 Jahren) und evtl. Korrekturen bei den Vertragsbestimmungen sollen entsprechend den Resultaten dieser Kontrollen erfolgen.
Aussagen (Beispiele)	„Bei rund ... % der Vertragsflächen, die extensiviert werden sollten/deren Zustand erhalten werden sollte, konnte eine entsprechende Entwicklung in der Vegetation festgestellt werden.“ „Das vertraglich definierte Ziel ist bei der Wiese X in der vorgängigen Vertragsperiode erreicht worden, der Vertrag wird weitergeführt und es ist keine Anpassung der Vertragsbestimmungen notwendig.“
Kontrollkriterien/ Methodik (Was & Wie)	Vor Vertragsabschluß (für jeweils 6 Jahre) werden alle Wiesen mittels eines periodisch überprüften Kartierungsschlüssels (Einteilung in 6 Kategorien aufgrund Präsenz/Absenz, Deckungsgrad, Kombination von Kennarten) beurteilt. Anhand dieser Beurteilung werden die Entwicklungsziele für die Wiese und die daraus resultierenden Vertragsbestimmungen festgelegt. Zwischen der zweiten Hälfte April und dem ersten Schnittermin werden im fünften Vertragsjahr alle Wiesen mit der gleichen Methode nachkartiert und die Relation zwischen Ist und Soll ermittelt (im Durchschnitt 15-20 Min. Aufwand pro Wiese). Als Qualitätssicherung erfolgen einzelne Doppelaufnahmen; im Weiteren werden die Ergebnisse in einen Zusammenhang mit detaillierteren Aufnahmen in einzelnen Wiesen gestellt (zusätzliches Kontrollprojekt, welches hier nicht näher dargestellt ist).

Räumliche Abdeckung / Zeitraum (Wann & Wo)	 Es werden alle Wiesenvertragsflächen im Gebiet des Projektes 3 überprüft (z.Z. sind in 50 Gemeinden - grau eingefärbt - Vertragsabschlüsse durchgeführt worden). Erste Aufnahmen 1995, routinemäßige Erhebung ab 1996. Jede Wiese wird im Rahmen der Vertragserneuerung (d.h. kurz vor Ende der Vertragsdauer von 6 Jahren) kontrolliert.
Auswertung (Wozu)	Vergleich Ist und Soll bezüglich Vegetation (Wie weit vom Zielzustand entfernt?). Vergleich alter Ist-Zustand mit Soll (Was für eine Entwicklung hat stattgefunden?). Evtl. Anpassungen der Verträge. Jahresbericht zuhanden Programmleitung Natur 2001.
Aktuelle Ergebnisse	Ergebnisse der Nachkartierungen von 1996 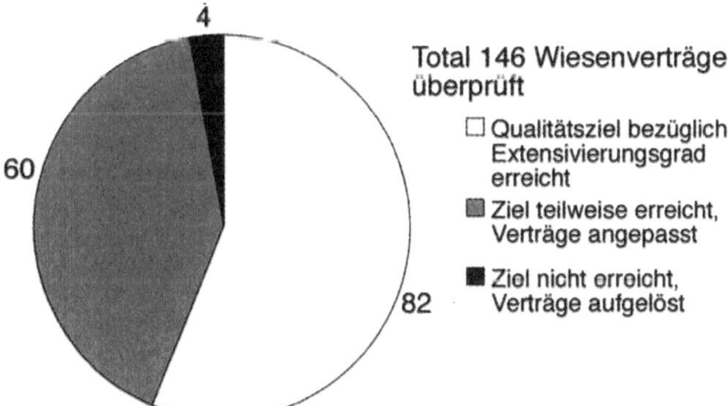 Die Grafik zeigt, dass 1996 bei den meisten der 146 zur Vertragserneuerung anstehenden Flächen das Ziel erreicht wurde. Bei 4 Wiesen wurde eine z.T. deutliche qualitative Verschlechterung festgestellt, was zu Vertragsauflösungen führte.

Umsetzung der Ergebnisse	Während die Ergebnisse der Kontrollen von 1995 v.a. zu Anpassungen bei der Methodik der Nachkartierung geführt haben, stand 1996 die Optimierung der Vertragsinhalte und des Beitragssystems im Vordergrund: Für diejenigen 4 der 146 untersuchten Wiesen, bei denen die Vegetation bei der Nachkartierung 3 oder sogar 4 Kartiereinheiten nährstoffreicher war, wurden die Verträge aufgelöst. Hier hat es keinen Sinn, noch weiter Geld zu investieren. Bei weiteren 60 Flächen wurden an den Verträgen Anpassungen vorgenommen. Beispielsweise sollen „Fast-Magerwiesen", welche noch zu nährstoffreich sind, in der nächsten Vertragsperiode zweimal geschnitten werden. Neu soll im Beitragssystem diese Kategorie beitragsmäßig auf dieselbe Stufe angehoben werden wie die reinen Magerwiesen, damit der oft deutlich höhere Aufwand für eine zweite Nutzung besser entschädigt wird. Wichtig ist auch, daß dank dieser Untersuchungen den Bauern bezüglich der ökologischen Qualität ihrer Wiesen eine Rückmeldung gemacht werden kann.

Wirkungskontrolle Fledermausschutz	
Kurzbeschreibung des kontrollierten Naturschutzprojekts	Fledermausquartiere sind v.a. durch Gebäuderenovierungen bedroht. Im Kanton Aargau wurden seit 1979 bereits bei Dutzenden von Fledermausquartieren Schutzmaßnahmen getroffen. Die Maßnahmen lassen sich in 3 Bereiche gliedern: Schutz von bestehenden Quartieren (z.B. bei Renovierungen), Ersatz- oder Verbesserungsmaßnahmen bei beeinträchtigten oder zerstörten Quartieren und die Schaffung von neuen Quartieren.
Ausrichtung der Erfolgskontrolle	Die Wirksamkeit verschiedener Schutz- (Renovierungen), Aufwertungs- und Ersatzmaßnahmen aufzeigen, als Relation zwischen Status/Größe der Kolonie vor und nach den Maßnahmen (Renovierungen) bzw. zwischen angestrebter und beobachteter Belegung (Aufwertung und Ersatz).
Aussagen (Beispiele)	„Die Maßnahmen ... haben dazu geführt, daß die Kolonie der ... in ... weiterbesteht / zunimmt / neu vorkommt." „Durch die Maßnahmen ... konnte die Kolonie der ... in ... weiterhin als Wochenstube/ Männchenquartier etc. erhalten bleiben."
Kontrollkriterien / Methodik (Was & Wie)	Je nach Maßnahme und Objekt dienen Vorkommen von Fledermäusen allgemein, Vorkommen bestimmter Arten, Bestandsgröße bestimmter Arten oder biologische Funktion des Quartiers (Wochenstube etc.) als Kontrollkriterien. Bei allen Quartieren, an denen Schutzmaßnahmen getroffen wurden, wurde vorgängig der Ausgangszustand erhoben. Über die getroffenen Maßnahmen wurde detailliert Protokoll geführt (Ausführungsart, Zeitpunkt, Arbeitsaufwand, Kosten). Nach der Realisierung der Maßnahmen wird die Bestandsgröße, die Artzugehörigkeit der Fledermäuse sowie die Funktion des Quartiers und die saisonale Anwesenheit der Tiere ermittelt. Dabei genügen meistens 1-4 Kontrollen pro Jahr und Quartier. Vor allem bei Quartierneuschaffungen sind Kontrollen über mehrere Jahre nötig, um beurteilen zu können, ob und wie die Quartiere angenommen werden.

Räumliche Abdeckung / Zeitraum (Wann & Wo)

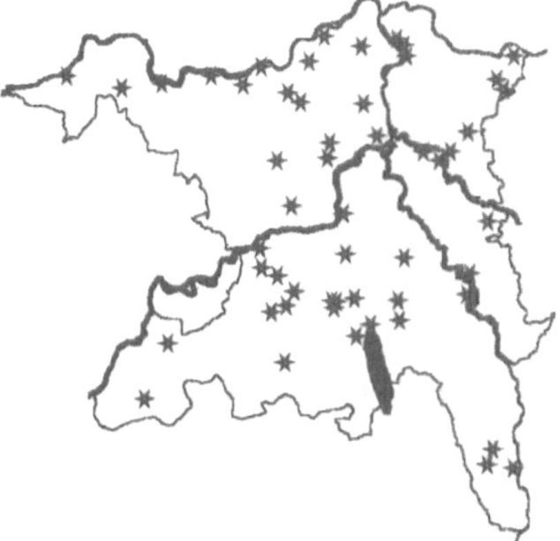

Kontrolliert werden z.Z. ca. 50 ausgewählte Fledermausquartiere bzw. Objekte mit Maßnahmen zur Neuschaffung.

Jährliche Kontrolle, wobei bei einzelnen Objekten die Kontrolle nach 1-2 Jahren beendet bzw. extensiviert werden kann (v.a. Aufwertungsmaßnahmen und Renovierungen).

Erste Datenaufnahme 1995 (z.T. auch bereits frühere Angaben).

Auswertung (Wozu)

Vergleich von Soll und Ist, Darstellung von Aufwand und Ertrag.

Direkte Folgerungen für Projekt.

Allgemeine Folgerungen für vergleichbare Projekte.

Aktuelle Ergebnisse

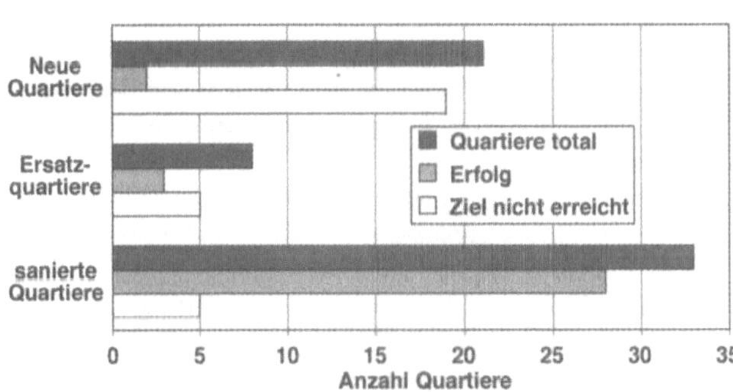

Eine erste Auswertung der Resultate begann im Sommer 1995. Eine zusammenfassende Beurteilung der getroffenen Maßnahmen erfolgt zum Ende 1997.

Die Resultate zeigen, daß bei fledermausgerechter Baubegleitung Gebäuderenovationen für die Tiere erträglich sind. Es ist jedoch äußerst wichtig, daß die Ausgangssituation bei den Quartieren genau bekannt und artgerechte Ausführungen frühzeitig möglich sind.

Die meisten der neu geschaffenen Quartiere werden bis heute noch nicht bewohnt. Im Rahmen dieser Zwischenauswertung müssen die Maßnahmen daher als „nicht erfolgreich" beurteilt werden. Da diese Neuschaffungen vor kurzem ausgeführt wurden, ist erst in den kommenden Jahren mit einer Besiedlung zu rechnen.

Umsetzung der Ergebnisse	Die Resultate zeigen, daß es sich lohnt, die Fledermausschutzmaßnahmen weiterzuführen. Bis Anfang 1997 dürfte für die meisten Quartiere eine abschließende Beurteilung vorliegen oder es kann mindestens gezeigt werden, in welchen Fällen Kontrollen weiterhin nötig sind. Es zeichnet sich ab, dass über die Wirkung der getroffenen Maßnahmen nun genügend Informationen vorliegen, um die Erfahrungen auf weitere Quartiere übertragen zu können. Damit kann der Aufwand für die Erfolgskontrolle erheblich reduziert werden.

6 Diskussion und Schlußfolgerungen

Inzwischen konnte sich das Kontrollprogramm Natur und Landschaft bald 4 Jahre in der Praxis bewähren und hat sich als brauchbar und zweckmäßig für Anwendungen auf unterschiedlichen Ebenen und in unterschiedlichen Größenordnungen erwiesen. In dieser Zeit ergab sich in verschiedener Hinsicht immer wieder Gelegenheit, Optimierungen an Konzeption und Durchführung des hier vorgestellten Konzeptes zur Erfolgskontrolle im Natur- und Landschaftsschutz vorzunehmen. Heute kann das Konzept jedoch als weitgehend ausgereift betrachtet werden. Seit mehreren Jahren wird es auch außerhalb des Kantons Aargau angewendet; die am Beispiel des Kontrollprogrammes entwickelte Sprachregelung wurde als landesweite Empfehlung verabschiedet (vgl. KBNL 1997).

Bei der Anwendung ist jedoch den folgenden Aspekten besondere Aufmerksamkeit zu schenken, da sie sich als eigentliche „Stolpersteine“ erwiesen haben:

- Die Konzeption von Projekten zur Erfolgskontrolle richtet sich in erster Linie nach den Anforderungen der Berichterstattung sowie den Bedürfnissen aus der Umsetzung. Entsprechende Bedürfnisabklärungen sind deshalb vorrangig durchzuführen.
- Zentral für die Durchführung von Erfolgskontrollen ist eine korrekte und konkrete Formulierung der Wirkungs- und Umsetzungsziele des zu kontrollierenden Projektes.
- Ebenso sind die (Wirkungs-) Ziele bzw. die Fragestellung von Erfolgskontrollen und Dauerbeobachtung selbst konkret zu formulieren. Dies beinhaltet auch gewisse Vorstellungen, welche Anforderungen an die Ergebnisse (Genauigkeit, Zeitraum etc.) bestehen.
- Die 3 Dimensionen Wirkungskontrolle, Umsetzungs- und Verfahrenskontrolle sowie Zielkontrolle sollen jeweils sauber unterschieden werden. Es hat sich bewährt, zu allen Dimensionen projektspezifische Fragestellungen zu formulieren, auch wenn sich die Datenerhebung anschließend allenfalls nur auf einige dieser Fragen beschränkt.
- Sofern eine Gesamtbeurteilung eines Vorhabens angestrebt wird, ist auf die Ausgewogenheit zwischen den 3 Dimensionen zu achten. Nur auf diese Weise ist es möglich, den verschiedenen Aspekten eines Vorhabens gerecht zu werden.

- Erfolgskontrollen und Dauerbeobachtungen sind nach dem Prinzip der *minimal* nötigen Datenmenge zu entwickeln. Diesem Prinzip hat sich auch die Wahl der Erhebungsmethodik unterzuordnen. Das Vorgehen muß dem zu kontrollierenden Projekt bzw. der Berichterstattung (vgl. oben) angemessen sein.
- Für Erfolgskontrollen und Dauerbeobachtungen als längerfristige Vorhaben müssen die Pflichten aller Beteiligten, die Methodik und das Vorgehen sowie das Datenmanagement und die Qualitätssicherung klar geregelt und zweckmäßig dokumentiert werden (im Sinne eines Pflichtenhefts).
- Während der Phase der Datenerfassung muß der Motivation der Mitarbeitenden große Beachtung geschenkt werden.

Die Beachtung dieser „Stolpersteine“ kann mithelfen, zweckmäßige Erfolgskontrollen zu konzipieren und durchzuführen. Weitere Hinweise auf eine „gute Praxis“ von Erfolgskontrollen sind bei Widmer (1996) zu finden.

Einige offene Fragen bleiben jedoch, insbesondere auf der methodischen Seite. Im Rahmen der Durchführung des Kontrollprogrammes mußte trotz diverser Kontakte mit Fachleuten im In- und Ausland sowie einem intensiven Literaturstudium festgestellt werden, daß ein Mangel an geeigneten Erhebungsmethoden herrscht. Zwar existiert eine riesige Fülle von Beobachtungsmethoden zu den unterschiedlichsten Artgruppen und Lebensraumtypen, doch der weitaus größte Teil dieser Methoden ist entweder zu aufwendig für einen praxisgerechten Einsatz und/oder zu wenig präzise für aussagekräftige Resultate einer wiederholten Datenerhebung. Zudem existieren erst wenige Methoden bzw. Auswertungsverfahren, welche Aussagen auf der Ebene von Landschaftsräumen zulassen und sich nicht auf wenige Quadratmeter eines einzigen, möglichst homogenen Lebensraumtyps beschränken (vgl. Übersicht bei Simpson & Dennis 1996).

Daneben existiert ein grundsätzliches Problem mit der engen Koppelung von Erfolgskontrollen an die Ziele von Umsetzungsprojekten. Hier besteht die Gefahr, daß der durch Erfolgskontrollen ausgelöste „Zwang“ zu möglichst präzisen Zielen dem dynamischen Charakter vieler Lebensräume zu wenig Rechnung trägt.

Hierzu ist in Erinnerung zu rufen, daß die Erfolgskontrolle immer nur ein Mittel zum Zweck eines möglichst optimalen Einsatzes von Ressourcen ist. In diesem Sinne soll die Erfolgskontrolle nicht dazu dienen, der Natur selbst ein starres Korsett überzustülpen, sondern die Planung des Naturschutzes zu systematisieren und zu optimieren.

Literatur

ANONYMUS (1996): Biodiversity Assessment. A guide to good practice. Field Manuals 1+2. London, HMSO. 82+80 S.

BLAB, J.; SCHRÖDER, E.; VÖLKL, W. (Hrsg.) (1994): Effizienzkontrollen im Naturschutz. Schr.reihe Landsch.pflege Nat.schutz 40: 300 S.

BUSSMANN, W. (1995): Evaluationen staatlicher Maßnahmen erfolgreich begleiten und nutzen. Ein Leitfaden. Chur/Zürich, Rüegger AG. 107 S.

BUSSMANN, W.; KLÖTI, U.; KNOEPFEL, P. (Hrsg.) (1997): Einführung in die Politikevaluation. Basel, Helbing & Lichtenhahn. 335 S.

EEKHOFF, J.; FISCHER, K.; HELLSTERN, G.-M.; HÜBLER, K.H.; WOLLMANN, H. (1984): Begriffe und Funktionen der Evaluierung räumlich relevanter Sachverhalte. In: Veröffentlichungen der Akademie für Raumforschung und Landesplanung: Wirkungsanalysen und Erfolgskontrolle in der Raumordnung. Forschungs- u. Sitzungsberichte (Hannover) 154. 29-40

EYRE, M.D. (ed.) (1996): Environmental Monitoring, Surveillance and Conservation using Invertebrates. EMS Publications. 101 S.

FACHSTELLEN NATURSCHUTZ DER KANTONE AARGAU UND ZÜRICH & BUWAL - ABTEILUNG NATURSCHUTZ (HRSG.) (1997): Projekte erfolgreich abwickeln - Arbeitshilfen für den Natur- und Landschaftsschutz.

FLURY, A.U.J. (1986): Erfolgskontrolle an durchgeführten Strukturverbesserungen, insbesondere Güterzusammenlegungen im schweizerischen Berggebiet. Dissertation Eidgenöss. Tech. Hochsch. Zürich 8030: 186 S.

GOLDSMITH, F.B. (ed.) (1991): Monitoring for conservation and ecology. London, Chapman and Hall. 275 S.

HABERFELLNER, R.; NAGEL, P.; BECKER, M.; BÜCHEL, A.; VON MASSOW, H. (1994): Systems Engineering - Methodik und Praxis. 8. Aufl., Zürich, Verlag Industrielle Organisation (Hrsg: Daenzer, W.F. & Huber, F.). 618 S.

HAWKSWORTH, D.L.; KIRK, P.M.; DEXTRE CLARKE, S. (EDS.) (1997): Biodiversity information. Needs and options.. Oxon, CAB International. 194 S.

HAYEK, L.-A.C.; BUZAS, M.A. (1997): Surveying natural populations. New York, Columbia University Press. 563 S.

HELLAWELL, J.M. (1991): Development of a rationale for monitoring. In: Goldsmith, F.B. (ed.): Monitoring for Conservation and Ecology. London, Chapman and Hall. 1-14.

HELLSTERN, G.-M. (1991): Generating Knowledge and refining Experience: The task of Evaluation. In: Kaufmann, F.-X. (ed.): The public sector: challenge for coordination and learning. De Gruyter studies in organization 31. 271-307.

HELLSTERN, G.-M.; WOLLMANN, H. (1984): Evaluierung und Erfolgskontrolle auf der kommunalen Ebene. Ein Überblick. In: Wollmann, G.M.; Hellstern, H. (Hrsg.): Evaluierung und Erfolgskontrolle in Kommunalpolitik und -verwaltung. 20-57.

HEYWOOD, V.H. (ed.); WATSON, R.T. (chair) (1995): Global biodiversity assessment. UNEP and Cambridge University Press. 1140 S.

KBNL (Konferenz der Beauftragten für Natur- und Landschaftsschutz) (1997): Erfolgskontrolle von Maßnahmen im Natur- und Landschaftsschutz: Empfehlungen. Erstellt von R. Maurer und F. Marti. Von der KBNL verabschiedet am 11.9.97. 24 S.

KENTULA, M.E.; BROOKS, R.P.; GWIN, S.E.; HOLLAND, C.C.; SHERMAN, A.D.; SIFNEOS, J.C. (1993): An approach to improving decision making in wetland restoration and creation. U.S. Environmental Protection Agency, Environmental Research Laboratory, Corvallis, OR. 151 S.

KÖNIGS. L. (1989): Erfolgskontrolle und Evaluierung kommunaler Entwicklungsplanung. Dortmunder Beiträge zur Raumplanung 54: 243 S.

LIKENS, G.E. (ED.) (1989): Long-term studies in ecology. New York, Springer. 214 S.

LYKKE, E. (ed.) (1992): Achieving environmental goals. The concept and practice of environmental performance review. London, Belhaven Press. 259 S.

MARTI, F.; STUTZ H.-P.B. (1993): Zur Erfolgskontrolle im Naturschutz. Literaturgrundlagen und Vorschläge für ein Rahmenkonzept. Ber. Eidgenöss. Forsch.anst. Wald Schnee Landsch. 336: 171 S.

MAURER, R.; MARTI, F.; STAPFER, A. (1997): Kontrollprogramm Natur- und Landschaft Kanton Aargau – Konzeption und Organisation von Erfolgskontrollen und Dauerbeobachtung.

Grundlagen und Berichte zum Naturschutz Nr. 13. Herausgeber: Baudepartement des Kantons Aargau, Aarau. 119 S.

MOLDAN, B.; BILLHARZ, S.; MATRAVERS, R. (EDS.) (1997): Sustainability indicators: A report on the project on indicators of sustainable development. SCOPE 58 J. Wiley & Sons). 415 S.

NEW, T.R. (1998): Invertebrate Surveys for conservation. New York, Oxford University Press. 240 S.

NOSS, R.F.; COOPERRIDER, A.Y. (1994): Saving nature's legacy. Protecting and restoring biodiversity. Washington, Island Press. 416 S.

OECD (1994): Environmental indicators. OECD core set. OECD, Paris. 159 S.

RUMP, P.C. (1996): State of the Environment Reporting: Source Book of Methods and Approaches. UNEP: Environment Information and Assessement Technical Report 1: 135 S.

SCHEDLER, K. (1995): Ansätze einer wirkungsorientierten Verwaltungsführung: Von der Idee des New Public Management (NPM) zum konkreten Gestaltungsmodell. Fallbeispiel Schweiz. Bern, Haupt Verlag. 295 S.

SIMPSON, I.A.; DENNIS, P. (EDS.) (1996): The spatial dynamics of biodiversity. Proceedings of the fifth annual IALE (UK) conference. 200 S.

SPELLERBERG, I.F. (1991): Monitoring ecological change. Cambridge, Cambridge University Press. 334 S.

SUBIRATS, J. (1995): Policy instruments, public deliberation and evaluation processes. In: Dente, B. (ed.): Environmental policy in search of new instruments. Kluwer. 143-157

SUTHERLAND, W.J. (ed.) (1996): Ecological census techniques. Cambridge University Press. 336 S.

SYKES, J.M.; LANE, A.M. (eds.) (1996): The United Kingdom Environmental Change Network: Protocols for standard measurements at terrestrial sites. Natural Environmental Research Council. 219 S.

TER KEURS, W.J.; MEELIS, E. (1986): Monitoring the biotic aspects of our environment as a policy instrument. Environ. monit. assess. 7: 161-168.

TRAUTNER, J. (Hrsg.) (1992): Arten- und Biotopschutz in der Planung: Methodische Standards zur Erfassung von Tierartengruppen. Ökologie in Forschung und Anwendung (Filderstadt, Margraf) 5: 254 S.

UNITED NATIONS (ED.) (1996): Indicators of sustainable development. Framework and methodologies.. New York, United Nations. 428 S.

WEISS, J. (1996): Landesweite Effizienzkontrollen in Naturschutz und Landespflege. LÖBF-Mitt. 2/96. 11-16.

WESTMAN, W.E. (1991): Ecological restoration projects: Measuring their performance. Environ. profess. 13: 207-215

WEY, H. (1994): Effizienzkontrollen bei Naturschutzgrossprojekten des Bundes. Schr.reihe Landsch.pflege Nat.schutz 40: 187-197

WEY, H.; HAMMER, D.; HANDWERK, J.; SCHOPP-GUTH, A. (1993): Ziele und Methoden der Effizienzkontrolle von Naturschutzgrossprojekten des Bundes. Unveröffentlichter Abschlussbericht des Forschungs- und Entwicklungsvorhabens 108 01 150, im Auftrag der Bundesforschungsanstalt für Naturschutz und Landschaftsökologie. Unveröffentlichter Abschlussbericht des Forschungs- und Entwicklungsvorhabens 108 01 150, im Auftrag der Bundesforschungsanstalt für Naturschutz und Landschaftsökologie. 240 S.

WIDMER, Th. (1996): Meta-Evaluation. Kriterien zur Bewertung von Evaluationen. Bern, Haupt. 341 S.

WITSCHI et al. (1996): Projekt-Management. Der BWI-Leitfaden zu Teamführung und Methodik. 4. Aufl., Zürich, Betriebswissenschaftliches Institut (BWI) ETHZ.

WOLLMANN, H.; HELLSTERN, G.-M. (Hrsg.) (1984): Evaluierung und Erfolgskontrolle in Kommunalpolitik und -verwaltung. Stadtforschung aktuell 6: 500 S.

Erfolgskontrollen im Naturschutz unter besonderer Berücksichtigung von Naturschutzgroßprojekten des Bundes

Josef Blab*

1 Ausgangslage und Problemstellung

Erfolgskontrollen im Naturschutz beinhalten die Dokumentation und Bewertung der Auswirkungen von Naturschutzmaßnahmen auf Natur und Landschaft bzw. Teile davon. Die durchgeführten Maßnahmen reichen dabei von rechtlichen Schutzfestlegungen, Flächenerwerb, vertraglichen Nutzungseinschränkungen, Biotoppflege und -entwicklung bis hin zur Renaturierung und Neuanlage von Biotopen. Bewertung bei Erfolgskontrollen schließt für den Fall, daß die Ziele nicht erreicht werden, auch eine angemessene Ursachenanalyse mit ein. Basierend auf sehr vielfältigen sektoralen Vorarbeiten wird seit den 90er Jahren insbesondere in Deutschland und in der Schweiz intensiv an umfassenden Konzepten für Erfolgskontrollen hinsichtlich Terminologie, Mindestinhalten, speziellen Verfahrensschritten und -weisen sowie dem Gesamtablauf solcher Vorhaben unter den Zwängen der Praxis gearbeitet (u. a. Blab et al. 1994; Marti & Stutz 1993; Maurer et al. 1997; Wey et al. 1994). Allerdings werden gegenwärtig mit dem Begriff Erfolgskontrollen - alleine innerhalb des Naturschutzes - oft noch recht unterschiedliche Verfahren belegt, außerdem wird er geradezu inflationär benutzt.

In den folgenden Ausführungen sollen am Beispiel der Naturschutzgroßprojekte des Bundes in Deutschland (Abb. 21) die theoretischen Vorstellungen zum grundsätzlichen Aufbau, zu den Verfahrensschritten und Problemen solcher Erfolgskontrollen aufgezeigt, dazu erste Erfahrungen bei der praktischen Erprobung sowie Vorzüge bzw. Schwächen diskutiert werden. Es geht mithin vorrangig um den Planungstyp Naturschutzgroßprojekt. Bei anderen Planungstypen, etwa umfangreichen Eingriffs-/ Ausgleichsplanungen, z.B. beim Autobahnbau o. ä., wird man zwar einen ähnlichen Aufbau haben, jedoch müssen auch die Erfolgskontrollen spezifisch auf die Fragestellung zugeschnitten sein.

* Bundesamt für Umweltschutz, Abteilung Biotopschutz und Landschaftsökologie, Mallwitzstr. 1-3, 53177 Bonn.

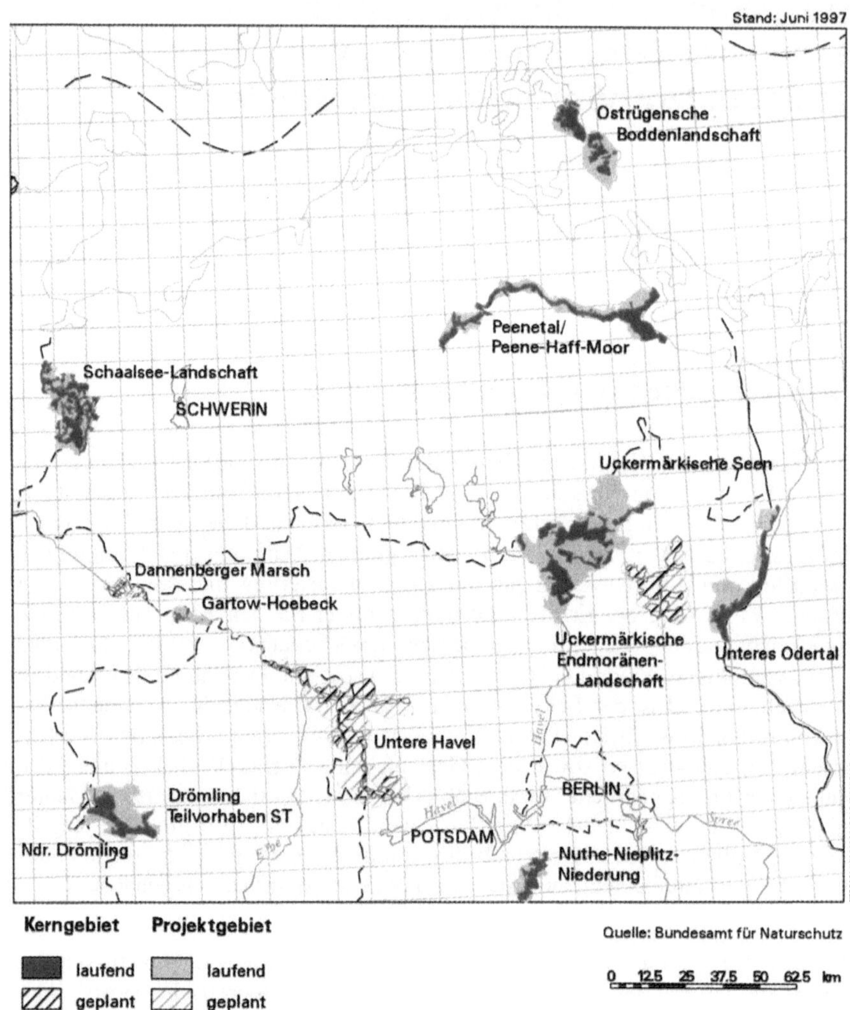

Abb. 21. Laufende und beabsichtigte Naturschutzgroßprojekte des Bundes in Nordostdeutschland

Das Programm des Bundes zur Förderung von Naturschutzgroßprojekten verfolgt das Ziel, gesamtstaatlich repräsentative und gefährdete Landschaften von nationaler Bedeutung dauerhaft für den Naturschutz zu sichern und zu entwickeln. In den mittlerweile knapp 20 Jahren Laufzeit wurden bisher rd. 50 Projekte in dieses Förderprogramm aufgenommen. Die Größe der Projekte überschreitet herkömmliche Naturschutzvorhaben bei weitem[1] und stellt die Naturschutz-

[1] Beispielsweise betragen die Flächenanteile von Kerngebiet (KG) und Projektgebiet (PG) bei den in Abb. 21 dargestellten Vorhaben „Uckermärckische Seen“ KG 245 km^2, PG 860 km^2;

verwaltungen vor erhebliche fachliche Probleme, da hierbei nicht selten pro Projekt beinahe die Gesamtbreite aller Naturschutzinstrumentarien zum Einsatz kommt. Die Kontrolle des Erfolges dieser Aktivitäten, d.h. die fachliche Auseinandersetzung mit dem eigenen Tun, den angewandten Methoden und erzielten Arbeitsergebnissen ist daher im Sinne einer Optimierung künftiger Arbeitsleistungen sehr erwünscht.

Obwohl die Tatsache unstrittig ist, daß Erfolgskontrollen sinnvoll und hilfreich sind bzw. sein können, um die Ziele und Maßnahmen des Naturschutzes oder wie hier von Naturschutzgroßprojekten mit abzusichern und fortzuentwickeln, fehlt derzeit noch ein abgestimmtes, in sich geschlossenes und dazu operables Konzept einschließlich der fachlichen Grundlagen. Wo hinreichend Grundlagenwissen und Methoden existieren, mangelt es häufig an deren praxisnaher und umsetzbarer Aufbereitung. Ein komplexes Feld also, an dem das Bundesamt für Naturschutz seit längerem theoretisch sowie mittels eigener Feldstudien und praktischer Tests arbeitet.

Neben einem Grundlagenkonzept, das u.a. Definitionen, mögliche Abläufe und Methoden von Erfolgskontrollen darstellt, werden außerdem biotoptypenbezogene Empfehlungen ausgearbeitet. Es sollen dabei Antworten gegeben werden zur Dauer von Erfolgskontrollen, zu den indikatorisch wichtigen Arten bzw. Artengruppen, zu Erfassungsmethoden, Erfassungsdichte und Erfassungszeiträumen sowie zu den geeigneten Bewertungskriterien, die auf die einzelnen Maßnahmen und naturschutzfachlichen Ziele abgestimmt sind.

Erfolgskontrolle bedeutet Vergleich zwischen einem vorgefundenen Ist-Zustand des Objektes mit dem zuvor formulierten Soll- oder Zielzustand einschließlich der daraus ableitbaren inhaltlichen und verfahrensmäßigen Defizite für die Problembewältigung. Das idealtypische Ablaufschema einer Erfolgskontrolle bei Naturschutzgroßprojekten zeigt Abb. 22.

Entscheidend ist dabei der Leitbild- und Zielfindungprozess, der auf den örtlichen und regionalen Tatsachen fußt, welche mittels umfangreicher Bestandserhebungen analysiert werden, und natürlich in die Ableitung von Maßnahmen mündet. Die Zielerreichung wird sodann mittels verschiedener Formen von Erfolgskontrollen überprüft. Dabei sind alle hier genannten Dimensionen miteinander verwoben, Veränderungen in einem Bereich haben i.d.R. auch Rückwirkungen auf die anderen. Im Folgenden werden die in dieser Grafik genannten Schlüsselbegriffe ausführlicher diskutiert, mit Ausnahme der Wirtschaftlichkeitskontrolle.

„Peenetal/Peene-Haff-Moor" KG 198 km^2, PG 454 km^2; „Nuthe-Nieplitz-Niederung" KG 50 km^2, PG 110 km^2.

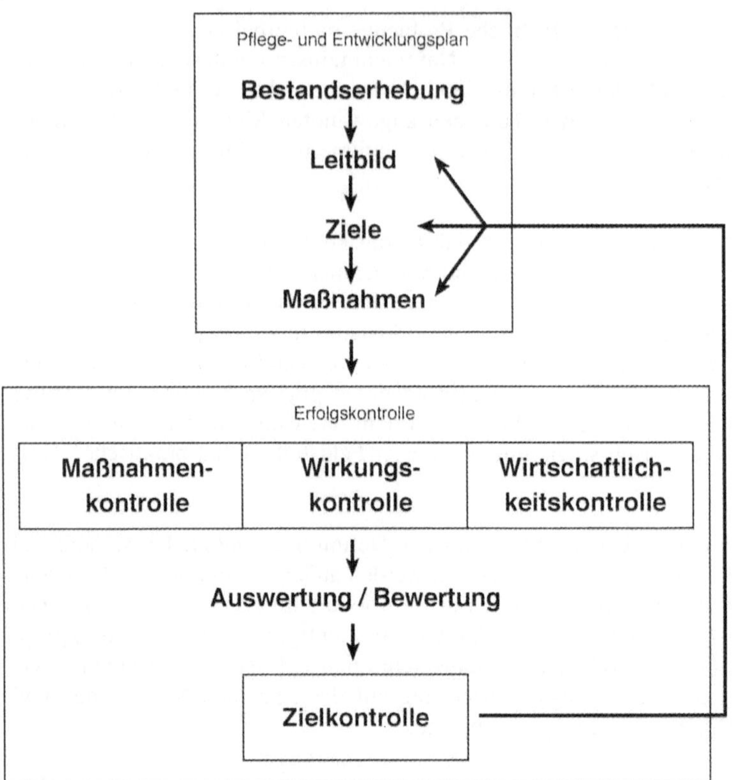

Abb. 22. Konzeptioneller Aufbau und Ablaufschema einer Erfolgskontrolle bei Naturschutzgroßprojekten (Schröder 1997, ergänzt)

2 Ziele und Leitbilder

Erfolgskontrolle heißt nichts anderes als Überprüfung, inwieweit die gesteckten oder vereinbarten Ziele auch tatsächlich erreicht wurden, ob also geplante und durchgeführte Maßnahmen beim Objekt in der gewollten Weise wirksam werden, bzw. - falls nicht - worin die Gründe dafür liegen. Entsprechend bedarf es dafür zwingend klarer, nachvollziehbarer und später qualitativ wie auch „quantitativ" überprüfbarer Zielvorstellungen, die vor Beginn der Maßnahmen aufgestellt sein müssen (Blab & Völkl 1994). Diese sollten in einer Art „Zielbaum" hinreichend detailliert aufgeschlüsselt sein, sodass bei einer späteren Zielerfüllungsprüfung zumindest in einzelnen Teilen eine Art Bilanzierung möglich ist. Zielformulierungen bestehen dabei nach KBNL (1997) grundsätzlich aus:

- Zielobjekt (was ist betroffen?)
- Zielinhalt (was soll erreicht werden?)

- Zielausmaß (wieviel soll erreicht werden?)
  und weisen einen
- Orts- sowie Zeitbezug auf (wann und wo soll das Ziel erreicht werden?)

Entscheidend für eine realistische Zielformulierung sind zunächst hinreichend genaue Kenntnisse der abiotischen und biotischen Grundlagen einschließlich der (Entwicklungs-) Potentiale von Flora, Fauna und ihren Biotopen sowie der relevanten regionalspezifischen Landschaftsfaktoren. Darauf aufbauend können regionale landschaftliche wie auch biotopbezogene Leitbilder erstellt werden, die auch übergeordnete Gesichtspunkte berücksichtigen. Diese Leitbilder müssen Zielsetzungen für die Gesamtlandschaft einschließlich der Steuerung (potentiell) konkurrierender Nutzungen beinhalten.

Notwendig ist außerdem Eindeutigkeit der Zielformulierung, was keineswegs immer selbstverständlich ist. Zielaussagen mit sehr weitem Deutungsspielraum wären etwa Begriffe wie „historische Kulturlandschaft", „naturnahe Forstwirtschaft", „extensive Landwirtschaft" oder „Extensivgrünland", die je nach Autor und Fachdisziplin(!) mit oft sehr unterschiedlichen Zielen und Definitionen belegt sind. Es muß allerdings auch das Spannungsfeld gesehen werden, dass einerseits zwar präzise formulierte Ziele Voraussetzung sind, den Erfolg und die Effizienz von Maßnahmen zu bestimmen, es andererseits aber oft nicht hinreichend genau vorhersagbar bzw. steuerbar ist, welche Entwicklung genau sich auf einer Fläche einstellen wird, z.B. welche Arten sich genau in welcher Zusammensetzung einstellen werden (Weiss 1996). Wie mit Zielabweichungen von Kompensationsmaßnahmen umgegangen werden kann, ist damit ein weiterer zu lösender Punkt.

Auch die Klärung innerfachlicher Konflikte vor der Zieldefinition kann in diesem Zusammenhang eine wichtige Rolle spielen. Interne Zielkonflikte führen oft zu sehr kontroversen Diskussionen. Zahlreiche dieser Probleme resultieren daraus, dass sich gerade Zielsetzungen des Naturschutzes vielfach sehr sektoral an bestimmten Arten oder Artengruppen orientieren (müssen) und damit nicht selten von einer synökologischen Betrachtung aufgrund mangelnder Grundlagenkenntnisse weit entfernt sind. Ein typisches Beispiel bildet die Pflege von Halbtrockenrasen. Je nachdem, ob z.B. Orchideen, Heuschrecken, Tagfalter oder Vögel im Mittelpunkt des Schutzzieles stehen, stellt sich häufig fachintern die Frage, ob und wieviel Gebüsch geduldet werden soll oder welche Art der Pflege (Mahd, Beweidung) zu welchem Zeitpunkt (Frühjahr, Herbst) und in welchem Turnus anzustreben ist (z.B. Blab 1993). In solchen Fällen muß der Naturschutz in der augenblicklichen Situation wegen der nur begrenzt zur Verfügung stehenden Flächen Prioritäten setzen. Ein weiterer interner Zielkonflikt kann entstehen, wenn das Erreichen des angestrebten Zieles mit teilweise „unerwünschten" Zwischenstadien verbunden ist, z.B. Renaturierung von Feuchtgrünland auf Niedermoor-Standorten, bei der als Zwischenstadien sukzessive Reinbestände verschiedener Grasarten (*Holcus lanatus, Antho xanthum odoratum)* auftreten können (Kapfer 1994), die aufgrund ihrer Blüten- und Strukturarmut sowie der fehlenden „Pflanzenvielfalt" im Vergleich zum Ausgangstyp aus zoologischer Sicht weniger bedeutsam sind. Zusätzlich zu den fachlichen Schwierigkeiten und internen Konflikten müssen bei einer realistischen Zielformulierung auch externe Zwänge (z.B. durch die Land- und Forstwirtschaft) berücksichtigt werden, die einer Umsetzung des Naturschutzzieles oft entgegenstehen, sowie nicht zuletzt auch Fragen der Akzeptanz in der jeweiligen Region.

Bei den Naturschutzgroßprojekten wird die Ziel- und Leitbildfindung mit Beginn des Vorhabens durch die Erarbeitung eines flächendeckenden Pflege- und Entwicklungsplans (PEPL) geleistet, den der Bund anteilig[2] finanziert. In diesem PEPL wird auf der Basis umfangreicher Geländeerhebungen das abiotische und biotische Inventar des fraglichen Planungsraumes aus naturschutzfachlicher Sicht analysiert und bewertet, werden Naturschutzziele hieraus abgeleitet und Maßnahmenvorschläge zur Biotopsicherung und Entwicklung erarbeitet, wie z.B. Ankauf, Pacht, Ausgleichszahlungen, Schutz- und Pflegemaßnahmen, Aussagen zur zukünftigen Nutzung usw. Dieser PEPL wird durch Planungsbüros unter Mitwirkung einer projektbegleitenden Arbeitsgruppe erstellt. In dieser Arbeitsgruppe sind neben Vertretern des Bundes, des Landes und des Trägers vielfach auch Repräsentanten der besonders tangierten gesellschaftlichen Gruppen vor Ort (z.B. Landwirtschaft, Naturschutzverbände) beteiligt, sodass deren Anliegen von vornherein eingebunden werden können. Umgekehrt ist ein ständiger Informationsfluß gewährleistet, was wesentlich zur Akzeptanz solcher Vorhaben im betroffenen Raum beiträgt und natürlich auch dem Bundesamt für Umweltschutz die Möglichkeit bietet, sich sehr früh sehr intensiv mitsteuernd einzubringen. Die Gliederung eines derartigen Pflege- und Entwicklungsplanes zeigt Übersicht 1.

Erfolgskontrollen werden in Übersicht 1 noch unter zukünftigen Aufgaben geführt, das ist historisch bedingt. Nach heutiger Erfahrung ist es dagegen dringend erwünscht, Erfolgskontrollen bereits zu Beginn der Planung eines Projektes bzw. bei der Datenanalyse und Aufstellung des Pflege- und Entwicklungsplanes mit einzuplanen, z.B. hinsichtlich der Repräsentativität der späteren Vergleichsflächen, der Vergleichbarkeit der Methoden, der Auswahl der Artengruppen und Erfassungsmethodiken aber auch der später zu überprüfenden Maßnahmen usw.[3] Man ist aktuell auch gehalten, die Träger dazu zu verpflichten. Dabei muß man aber durchaus die derzeit bestehenden Schwierigkeiten sehen, das betrifft sowohl unsere eigenen Probleme, ein schlüssiges Konzept hinsichtlich Inhalten und Verfahrensweisen vorzugeben, wie auch die personelle und finanzielle Engpaßsituation auf Seite der Träger. Unbeschadet dessen versuchen wir jetzt zu leisten was leistbar ist und tasten uns auf dem wissenschaftlichen Feld Stück für Stück voran.

---

[2] Die Finanzanteile bei Naturschutzgroßprojekten verteilen sich i.d.R. wie folgt: Bund (75 %), Land (15 %), Träger (10 %).

[3] Im Gegensatz zum PEPL soll bei einer Erfolgskontrolle keine Gesamtcharakterisierung eines Gebietes erfolgen. Es geht vielmehr um die zielabhängige Beurteilung von Maßnahmen, Auflagen und Entwicklungen etc.

Übersicht 1: Gliederung eines Pflege- und Entwicklungsplan bei Naturschutzgroßprojekten

Gliederung eines „Pflege- und Entwicklungsplanes bei Naturschutzgroßprojekten" (Blab et. al. 1992)

1 Einleitung

2 Rahmenbedingungen
Lage und Größe des Gebietes, Abgrenzung von Kern- und Projektgebiet
Naturräumliche Faktoren (Klima, Relief, Geologie, Hydrologie, Böden)
Heutige potentielle natürliche Vegetation
Bestehende Planungen
Eigentumsverhältnisse u.v.m.

3 Zustandserfassung und naturschutzfachliche Auswertung
3.1 Kartierung der aktuellen Nutzung, der Biotop- und Vegetationstypen
3.2 Floristische und spezielle vegetationskundliche Erhebungen und Auswertungen
3.3 Tierökologische Erhebungen und Auswertungen
3.4 Sonstige Erhebungen

4 Gefährdungen und Beeinträchtigungen

5 Gesamtökologische Bewertung
Die Bewertungen werden flächen- und biotoptypenbezogen vorgenommen. Dabei fließen Faktoren wie Biotopausprägung, Biotopverbund, Vollständigkeit der Biozönose, Repräsentanz, Seltenheit (lokal, regional, national), Entwicklungsstadium und Entwicklungsmöglichkeiten etc. ein. Die Ergebnisse der Bewertungen werden in Text und Karte für das Kerngebiet parzellenscharf und für das Projektgebiet flächenscharf dargestellt.

6 Leitbilder und Ziele des Naturschutzes im Projektgebiet
Auf der Grundlage der vorliegenden Ergebnisse wird ein Leitbild entwickelt. Dieses umfaßt die Analyse, Diskussion und Abwägung konkurrierender Naturschutzziele im Projekt sowie eine Prioritätensetzung. Aus dem Leitbild wird ein Zielkonzept entwickelt, das neben unmittelbaren Naturschutzzielen auch Ziele im Hinblick auf Extensivierung der Landwirtschaft, Forstwirtschaft,Wasserwirtschaft, Erholungsnutzung etc. berücksichtigen soll. Die Zielformulierungen erfolgen flächen- und biotoptypenbezogen. Die Ziele werden in Text und Karte für das Kerngebiet parzellenscharf und für das Projektgebiet flächenscharf dargestellt.

7 Maßnahmenplanung
Die zur Erreichung der Naturschutzziele notwendigen Maßnahmen wie z.B. Grunderwerb, Nutzungsregelungen, biotopersteinrichtende und -lenkende Maßnahmen, Biotoppflege und Verbesserung der rechtlichen Situation, sind in Text und Karte für das Kerngebiet parzellenscharf und für das Projektgebiet flächenscharf darzustellen.

8 Zeitrahmen, Ablaufschema, Kosten

9 Zukünftige Aufgaben
9.1 Dauerhafte Folgepflege
9.2 Naturschutzfachliche Erfolgskontrollen
9.3 Fortschreibung des Pflege- und Entwicklungsplans

10 Anhang
10.1 Karten
10.2 Literaturverzeichnis

3 Zielkontrollen

Die Zielkontrolle beurteilt, ob und inwieweit die Gesamtzielsetzung des Projektes oder wenigstens das Essentielle bis zu welchem Zielerfüllungsgrad erreicht wurde. Falls festgestellte Mißerfolge nicht auf grobe Fehler bei der Durchführung der Maßnahmen zurückzuführen sind, gilt es zu überprüfen, ob die festgesetzten Maßnahmen zum Ziel führen konnten. Weiterhin gilt es, in diesem Zusammenhang auch zu beurteilen, ob die übergeordneten äußeren Rahmenbedingungen konstant blieben.

Die jüngeren Naturschutzgroßprojekte des Bundes haben eine Laufzeit von zumeist 10 - 12 Jahren, innerhalb derer die anvisierten Ziele möglichst vollständig umgesetzt sein sollten. In 10 Jahren aber können sich die Rahmenbedingungen gerade in genutzten Landschaften und für unsere sozialen Systeme erheblich gegenüber dem Startjahr verändern. Beispiele sind etwa der rasante Strukturwandel in der Landwirtschaft mit Nutzungsaufgabe auf Grenzstandorten, die Mittelknappheit der öffentlichen Hand, womit die Pflege von für den Arten- und Biotopschutz wertvollen Flächen in großem Stil nach Wegbrechen der Landwirtschaft unrealistisch ist, aber auch ein gewisser Paradigmenwechsel in den eigenen Schutzzielen, wonach heute z.B. Dynamik und Sukzession ein im Vergleich zu den 80er Jahren ungleich höherer Stellenwert als Entwicklungsziel beigemessen wird.

Des Weiteren treten im Zusammenhang mit den verschiedenen Projektaktivitäten außerdem stets zahlreiche nicht geplante, und oft auch zunächst nicht erkannte Wirkungen auf und zwar sowohl positive wie negative mit nicht selten erheblichen Auswirkungen auf die Erreichung des Projektzieles. Schließlich sei auch nicht verhehlt, daß der Pflege- und Entwicklungsplan eine Optimalplanung darstellt (Vision), von der im Laufe der Durchführung vielfach Abstriche zu machen sind.

Angesichts solcher (dynamischen) Ausgangsbedingungen sollten Planung und Umsetzung nicht als 2 scharf voneinander getrennte Phasen aufgefasst werden, sondern weitgehend miteinander verschränkt sein. Planungsziele müssen bis zu einem gewissen Grad flexibel sein, womit die Forderung nach einer Verstärkung reflexibler Planungselemente zusätzliches Gewicht erhält (Oppermann et al. 1997). Die konstruktive Steuerung eines Planungs- und Umsetzungsprozesses bedarf daher auch einer Überprüfung der Wirkungen von Projektaktivitäten auf die Projektsteuerung i.S. von Abb. 23 und umgekehrt.

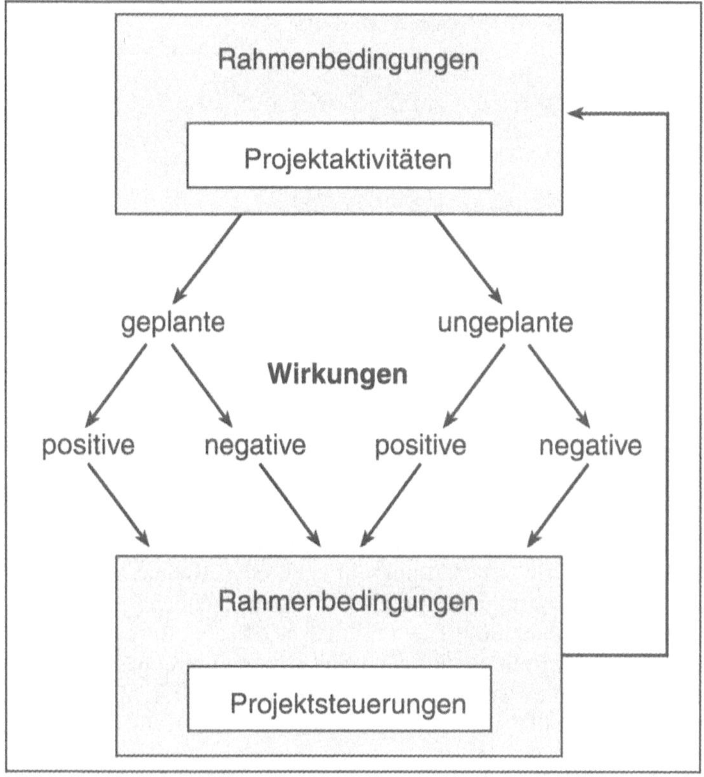

Abb. 23. Die Überprüfung der Wirkungen von Projektaktivitäten sollte der Steuerung von Planungsprozessen dienen (Bolay 1989, aus Oppermann et al. 1997)

4 Maßnahmenkontrollen

Maßnahmenkontrollen sind vergleichsweise am einfachsten durchführbar. Sie beinhalten die naturschutzfachliche Frage, ob geplante Maßnahmen hinsichtlich Art, Umfang, Zeitplan etc. tatsächlich und fachlich richtig durchgeführt wurden bzw. werden. Im Rahmen von Maßnahmenkontrollen sollen z.B. die Ausführung der Vorgaben des Pflege- und Entwicklungsplanes oder etwa die Einhaltung der Vertragsbedingungen bei Ackerrandstreifen- und Feuchtwiesenprogrammen sowie bei Bewirtschaftungsverträgen überprüft werden. Aufgrund der verhältnismässig hohen Geldsummen, die derzeit in diesen Bereichen ausgegeben werden, besteht ein besonders hoher Handlungsbedarf für Maßnahmenkontrollen. Grundbedingungen hierfür sind möglichst eindeutige und präzise Vorgaben in Verordnungstexten, Pflege- und Entwicklungsplänen auch mit exakter räumlicher und zeitlicher Zuweisung der durchzuführenden Maßnahmen. Zu den wichtigsten Typen und Komponenten von Maßnahmenkontrollen vergleiche Übersicht 2.

Übersicht 2: Typen und Komponenten von Maßnahmenkontrollen

Maßnahmentypen
- Hoheitliche Festsetzungen (Naturschutzgebietsausweisung etc.)
- Biotopersteinrichtende und -lenkende Maßnahmen
- Nutzungs- und Bewirtschaftungseinschränkungen bei Land und Fortwirtschaft
- Dauerpflege
- Nutzungsbeschränkungen (Jagd, Fischerei, Freizeit und Erholung etc.)

Komponenten der Prüfung
- Ausführungsgrad (Umfang, Grad der Vollständigkeit)
- Einhalten der Zeitpläne (Erfüllen von Terminen, Zeitintervallen etc.)
- Fachliche Durchführung (Qualitätsgrad, State of the Art)

Für eine einheitliche Durchführung von Maßnahmenkontrollen sind im Idealfall 3 Voraussetzungen notwendig:
a) Zeitliche Strukturierung der Maßnahmenkontrollen sowohl hinsichtlich der Terminierung und Häufigkeit innerhalb eines Jahres als auch hinsichtlich der Festlegung der Wiederholungszeitpunkte
b) Erarbeitung von Kriterien für eine einheitliche Schnellbeurteilung zur Einhaltung bzw. Durchführung von Bewirtschaftungsauflagen oder Maßnahmen. Diese sollten im Gelände einfach anwendbar sein, aber trotzdem fachliche Mindestanforderungen erfüllen und dabei mögliche regionalspezifische Besonderheiten berücksichtigen. Notwendig ist ein (bundesweit einsetzbares) pragmatisches System, das eine flächendeckende (wenngleich stichprobenhafte) Durchführbarkeit ermöglicht, aber trotzdem inhaltliche Mindestanforderungen erfüllt und als „Schnellprüfung" dienen kann.
c) Festlegung, ob und wo Maßnahmenkontrollen flächendeckend oder nur stichprobenartig durchgeführt werden.

Eine Maßnahmenkontrolle besteht aus den 3 Komponenten Ausführungskontrolle (tatsächlich und Grad der Vollständigkeit), Terminkontrolle (Zeitpunkt, Zeitintervalle) und Kontrolle der Durchführungsqualität. Aufwand und fachlicher Schwierigkeitsgrad bei der Durchführung der verschiedenen Komponenten variieren dabei nach Scherfose (1994a) zwischen:

- leicht kontrollierbar: z.B. Ausführungs- und Terminkontrolle von biotoplenkenden Maßnahmen
- schwer kontrollierbar: z.B. Ausführungs- und Terminkontrolle von Nutzungs- und Bewirtschaftungsauflagen
- sehr schwer kontrollierbar: z.B. Kontrolle der Durchführungsqualität von Nutzungs- und Bewirtschaftungsauflagen, Auflagen zur fischereilichen Nutzung

5 Wirkungs- (und Bestands-) Kontrollen

Wirkungskontrollen dienen zur Beurteilung, ob die veranlaßten Maßnahmen im Hinblick auf die Zielsetzung richtig und effektiv waren, ob also damit die in der Planung anvisierten Ziele sowie Teilziele erreicht wurden und bis zu welchem Grad (qualitativ wie quantitativ).

Beispiele: Wie wirken sich unterschiedliche Biotoppflegemaßnahmen des Naturschutzes (z.B. Mahd, Beweidung zu unterschiedlichen Zeitpunkten, generelle Nutzungsaufgabe) in anthropogen geprägten Offenlandschaften aus? Entwickeln sich neugeschaffene bzw. neugestaltete Biotope in der angestrebten Art und Weise?

Die Antwort darauf können natürlich nur die jeweiligen Objekte, durch ihre Reaktion auf die veranlaßten Maßnahmen.(i.d.R. Arten, Biotope und Lebensgemeinschaften) selbst geben.

Die Bedeutung der Wirkungskontrolle liegt im Aufzeigen tatsächlicher oder möglicher Fehleinschätzungen und Schwachstellen bei Maßnahmen des Naturschutzes. Damit kann und soll eine Korrektur von Fehlentwicklungen oder Projektzielen und somit eine Verbesserung der Pflege- und Entwicklungsplanung erreicht werden. Wirkungskontrollen bieten außerdem die Möglichkeit, das Grundlagenwissen für Entscheidungen im Naturschutz generell zu erweitern und damit einen verbesserten Schutz sowie gleichzeitig einen effektiveren Mitteleinsatz zu ermöglichen.

Wissenschaftsmethodisch erscheint es in diesem Zusammenhang wichtig, aktuelle und übertragbare Grundlagen auf der Basis synökologischer Ansätze zu erarbeiten, die für eine spätere Beurteilung einsetzbar sind. Dies bedeutet die Durchführung klar nachvollziehbarer, sinnvoll geplanter Status-quo-Erhebungen im vegetationskundlichen, tierökologischen und landschaftsökologischen Bereich, die hinsichtlich ihres Umfanges (z.B. Anzahl zu untersuchender Tiergruppen in Abhängigkeit von der geplanten Maßnahme, Erstellung des vegetationskundlichen Untersuchungsprogrammes in Abhängigkeit von der Maßnahme) soweit möglich den aktuellen Stand des Wissens repräsentieren sollten.

Diese Erhebungen sollen so konzipiert sein, dass daraus möglichst Grunddaten sowie Kriterien ableitbar sind, die unmittelbar überörtlich einsetzbar sind (Prinzipienphänomene von Modellcharakter). Das heißt, die Überprüfung immer wiederkehrender Maßnahmen auf den Naturhaushalt (z.B. Vernässung, Entbuschung, Mahd, Ackerrandstreifenprogramm usw.) muß nicht immer wieder an allen Einsatzorten erneut untersucht werden. Vielmehr sollte es möglich sein, mit den so entwickelten Kriterien/Grundlagen eine Wirkungskontrolle mit reduziertem Aufwand durchzuführen, und das möglichst innerhalb einer (ggf. erweiterten) Maßnahmenkontrolle.

6 Organisation und Durchführung von Erfolgskontrollen

6.1 Generelles

Die verschiedenen Formen der Erfolgskontrolle (Maßnahmen-, Wirkungs-, Zielkontrollen) sind aufgrund der rechtlich gegebenen Zuständigkeitsverteilung (hier deutsches Verwaltungsmodell) im Hinblick auf die bestmögliche Organisation auf unterschiedlichen Verwaltungsebenen anzusiedeln bzw. durchzuführen. Dabei müssen die jeweiligen Zuständigkeiten beachtet werden, aber auch bereits im Vorfeld eindeutig geregelt sein, um den bestehenden Naturschutzverwaltungsapparat und die Gelder möglichst effizient einzusetzen und logistische Probleme zu vermeiden. Weiterhin muß auch der Informationsfluß zwischen den jeweiligen behördlichen Ebenen, den Verbänden, den Universitäten und freiberuflich tätigen Fachkräften gewährleistet sein.

Bei Maßnahmenkontrollen ist v.a. die Präsenz vor Ort gefragt. Deshalb bietet sich sowohl als Durchführungs- wie auch als fachliches Kontrollorgan die unterste behördliche Ebene des Naturschutzes (Landratsämter/Kreisverwaltungen) an.

Wirkungskontrollen sollten dagegen in der fachlichen Zuständigkeit der höheren und obersten Naturschutzbehörden liegen, obwohl ihre Durchführung (bzw. zumindest die Datenerhebung) bei der derzeitigen Personalknappheit der Behörden wahrscheinlich weitgehend nur über Planungsbüros sichergestellt werden kann.

Zielkontrollen schließlich nehmen organisatorisch eine Zwischenstellung zwischen den Maßnahmen- und Wirkungskontrollen ein.

6.2 Erfolgskontrollen bei Naturschutzgroßprojekten des Bundes

Aufgrund ihrer räumlichen Dimension und Komplexität aber auch wegen der rechtlichen Zuständigkeitsverteilung sind Bund, Land und Träger gefordert, ihren Beitrag zu Erfolgskontrollen beizusteuern. Die Vorstellungen, wer, was und in welcher zeitlichen Staffelung im Rahmen von Maßnahmenkontrollen leisten soll, zeigt Übersicht 3.

Das Bundesamt für Naturschutz trägt auf folgenden Feldern die Hauptlast: Einmal wird versucht im Einvernehmen mit den Fachbehörden der Länder und den einschlägigen Wissenschaftsdisziplinen ein überörtlich einsetzbares Konzept für Erfolgskontrollen zu erarbeiten (Inhalte, Verfahrensabläufe, Art, Umfang und Zeittakte der Kontrollen), außerdem werden Forschungsarbeiten zu speziellen Teilthemen vergeben und betreut und zusätzlich werden wissenschaftliche Modelluntersuchungen für die Indikatorenfindung innerhalb von Wirkungskontrollen durchgeführt.

Bei der praktischen Abwicklung der Naturschutzprojekte versuchen wir so etwas wie eine zentrale Projektsteuerung vorzunehmen. Dies geschieht einmal über eine Kontrolle der Geldströme und der Mittelverwendung, indem wir alle Verwendungsnachweise prüfen, dies geschieht weiterhin durch Überprüfung der grundbuchlichen Sicherheiten und Verträge usw. Außerdem überprüfen und bewerten wir stichprobenartig die Kontrollbemühungen der anderen Beteiligten, soweit dies von zentraler Stelle aus leistbar ist, und führen punktuell eigene Maßnahmenkontrollen durch. Die Länder wiederum vergeben fallweise Prüfaufträge an Dritte (meist Planungsbüros). Die Ergebnisse eines derartigen Vorhabens werden im folgenden Abschnitt am Beispiel einer Erfolgskontrolle von 5 Maaren mit gesamtstaatlich repräsentativer Bedeutung in der westlichen Vulkaneifel vorgestellt (Auftraggeber: Landesamt für Umweltschutz und Gewerbeaufsicht Rheinland-Pfalz).

Übersicht 3: Vorschlag zur zeitlichen Staffelung von Maßnahmenkontrollen im Rahmen der Naturschutzgroßprojekte des Bundes (Scherfose 1994a)

Maßnahmenkontrollen bei Naturschutzgroßprojekten			
	Jährlich	Hälfte der Laufzeit	Ende der Laufzeit
NSG-Ausweisung und NSG-Verordnungen			●
Flächenererwerb und Pacht	❑		
Nutzungsverträge und Bewirtschaftungsauflagen	■	●	●
Einmalige biotoplenkende Maßnahmen und erstmalig durchgeführte Pflegemaßnahmen	■	●	●
Jagd- und fischereiliche Nutzung sowie Freizeit- und Erholungsnutzung	■	●	●

❑ Kontrolle über Verwendungsnachweise

■ Erfassung und Kontrolle durch den Träger

● Kontrolle durch zuständige untere Naturschutzbehörde oder Mitarbeit von biologischen Stationen

6.3 Erfolgskontrollen an ausgewählten Eifelmaaren

Der Auftrag bei diesem Vorhaben lautete, alle seit 1982 an den fraglichen Maaren von gesamtstaatlich repräsentativer Bedeutung geplanten und durchgeführten Maßnahmen zu dokumentieren und zu bewerten. Abb. 24 zeigt oben den Grad der Zielerreichung an 5 Maaren und unten am Beispiel des Schalkenmehrener Maares, inwieweit sich die Priorität der Schutzziele im Grad der Zielerreichung niederschlägt. Die Auswertung demonstriert nach von Haaren et al. (1997), dass im Beispielfall nie eine optimale Zielerfüllung erreicht wurde, im allgemeinen aber eine weitgehende bzw. teilweise Zielerfüllung gelang. Dies geschah in der Mehrzahl der Fälle mittels der vorgesehenen Maßnahmen, in vielen Fällen jedoch auch mit Maßnahmen, die während des Umsetzungsprozesses modifiziert wurden. Insbesondere Ziele geringerer Priorität (die wünschenswerten Ziele, also die „Kür des Naturschutzes") wurden im Beispielfall „Schalkenmehren" nicht erreicht und eine erhebliche Anzahl der vorgeschlagenen Maßnahmen nicht im geplanten Flächenumfang umgesetzt.

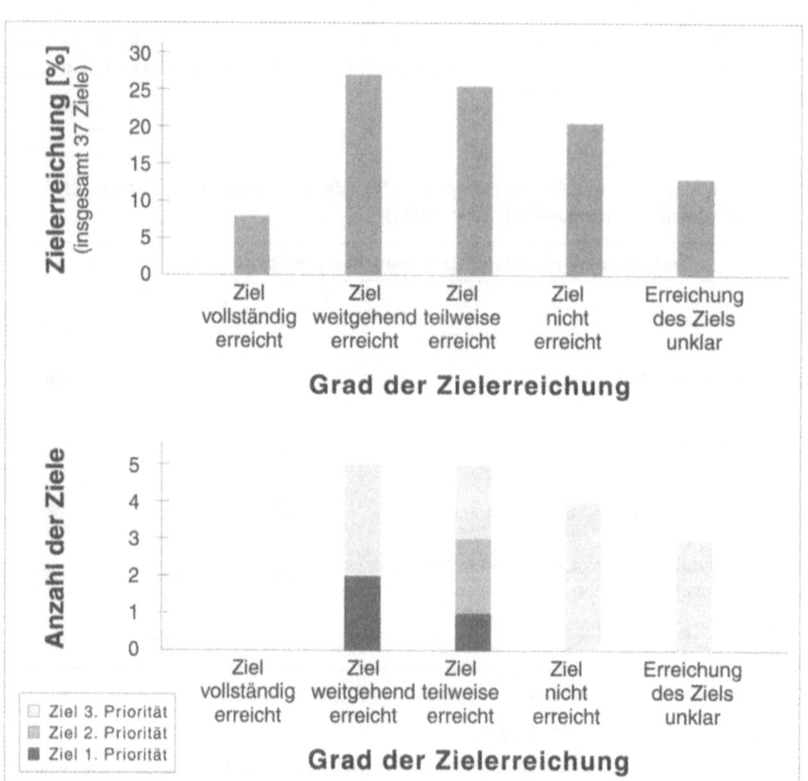

Abb. 24. Summarische Übersicht über die Zielerreichung in 5 ausgewählten Einzelgebieten (Schalkenmehrener Maar, Weinfelder Maar, Holzmaar / Dürres Maar, Strohner Märchen); *unten*: Zielerreichung im Einzelgebiet Schalkenmehrener Maar (von Haaren et. al. 1997)

Die Umsetzung der Ziele und Maßnahmen wurde einerseits durch ortsspezifische Rahmenbedingungen, andererseits jedoch auch durch lokal nicht beeinflussbare Hindernisse erschwert (vgl. dazu Übersicht 4).

Übersicht 4: Gründe für Defizite und Erfolge bei der Umsetzung von Naturschutzzielen an den Eifelmaaren (von Haaren et al. 1997)

Gründe für Defizite
- Personalmangel in der Naturschutzverwaltung
- Zeitlich begrenzte Mittelzuwendungen und starre Haushaltsvorgaben
- Mittelknappheit
- Wirtschaftsbedingungen der Nutzer (Pflegeflächen)
- Kenntnismängel hinsichtlich der tatsächlichen Reaktionsnorm/Reaktion von Naturelementen
- Interne Zielkonflikte/Auffassungsunterschiede der Naturschutzseite
- Mangelnde Umsetzungsorientierung des PEPL (zu komplex hinsichtlich Kleinflächigkeit oder Vielfalt der vorgeschlagenen Maßnahmen z.B. Grünlandpflege; Orientierung an Vegetationstatt an Schlaggrenzen usw.)

Für die Umsetzung förderliche Faktoren
- Erhebliche finanzielle Investitionen im Raum
- Hervorheben der gesamtstaatlichen Bedeutung der Maare
- Verbindung einzelner Pflegeplanungen mit umfangreicher Öffentlichkeitsarbeit
- Vergabe eines Biotopbetreuungswerkvertrages an ortansässigen Planer (ständiges zuständiges Fachpersonal vor Ort)

Insgesamt gelang es, mit diesen Informationen aus der Erfolgskontrolle Zielkorrekturen und Maßnahmenoptimierungen vorzunehmen. Dabei kann auch festgestellt werden, dass, im Vergleich mit der Situation vor Beginn des Maarprogrammes, heute im betreffenden Raum ein erheblich gestiegenes Interesse an den Maaren als Schutzobjekt und eine starke Akzeptanzsteigerung des Naturschutzes gegeben ist. Dieses bildete den Hintergrund für die erfolgreiche Umsetzung vieler Maßnahmen (z.B. Akzeptanz der Badeverbote, Regelung des Angelsportes, Umwandlung von Acker- und Grünland), die noch 1983 politisch nicht durchsetzbar gewesen wären. Damals fanden z.B. Preisangelveranstaltungen mit erheblichen Anfütterungsaktivitäten statt, die Abzäunungen empfindlicher schutzwürdiger Bereiche im NSG wurden niedergerissen, was die mangelnde Akzeptanz von Naturschutzmaßnahmen deutlich zum Ausdruck brachte.

Literatur

Blab, J. (1993): Grundlagen des Biotopschutzes für Tiere. 4. Auflage. - Schriftenr. Landschaftspfl. Natursch. 24: 1 - 479.

Blab, J., Forst, R., Klär, C., Niclas, G., Schröder, E., Steer, U., Wey, H. & Woithe, G. (1992): Förderprogramme zur Errichtung und Sicherung schutzwürdiger Teile von Natur und Landschaft mit gesamtstaatlich repräsentativer Bedeutung. Naturschutzgroßprojekte und Gewässerrandstreifenprogramme. - Natur u. Landschaft 67: 323 - 327.

Blab, J., Schröder, E. & Völkl, W. (Hrsg.) (1994): Effizienzkontrollen im Naturschutz. - Schriftenr. Landschaftspfl. Natursch. 40: 1 - 300.

Blab, J. & Völkl, W. (1994): Voraussetzungen und Möglichkeiten für eine wirksame Effizienzkontrolle im Naturschutz. - Schriftenr. Landschaftspfl. Natursch. 40: 291 - 300.

Bolay, F. W. (1989): Zielorientiertes Planen von Projekten und Programmen der Technischen Zusammenarbeit (ZOPP), Leitfaden und Nachschlagewerk. 2. überarb. Fass. - Eschborn (Gesellschaft für Technische Zusammenarbeit).

Haaren v., C., Jansen, U., Haubfleisch, E. & Horn, R. (1997): Naturschutzfachliche Erfolgskontrollen von Pflege- und Entwicklungsplänen - Erfahrungen im Rahmen einer beispielhaften Durchführung an Eifelmaaren. - Natur und Landschaft 72: 319 - 327.

Kapfer, A. (1994): Erfolgskontrolle bei Renaturierungsmaßnahmen im Feuchtgrünland. - Schriftenr. Landschaftspfl. Naturschutz, 40: 125 - 142.

KBNL (Konferenz der Beauftragten für Natur und Landschaftsschutz) (1997): Erfolgskontrolle von Maßnahmen im Natur- und Landschaftsschutz: Empfehlungen zur Begriffsbildung. Erstellt von R. Maurer und F. Marti - vervielf. 1 - 19.

Marti, F., Stutz, H.-P.B. (1993): Zur Erfolgskontrolle im Naturschutz. Literaturgrundlagen und Vorschläge für ein Rahmenkonzept. - Ber. Eidgenöss. Forsch.-amt. Wald Schnee Landsch. 336: 1 - 171.

Maurer, R., Marti, F. & Stapfer, A. (1997): Kontrollprogramm Natur und Landschaft Kanton Aargau - Konzeption und Organisation von Erfolgskontrolle und Dauerbeobachtung. Grundlagen und Berichte zum Naturschutz Nr. 13 1-119. Herausgeber: Baudepartment des Kantons Aargau, Aarau.

Oppermann, B., Frieder, L. & Kaule, G. (1997): Der "Runde Tisch" als Mittel zur Umsetzung der Landschaftsplanung. - Schriftenr. Angewandte Landschaftsökologie 11: 1 - 92.

Scherfose, V. (1994a): Maßnahmenkontrollen bei Naturschutzgroßprojekten des Bundes - Schwierigkeiten und Defizite sowie Möglichkeiten der Durchführung. - Schriftenr. Landschaftspfl. Naturschutz 40: 199 - 208.

Scherfose, V. (1994b): Effizienzkontrolle von Naturschutzmaßnahmen - dargestellt für Naturschutzprojekte des Bundes (inkl. Gewässerrandstreifenprogramm). - Mitteilungen aus der NNA 2/94: 50 - 56.

Schröder, E. (1997): Erfolgskontrollen im Naturschutz - Möglichkeiten und Defizite. - In Ott, J. (Hrsg.): Erfolgskontrollen in Naturschutz und Landschaftspflege. - Ulmer-Verlag.

Weiss, J. (1996): Landesweite Effizienzkontrollen in Naturschutz und Landschaftspflege. - LÖBF - Mitteilungen 2/966: 11 - 16.

Wey, H., Hammer, D., Handwerk, I. & Schopp-Guth, A. (1994): Möglichkeiten der Effizienzkontrolle von Naturschutzgroßprojekten des Bundes. - Natur und Landschaft 69: 300 - 306.

III Teil: Erfolgs- und Maßnahmenkontrolle in Betrieben und Verwaltung

New Public Management im Umweltschutzbereich: Erfolgs- und Wirkungskontrolle von institutionellen Reformen und politischen Maßnahmen

Theo Haldemann*

1 Ausgangslage

Zu Beginn dieses Beitrags zur Politik- und Verwaltungsreform im Umweltschutzbereich sollen nach der Problemstellung v.a. die Lösungsansätze aus ökonomischer Sicht stichwortartig zusammengefaßt werden, nämlich die angloamerikanische Managementphilosophie des New Public Managements (NPM) sowie erste internationale Erfahrungen mit ihrer Umsetzung.

1.1 Problemstellung: gegenläufige Entwicklungen

Die sozialen, kulturellen, ökonomischen und ökologischen Ansprüche an den modernen Rechts-, Leistungs- und Informationsstaat nehmen weiter zu, während die Finanzen der öffentlichen Haushalte immer knapper werden. Ein Ende dieser gegenläufigen Entwicklungen ist nicht absehbar; die *finanzpolitischen Probleme* werden sich noch verschärfen: Die Verschuldung der öffentlichen Hand wird weiterhin stark zunehmen, doch neue Steuern bzw. höhere Steuersätze scheinen heute und morgen weder politisch machbar noch wirtschaftlich sinnvoll zu sein.

Die *Nachhaltigkeit* der kulturellen, sozialen, staatlichen und wirtschaftlichen Entwicklung ist heute mehr und mehr in Frage gestellt. So ist beispielsweise die Substanzerhaltung der öffentlichen Infrastruktur im Hoch- und Tiefbaubereich nicht mehr generell gewährleistet: Die Kehrichtverbrennungsanlagen, Schulhäuser oder Theatersäle bzw. das Kanalisations- oder Straßennetz der Schweizer Kantone, Städte und Gemeinden erhalten heute z.T. bloß 10% des baulich notwendigen und werterhaltenden Unterhalts. Trotz angespannter Finanzlage wird jedoch weiterhin neue Bausubstanz mit einem zukünftigen Unterhaltsbedarf geschaffen,

* Institut für öffentliche Dienstleistungen und Tourismus IDT-HSG, Universität St. Gallen, Varnbüelstr.19, CH-9000 St. Gallen, e-mail: theo.haldemann@unisg.ch

insbesondere im Verkehrsbereich. Diese Probleme der Entwicklung sozioökonomischer Systeme bei systematischer Übernutzung der verfügbaren (finanziellen und natürlichen) Ressourcen kennt die Umweltforschung hingegen schon recht lange (Haber 1998).

1.2 Lösungsansatz: ökonomische Optimierung

Diesen Problemen kann nur mit einer gezielten Optimierung der staatlichen Leistungserbringung und der politischen Wirkungserzeugung begegnet werden. Auch beim Staat halten damit vermehrt sozialwissenschaftliche und insbesondere ökonomische Lösungsansätze Einzug, welche für eine *bessere Kostenwirksamkeit* politischer Maßnahmen sowie für ein *besseres Preis-Leistungs-Verhältnis* öffentlicher und meritorischer Güter sorgen helfen: Neben rechtsstaatlichen Verfahren und (direkt)demokratischer Legitimation wird von Politik und Verwaltung nun wieder vermehrt Effektivität und Effizienz der staatlichen bzw. kommunalen Problemlösung verlangt (Mastronardi 1998).

Bei den heute notwendigen Reformen in Politik und Verwaltung kann es somit nicht einfach ums *Sparen oder Privatisieren* gehen: Eine Reduktion der staatlichen Ressourcen, Finanzen und Personal durch Budgetkürzung und Stellenabbau führt nur zu einem Konsum- oder Investitionsverzicht in der Gegenwart, berücksichtigt aber die damit verursachten Kosten in der nahen und fernen Zukunft kaum. Eine Privatisierung bedeutet stets den vollständigen Verzicht auf eine staatliche oder kommunale Problemlösung im öffentlichen Interesse. Beide Vorgehen - Sparen wie Privatisieren - können im Einzelfall durchaus sinnvoll sein, eignen sich aber nicht für eine flächendeckende Anwendung in einem modernen Rechts-, Leistungs- und Informationsstaat, welcher seinen Ressourceneinsatz optimieren muß.

1.3 Reformkonzept: New Public Management (NPM)

Die Entwicklung einer neuen *Managementphilosophie* für die öffentliche Verwaltung ging seit den 80er Jahren von *Australien und Neuseeland* aus: Regierungen der Labour Party wie der Conservatives bauten vermehrt Führungskonzepte der Privatwirtschaft sowie Marktmechanismen und Wettbewerbselemente in den öffentlichen Bereich ein. Sie lösten damit nicht bloß eine nachhaltige Politik- und Verwaltungsreform, sondern eine richtiggehende betriebswirtschaftliche Verwaltungsrevolution aus, welche weltweit als „New Public Management" bekannt wurde. Sämtlichen Reformen nach der Philosophie des New Public Management (NPM) sind folgende Kernelemente gemeinsam (Hood 1991):

- *Management-Techniken* wie Aufgabendezentralisierung und Kompetenzdelegation, Führen mit Zielvereinbarungen (MBO), Lean Administration, um die Verwaltung gleichzeitig führbarer und transparenter zu machen.

- *Kundenorientierung und Qualitätssicherung* durch Konzepte des Total Quality Management, des Process Reengineering, des kontinuierlichen Verbesserungsprozesses (Kaizen) oder einer „Search for Excellence", um den KundInnen die gewünschte Ergebnisqualität und den MitarbeiterInnen die benötigte Prozess- und Organisationsqualität zu gewährleisten.

- *Markt-, Konkurrenz- und Wettbewerbselemente* des „Benchmarking" (d.h. Vergleichen und Lernen von den Besten), des „Competitive Tendering" (d.h. simulierter Wettbewerb) oder des „Contracting In/Out" (d.h. effektive Ausschreibung), um die staatliche bzw. kommunale Leistungserbringung preislich günstiger wie qualitativ besser zu machen.

Diese Kernelemente wurden in den einzelnen Reformländern jedoch unterschiedlich gewichtet und institutionell umgesetzt, wie folgendes Unterkapitel zeigt.

1.4 Internationale Erfahrungen: Unterschiede

Die internationalen Erfahrungen lassen sich stichwortartig wie folgt zusammenfassen (vgl. Haldemann 1995):

- In *Großbritannien* erfolgte eine tiefgreifende und umfangreiche Reform des öffentlichen Sektors und der öffentlichen Verwaltung in der Ära Thatcher/Mayor, und zwar in Form einer „neoliberalen Revolution von oben", welche v.a. staatliche Betriebe (z.B. British Leyland, British Telecom) privatisierte und sozialdemokratische Großstädte in einzelnen Politikbereichen wie z.B. Fürsorge- und Gesundheitswesen gezielt entmachtete.

- In den *Vereinigten Staaten von Amerika* versuchen hingegen die Demokraten in der Ära Clinton/Gore, die bundeseigenen Vollzugsbehörden zu erhalten und die Bundespolitik, insbesondere in den republikanischen Staaten und Städten zu verteidigen, indem sie deren Leistungen umfassend messen und gezielt optimieren sowie die erreichten Resultate gekonnt kommunizieren.

- In den *Niederlanden* ist die Stadt Tilburg mit ihrem Kontrakt-Management-Modell bekannt geworden. Dort werden verwaltungsinterne Leistungen von einer Abteilung zur anderen nicht bloß pro forma verrechnet, sondern über interne Kontrakte (=Managementvereinbarungen) effektiv verhandelt.

- In *Skandinavien*, insbesondere in *Schweden*, wurden im Zuge der breitangelegten Gemeindereform auf die staatliche Regulierung und Kontrolle der lokalen und regionalen Körperschaften weitgehend verzichtet; v.a. bei den Organisations- und Verfahrensvorschriften wurde dabei drastisch reduziert.

- Und in *Deutschland* wurde das Tilburger Modell für die kommunale Ebene adaptiert und zum sog. „Neuen Steuerungsmodell“ (NSM) weiterentwickelt, welches nun auch Eingang in die Ländesverwaltungen gefunden hat - die Bundesebene bleibt vorerst noch abwartend.

Diese Reformen zeichnen sich durch eine gemeinsame Steuerungskonzeption für Politik- und Verwaltung aus, welche auch das schweizerische Modell der wirkungsorientierten Verwaltungsführung (WOV) prägt.

2 Politik- und Verwaltungsreform in der Schweiz

Nach der Vorstellung des schweizerischen Modells der wirkungsorientierten Verwaltungsführung (WOV) wird ein knapper Überblick der aktuellen Reformprojekte sowie ihrer üblichen Projektschritte gegeben.

2.1 Das Modell der wirkungsorientierten Verwaltungsführung (WOV)

In Ergänzung zur ursprünglichen New-Public-Management-Philosophie beinhaltet das *Modell der wirkungsorientierten Verwaltungsführung* (WOV) bereits ein ausformuliertes Steuerungsmodell für Politik und Verwaltung in der Schweiz, welches mit folgenden 3 Kernelementen die institutionellen Reformen auslöst:

- *Leistungsvereinbarungen* (sog. Kontrakte) *und Produktegruppenbudgets* (sog. Globalbudgets) ermöglichen neue Zusammenarbeitsformen in Politik und Verwaltung: Erstere sind vertragsähnliche Zielvereinbarungen zwischen Departement (=Ministerium) und Amt (=Dienststelle) über die zu erbringenden Leistungen; letztere sind neu gegliederte Budgets für die zu erzielenden Wirkungen, welche zwischen Parlament und Regierung ausgehandelt werden.

- *Kompetenzdelegationen* an die flexibilisierten Verwaltungsabteilungen (sog. „Agencies“) *und Partizipation* der MitarbeiterInnen sollen von innen heraus zu mehr Effizienz und Effektivität beitragen: Eine Erhöhung der Deckungsgleichheit von Aufgaben-, Kompetenz- und Verantwortungsbereichen soll durch eine weitestgehende Dezentralisierung errreicht werden; die Motivation der MitarbeiterInnen kann durch angepaßte Anreizsysteme gefördert werden.

- *Konkurrenz- und Wettbewerbselemente* sollen von außen her zu mehr Effizienz und Effektivität führen: Dafür eignen sich simulierte Konkurrenz zwischen verwaltungsinternen und -externen Anbietern wie reale Marktverhältnisse zwischen öffentlichen und privatwirtschaftlichen Leistungserstellern.

Im Vergleich zu den internationalen Entwicklungen des (New) Public Managements zeigt die wirkungsorientierte Verwaltungsführung (WOV) für die Schweiz einen gewissen *Nachhol- und Veränderungsbedarf* in folgenden Bereichen der Staats- und Verwaltungstätigkeit auf (Schedler 1995):

1. *Marketing*, d.h. verstärkte Kundenorientierung, Kundenbefragungen und systematische Steigerung der Kundennutzen
2. *Lean Management*, d.h. schlanke Verwaltung durch Prozessoptimierung und Qualitätsmanagement
3. *geführter Wettbewerb*, d.h. simulierte und reale Märkte durch verstärkte Konkurrenz zwischen internen und externen Leistungsanbietern
4. *Programmevaluation*, d.h. umfassende Vollzugs- und Wirkungsprüfungen staatlicher Politik und institutioneller Reformen
5. *dezentrale Organisationsformen*, d.h. Aufbau konzern- oder holdingähnlicher Verwaltungsstrukturen sowie
6. *mehr Finalsteuerung* und weniger Konditionalsteuerung durch das Recht, d.h. mehr zielorientierte Aufträge bzw. weniger verfahrensorientierte Regeln für die öffentlichen Verwaltungen

Verschiedene schweizerische Politik- und Verwaltungsreformprojekte nach der NPM-Philosophie und dem WOV-Modell versuchen mittlerweile, diese Defizite umfassend aufzuholen.

2.2 Übersicht über die schweizerischen Reformprojekte

In der Schweiz sind z.Z. folgende *umfassende NPM-WOV-Reformprojekte* bereits angelaufen bzw. in Vorbereitung (Projektname in Klammern, Stand 08-98):

- *Bund*: Führen mit Leistungsauftrag und Globalbudget (FLAG)
- *Kantone*: Aargau (WOV), Basel-Landschaft (Leiste), Basel-Stadt (PuMa), Bern (NEF 2000), Freiburg (NPM), Genf (NPM), Graubünden (GRiforma), Luzern (WOV), St. Gallen (NPM), Schaffhausen (WOV), Solothurn (WOV), Schwyz (NPM), Wallis (Administration 2000, Education 2000, Justice 2000 usw.), Zürich (wif!)
- *Städte*: Baden AG (WOV), Allschwil BL (Allwo), Liestal BL, Reinach BL, Riehen BS (WOV), Bern BE (NSB), Burgdorf (NPM), Köniz BE (DUK 2000), Thun BE, Zürich ZH (WOV), Winterthur ZH (WOV), Adliswil ZH, Uster ZH (Optimus), Dübendorf ZH (Verwaltungsreform 97), Thalwil ZH, Wädenswil ZH, Wallisellen ZH
- *Gemeinden*: Binningen BL (Binningen 2000), Oberwil BL (WOV); Aarberg BE, Dürrenroth BE, Langnau BE, Saanen BE, Sigriswil BE, Wohlen BE und Worb BE (7 Berner Gemeinden als neuzeitliche Dienstleistungsunternehmen) sowie Lyss BE (NPM); Kriens LU; Oberriet SG, Oberuzwil SG (WOV); Stäfa ZH, Wetzikon ZH

Nicht enthalten sind in dieser Liste diejenigen Reformprojekte, welche lediglich *ausgewählte NPM-WOV-Elemente* enthalten, wie z.B. die Globalbudgetierung bei Spitälern und Universitäten oder die Leistungsaufträge im Straßenbau- und

Kulturbereich; ihnen fehlen meist die institutionellen Reformen auf Regierungs- und Parlamentsebene.

Die *Projektziele und Reformschwerpunkte* der umfassenden NPM-WOV-Projekte (s. Liste) lassen sich dabei wie folgt zusammenfassen:

- *Prozesswandel einleiten* durch das versuchsweise Austesten des neuen WOV-Instrumentariums in Politik und Verwaltung
- *Kulturwandel auslösen* durch die verstärkte Delegation von Aufgaben, Kompetenzen und Verantwortungen an untere Hierarchiestufen
- *Strukturwandel beschleunigen* durch institutionelle Maßnahmen zur Prozessoptimierung und Qualitätssicherung der Leistungserstellung und -verteilung
- *Haushaltsanierung unterstützen* durch nachhaltige Realisierung von finanziellen Optimierungspotentialen für eine zukunftsgerichtete Staatstätigkeit
- *Kundennutzen steigern* durch umfassendes Management der Dienstleistungs-Qualität in der öffentlichen Verwaltung

Die umfassenden NPM-WOV-Reformprojekte folgen insgesamt dem Ansatz einer *pragmatischen Personal- und Organisations-Entwicklung* (POE), welche Amt, Departement, Regierung und Parlament möglichst frühzeitig und umfassend in den Reformprozess miteinbezieht.

2.3 Reformschritte

Die umfassenden NPM-WOV-Reformprojekte beinhalten in der Regel folgende *Projektschritte und Meilensteine*:

1. *Definition der Rahmenbedingungen*, d.h. Bekanntgabe der möglichen Abweichungen vom bisherigen Finanzhaushalt- und Personalrecht sowie Festlegung, ob die NPM-WOV-Reformschritte zuerst nur versuchsweise oder bereits definitiv gemacht werden dürfen.
2. *Definition der Produkte und Leistungsindikatoren*, d.h. der kleinsten vollständigen Leistungseinheiten, welche zielgerichtet an externe oder interne Kunden abgegeben werden samt dazugehörigen Mess- und Beurteilungskriterien für die Menge, Qualität, Fristigkeit und Kundenzufriedenheit der erstellten Leistungen.
3. *Ermittlung der Produktvollkosten* (Stückkosten) und interne Verrechnung von Leistungsbezügen aus anderen Dienststellen, insbesondere aus Querschnittsämtern wie Finanzverwaltung, Personalamt, Liegenschaftsverwaltung, Organisations- und Informatikdienste, deren Aufwendungen den Produktkosten ebenfalls anteilsmäßig anzulasten sind.
4. *Formulierung von Leistungsvereinbarungen und Produktegruppenbudgets*, d.h. von vertragsähnlichen Rahmen- und Jahreskontrakten zwischen Dienststelle (Amt) und Departement (Ministerium) über die zu erstellenden Leistun-

gen und die dabei anfallenden Kosten. Mit den globalisierten Budgets erteilt dann das Parlament der Regierung den Auftrag, die in den Leistungsinformationen spezifizierten Produktgruppen zu den genannten Kosten tatsächlich zu beschaffen.

5. *Aufbau des Berichtswesens und Controllings*, d.h. Schaffung von führungs- und stufengerechten Entscheidungsgrundlagen und Rechenschaftsberichten für ein „Management by Controlling“ sowohl in Dienststelle (Amt) und Departement (Ministerium) als auch in Regierung und Parlament. Damit sollen insbesondere Leistungsmengen und -qualitäten sowie Finanzen und Personal der öffentlichen Hand systematisch geplant, gesteuert und überprüft werden.
6. *Delegation von Kompetenzen*, d.h. systematische Dezentralisierung von Aufgaben, Kompetenzen und Verantwortungen von oben nach unten an die MitarbeiterInnen sowie von innen nach außen an ausgegliederte Verwaltungseinheiten.
7. *Prozessoptimierung und Qualitätssicherung*, d.h. Anpassung der Abläufe und Organisationsstrukturen sowie der Leistungsqualitäten im Interesse der Kunden- wie der Mitarbeiterzufriedenheit.

2.4 Beispiel: Kantonales Laboratorium Schaffhausen

Das Kantonale Laboratorium für Lebensmittelkontrolle und Umweltschutz (Kantonales Labor) ist - gemäß Amtsauftrag - im Kanton Schaffhausen für den Vollzug der Gewässerschutz-, Gift- und der im Detail zugewiesenen Umweltschutz- und Strahlenschutzgesetzgebung zuständig. In den Kantonen Appenzell-Ausserrhoden, Appenzell-Innerrhoden, Glarus und Schaffhausen stellt das Kantonale Labor - zusammen mit den Zweigstellen in Herisau AR und Glarus GL - zudem den Vollzug der Lebensmittelgesetzgebung sicher. Seine gesamten Leistungen lassen sich in sog. Produktgruppen zusammenfassen und mit folgenden, übergeordneten *Wirkungszielsetzungen* versehen (Quelle: WOV-Budget 1998):

1. *Produktgruppe Lebensmittelkontrolle*: „Schutz der Bevölkerung vor Lebensmitteln und Gebrauchsgegenständen, welche die Gesundheit gefährden können, mittels gezielter Überwachung nach Lebensmittelgesetzgebung. Sicherstellung des Täuschungsschutzes im Lebensmittelbereich“.
2. *Produktgruppe Abfall- und Chemikalienbewirtschaftung*: „Verhinderung der Gefährdung von Mensch, Tier und Umwelt durch Gifte, umweltgefährdende Stoffe und Abfälle mittels gezielter Überwachung des Giftverkehrs, stichprobenweisen Stoffkontrollen sowie gezieltem Vollzug der Bestimmungen über Abfälle in der Umweltschutzgesetzgebung. Sicherstellen, daß die Umwelt-, Gift- und Gewässerschutzgesetzgebung in den Baubewilligungsverfahren berücksichtigt wird“.
3. *Produktgruppe Gewässer- und Bodenschutz*: „Erhaltung bzw. Verbesserung der Qualität der Gewässer durch gezielte Beobachtung und entsprechende Kontrolltätigkeit gemäß eidgenössischem Gewässerschutzgesetz. Schutz der

Öffentlichkeit vor negativen Auswirkungen von Bodenbelastungen durch gezielte Überwachung des Bodens".

4. *Produktgruppe Lufthygiene / Lärmbekämpfung*: „Die Qualität der Luft soll gezielt und projektorientiert ermittelt und durch Kontrolle und Steuerung gemäß eidgenössischer Luftreinhalteverordnung (LRV) verbessert werden".
5. *Produktgruppe Risikovorsorge / Ereignisbearbeitung*: „Kontrolle der geeigneten technischen und organisatorischen Einrichtungen zur Risikovorsorge bei Industrie-, Gewerbe- und öffentlichen Bauten. Sicherstellung von Vorsorgemaßnahmen auf dem Gebiet des Strahlenschutzes. Sicherstellung der Beratung bei Ereignissen, von denen Chemie- und Umweltgefahren ausgehen, mit dem Ziel, diese auf ein Minimum zu reduzieren".
6. *Produktgruppe Vollzugsvorbereitung* (Projekte): Gemäß detaillierten Projektzielen.

Die einzelnen Leistungen des Kantonalen Labors Schaffhausen werden dabei produkteweise mit (operativen) *Leistungszielen* umschrieben, so z.B. für das Produkt Immissionsmessungen aus der Produktegruppe Lufthygiene / Lärmbekämpfung, welches die Qualität der Luft gezielt und (bau)projektorientiert ermitteln und kommunizieren soll:

- *Mengenziel*: genügende Anzahl von Messreihen zur Weiterführung der Langzeitmessungen von gasförmigen Luftverunreinigungen (Indikator: Anzahl Messreihen)
- *Qualitätsziel*: vollständige Messreihen als brauchbare Basis für (eventuelle) lufthygienische Entscheidungen (Indikator: Anteil der Messreihen mit repräsentativen Resultaten)
- *Fristenziel*: termingerechte Auswertungen und Berichtspublikationen (Indikator: Anteil termingerechter Berichtspublikationen)
- *Kostenziel*: kostengünstige Messreihen (Indikator: sFr. pro Messreihe)
- *Zufriedenheitsziel*: zufriedene KundInnen (Indikator: Anteil zufriedener KundInnen)

Aufgrund der hohen Erhebungskosten kann bei den (übergeordneten) Wirkungszielsetzungen die Beurteilung des Zielerreichungsgrades eines einzelnen Produkts oder einer ganzen Produktgruppe lediglich periodisch vorgenommen werden, d.h. alle 2-5 Jahre. Hingegen läßt sich die Zielerreichung bei den (operativen) Leistungszielen relativ billig und rasch beurteilen, d.h. monatlich, quartals- oder trimesterweise - ausgenommen die Umfragen zur Kundenzufriedenheit. Auch aus diesem Grund setzt die wirkungsorientierte Steuerung zuerst auf der Ebene der Leistungen ein; denn nur durch die direkte Steuerung der Leistungen lassen sich die Wirkungen indirekt verändern. Mit einem verbesserten Kosten-Leistungs-Verhältnis der erstellten Produkte und Produktgruppen soll also ein Beitrag zur Verbesserung des Kosten-Wirkungs-Verhältnisses in der Luftreinhaltepolitik insgesamt geleistet werden.

Dahinter steht auch die Unterscheidung von *Effizienz* als „doing the things right" und *Effektivität* als „doing the right things" (Osterloh & Frost 1996): Die Effizienz mißt ein Input-output- bzw. Input-outcome-Verhältnis bei gegebenen Zielen und Instrumenten; die Effektivität vergleicht hingegen die gegebenen Ziele und Instrumente mit (un)veränderten Zielen und anderen Instrumenten(kombinationen).

Die *Effizienz der administrativen Leistungserstellung* - verstanden als optimales Verhältnis von Kosten und Leistungen - läßt sich somit durch Kostensenkungen bei unveränderten Leistungen oder durch verbesserte Leistungen bei unveränderten Kosten verbessern, hier z.B. mit kostengünstigeren oder qualitativ besseren Ermittlungsverfahren für die Immissionsmessungen bzw. besseren Kommunikationskanälen für die Bekanntgabe der Immissionswerte. *Die Effektivität der administrativen Leistungserstellung* - verstanden als optimale Zielerreichung auf der Leistungsebene - kann sich nicht darauf beschränken, nur die Mengen, Qualitäten, Fristen und Kosten der bestellten und der erbrachten Verwaltungsleistungen miteinander zu vergleichen. Vielmehr gilt es, die Leistungsziele und -inhalte periodisch zu überprüfen: Könnte z.B. die Luftqualität mit anderen Meßgrößen und -verfahren besser gemessen werden als bisher? Könnten die Messresultate anders aufbereitet und auf anderen Kommunikationskanälen besser kommuniziert werden?

Die *Effizienz der politischen Problemlösung* - verstanden als optimales Verhältnis von Kosten und Wirkungen - wird dann verbessert, wenn trotz Kostensenkungen auf der Leistungsseite die Wirkungen der Luftreinhaltungsmaßnahme mindestens gleich bleiben oder wenn qualitativ verbesserte Leistungen kostenneutral zu verstärkten Wirkungen führen. *Die Effektivität der politischen Problemlösung* - verstanden als optimale Zielerreichung auf der Wirkungsebene - kann sich ebenfalls nicht darauf beschränken, nur die Indikatorwerte der geplanten und der erreichten Politikwirkungen miteinander zu vergleichen. Vielmehr gilt es, auch die gewünschten Wirkungen und die benötigten Instrumente von Zeit zu Zeit zu hinterfragen: Könnte z.B. die Luftqualität mit einer anderen politischen Maßnahme oder mit einer anderen Gewichtung der Interventionsinstrumente oder -medien Recht, Geld und Information wirksamer verbessert werden? Oder könnte die Luftqualität im Grenzkanton Schaffhausen durch eine (national oder supranational) verordnete Einführung von schwefelärmeren oder teureren Benzin- und Dieselkraftstoffen nicht nachhaltiger verbessert werden als durch die (kantonale) Ermittlung und Kommunikation der Immissionswerte allein? Gerade bei der Formulierung einer politischen Maßnahme auf einer unteren Staatsebene stehen oft gerade diejenigen Instrumente nicht zur Auswahl, welche das Wirkungsziel kostengünstig zu erreichen vermögen. In der Folge bringt selbst die effiziente Leistungserstellung durch die kantonale oder kommunale Verwaltung oft bloß eine bescheidene oder vereinzelt auch keine Wirkungen zustande.

2.5 Institutionelle Konsequenzen

Die praktische Umsetzung dieser Leistungs- und Wirkungssteuerung wird über kurz oder lang zu folgenden institutionellen Konsequenzen in Dienststellen (Ämtern), Departementen (Ministerien), Regierung und Parlament führen:

- Auf der Ebene der *Dienststellen* (Ämter) wird es nach dem Aufbau eines Steuerungsdienstes für das Leistungs-, Finanz- und Personal-Controlling auch darum gehen, die richtigen Schlußfolgerungen aus den neuen Managementinformationen zu ziehen und die notwendigen innerbetrieblichen Reorganisationen umzusetzen, insbesondere für ein verbessertes Prozess- und Qualitätsmanagement bei der öffentlichen Leistungserstellung. Dafür bietet sich u.a. ein prozessorientiertes Benchmarking an, bei welchem mehrere Dienststellen ihre bisherige Praxis untereinander und mit den besten öffentlichen Verwaltungen und – wo immer möglich- mit den besten privaten Firmen vergleichen, um anschließend gemeinsam daraus zu lernen.

- Auf der Ebene der *Departemente* (Ministerien) wird es nach dem Aufbau eines Steuerungsdienstes für das sog. Kontraktmanagement der verwaltungsinternen wie der privaten, externen Leistungsersteller darum gehen, den Einsatz von Markt-, Konkurrenz- und Wettbewerbselementen zu verstärken. Das bedeutet, vermehrt interne und externe Ausschreibungen für öffentliche Güter und Dienstleistungen durchzuführen sowie das Instrument des kennzahlenorientierten Benchmarkings zwischen öffentlichen und privaten Anbietern systematisch einzusetzen, um öffentliche Güter und Dienstleistungen mit einem bestmöglichen Preis-Leistungs-Verhältnis einzukaufen.

- Auf der Ebene der *Regierung* wird es nach dem Aufbau eines (zentralen) Steuerungsdienstes zum Vollzug des Regierungs- und Legislaturprogramms auch darum gehen, staatliche und kommunale Leistungen aufgabenkritisch zu hinterfragen und mittels Evaluationen deren Wirkungen und Nebenwirkungen in Gesellschaft, Wirtschaft und Umwelt zu überprüfen - insbesondere im Interesse einer verstärkten Koordination der staatlichen Maßnahmen, ja der Kohärenz staatlicher Politik insgesamt (s. Kap. 4).

- Auf der Ebene des *Parlaments* sind zuerst die Voraussetzungen für eine professionelle Bearbeitung der neuen Controlling- und Evaluationsberichte aus Regierung und Verwaltung zu schaffen: Da sämtliche schweizerischen Parlamente auf Bundes-, Kantons-, Stadt- und Gemeindeebene nach dem Milizprinzip funktionieren, gilt es, bereits vorhandene Parlamentsdienste und Kommissionssekretariate aufzuwerten und auszubauen. Auch die Parlamentarierinnen und Parlamentarier sind auf ihre neuen Aufgaben und Rollen im Rahmen des New Public Managements und der wirkungsorientierten Politik- und Verwaltungsführung durch geeignete Fort- und Weiterbildungsmaßnahmen vorzubereiten. Erst dann lassen sich neue und erweiterte Instrumente zur (indirekten) parlamentarischen Leistungs- und Wirkungssteuerung einführen (vgl. Brühlmeier et al. 1998).

Auf die konzeptionellen Grundlagen dieser Leistungs- und Wirkungssteuerung soll nun genauer eingegangen werden.

3 Konzeptionelle Grundlagen

Wie bereits dargelegt, enthalten NPM und WOV eine Reihe von gemeinsamen konzeptionellen Grundlagen, nämlich im Bereich der politisch-administrativen Steuerung, insbesondere der verwendenten Kennzahlen und Rechnungsebenen.

3.1 Politisch-administrative Steuerung: Input, Output oder Outcome?

Die Politik- oder Programmevaluation unterscheidet - wie früher auch die Politikfeldanalyse (Policy-Analyse) - mehrere *Phasen des politischen Prozesses* (s. Abb. 25):

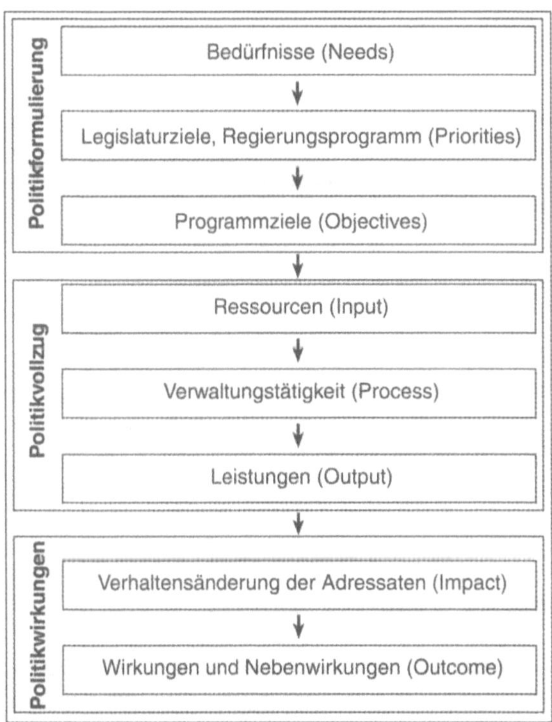

Abb. 25. Phasen des politischen Prozesses (Quelle: Bussmann 1995; Department of Finance 1994; Bussmann et al.1997)

Diese *Phasen des politischen Prozesses* lassen sich bei staatlichen Maßnahmen und politischen Programmen wie folgt in Politikformulierung, Politikvollzug und Politikwirkungen zusammenfassen (Department of Finance 1994):

- Die *Politikformulierung* umfaßt 1) die Äußerung der gesellschaftlichen Bedürfnisse und politischen Probleme, 2) die Formulierung der Legislatur- und Regierungsziele sowie der Programmziele.
- Der *Politikvollzug* umfaßt 1) die Vollzugsplanung, 2) den Mittel- oder Ressourceneinsatz (Input), d.h. die Bereitstellung der rechtlichen, finanziellen und organisatorischen bzw. personellen Voraussetzungen für die Umsetzung des Programms sowie 3) die Leistungen und Produkte der Verwaltung (Output) als Schnittstelle zwischen staatlichem und gesellschaftlichem, wirtschaftlichem oder ökologischem Bereich.
- Die *Politikwirkungen* bestehen 1) aus der Verhaltensänderung des angesprochenen Adressatenkreises (Impact) sowie 2) aus den Wirkungen und Nebenwirkungen staatlicher Maßnahmen und politischer Programme (Outcome).

Folgende Phasen und Instrumente bieten sich für die *politisch-administrative Steuerung* an:

- Die *traditionelle Steuerung* von Politik und Verwaltung formuliert die allgemeinen Programmziele in der Regel in Rechtserlassen mit unbefristeter Gültigkeit, d.h. in Gesetzen und Verordnungen. Die kurzfristige Steuerung erfolgt hier bloß durch die Zuordnung der Ressourcen, insbesondere der finanziellen Mittel, welche mit dem jährlichen Budget von Regierung und Parlament bewilligt werden. Hingegen unterbleibt meist eine mittelfristige Steuerung und politische Schwerpunktsetzung, weil die personellen und organisatorischen Ressourcen in der öffentlichen Verwaltung fix auf die einzelnen Departemente (=Ministerien) und Ämter (=Dienststellen) zugeordnet sind.
- Die *wirkungsorientierte Steuerung* von Politik und Verwaltung formuliert die Programmziele im Rahmen bestehender Rechtserlasse detaillierter; zudem formuliert sie mittelfristige Zielsetzungen und politische Schwerpunkte periodisch neu. Die Ressourcenzuordnung erfolgt sowohl bei der jährlichen Budgetierung der zu erstellenden Verwaltungsleistungen als auch bei der mittelfristigen Planung und Schwerpunktsetzung der zu erzielenden Politikwirkungen.

3.2 Rahmen: politisch-administrativer Produktionsprozess

Im Bereich des „Performance Measurement“, des „Auditing“ und der Evaluationsforschung bestehen eine ganze Reihe von Prozessmodellen für die Politik und von Bewertungskriterien für die öffentliche Verwaltung nebeneinander (Budäus &

Buchholtz 1997). Diesen *Prozessmodellen und Bewertungskriterien* haften 2 gravierende Konstruktionsfehler an:

- Die *Prozessmodelle* bilden den komplexen und kontingenten Zielfindungs- und Planungsprozess lediglich ungenügend ab. Die schrittweise politische und administrative Konkretisierung der Bedürfnisse der Bevölkerung fehlt oft gänzlich, weil hier meist von bereits bestehenden Zielsystemen ausgegangen wird. Die Erfahrungen in der (halb)direkten Demokratie der Schweiz lehren, dass die Rückkoppelung der objektiven Wirkung und des subjektiven Nutzens auf die politischen Zielsetzungen nicht ausgeblendet werden können.
- Die *Bewertungskriterien* beruhen alle auf der Grundlage des sog. „3-E-Konzepts“ mit seinen Bewertungskriterien „Economy“, „Efficiency“ und „Effectiveness“; einzelne Autoren ergänzen es nach Bedarf zum 4-E- bzw. 5-E-Konzept und verändern die Definitionen ihrer Kennzahlen zudem oft nach Belieben.

Aus diesen Gründen haben Mäder & Schedler (1994) bzw. Schedler (1995) einen sog. *„Produktionsprozess“* entwickelt (s. Abb. 26), welcher politisch-administrative Planungs- und Leistungsprozesse miteinander verknüpft und 3 geordnete Hauptgruppen von Kennzahlenrelationen kennt - Angemessenheit, Effizienz und Effektivität:

- Die *Angemessenheit* (oder Planungseffizienz) setzt geplante Nutzen, Wirkungen, Leistungen und Kosten eines politischen Programmes, einer politischen Maßnahme oder einer administrativen Leistung systematisch miteinander in Beziehung, z.B. als Angemessenheit der geplanten Kosten und Leistungen, um die geplanten Wirkungsziele zu erreichen (vertikaler SOLL-SOLL-Vergleich).
- Die *Effizienz* setzt erstellte Nutzen, Wirkungen, Leistungen und Kosten eines politischen Programmes, einer politischen Maßnahme oder einer administrativen Leistung systematisch miteinander in Beziehung, z.B. als Input-output- oder als Input-outcome-Relation (vertikaler IST-IST-Vergleich).
- Die *Effektivität* (oder Wirksamkeit) eines politischen Programmes, einer politischen Maßnahme oder einer administrativen Leistung setzt geplante und erstellte Nutzen, Wirkungen, Leistungen und Kosten miteinander in Beziehung, z.B. als Kosten- oder Leistungseffektivität (horizontaler SOLL-IST-Vergleich).

Dieser Produktionsprozess weist auch auf die *Rahmenbedingungen* von Politik und Verwaltung hin: a) Individuelle Nutzenfunktionen der BürgerInnen erfordern eine unterschiedliche Bedürfnisbefriedigung; b) Komplexe rechtliche Wirkungszielsetzungen erfordern eine mehrdimensionale politische Zielerreichung; c) Umfangreiche Leistungskataloge der öffentlichen Hand erfordern eine interdependente Leistungserstellung in der Verwaltung; d) Verschiedene Kostenentwicklungen erfordern eine differenzierte Kostenermittlung.

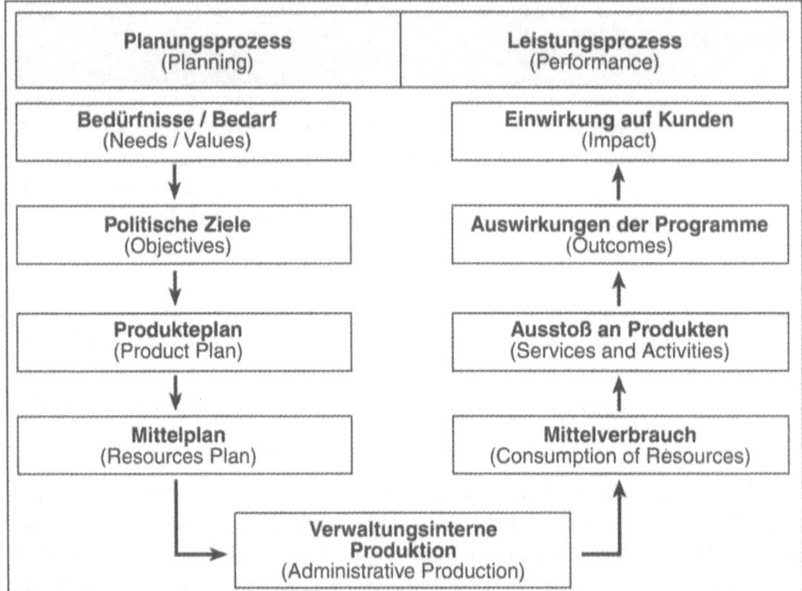

Abb. 26. Politisch-administrativer Produktionsprozess, () englische Bezeichnungen von Mäder & Schedler (1994)

3.3 Kosten-, Leistungs-, Wirkungs- und Nutzenrechnung

Auch in der öffentlichen Verwaltung drängt sich die Ergänzung der heutigen Finanzbuchhaltung durch eine betriebliche Kostenrechnung auf, denn die *mangelnde Transparenz* der tatsächlich erbrachten Verwaltungsleistungen und der dabei entstandenen Kosten erschweren die umsichtige politische Führung und das sparsame Verwaltungsmanagement des Staates gleichermaßen:

Das *unvollständige Kostenbild*, welches systematisch zu tiefe Kosten der Verwaltungstätigkeiten suggeriert, führt zu verzerrten Prioritäten im politischen und administrativen Entscheidungsprozess: Weil nicht sämtliche laufenden Kosten wie z.B. Gebäudeunterhalt und -renovierung sowie Abschreibungen bei der kostenverursachenden Dienststelle ausgewiesen werden, sondern beim internen Dienstleister wie z.B. der Liegenschaftenverwaltung erscheinen, werden Projekte mit einem hohen Investitionsanteil tendenziell bevorzugt und solche mit einem niedrigen Investitionsanteil tendenziell benachteiligt.

Nicht bloß die längerfristigen Wachstumserwartungen, sondern auch die heutige Budgetierung und Rechnungslegung verleiten die öffentlichen Körperschaften zur *überhöhten Investitionstätigkeit und Verschuldung*. Das gilt in ähnlicher Weise für die kameralistische Rechnungsführung wie für das neue Rechnungsmodell NRM der Schweizer Kantone und Gemeinden oder das neue kommunale Rechnungswesen NKR in Deutschland.

Heute steht der weitere *Ausbau des öffentlichen Rechnungswesens* zur umfassenden Kosten-Leistungs-Rechnung, Kosten-Wirkungs-Rechnung bzw. Kosten-Nutzen-Rechnung bevor, nämlich durch die Installation von PC-Netzwerken mit Client-Server-Architektur und den Aufbau von sog. Management-Informationssystemen (MIS). In enger Anlehnung an den politisch-administrativen Produktionsprozess von Mäder &Schedler (1994) bzw. Schedler (1995) lassen sich die einzelnen *Rechnungsebenen* (s. Abb. 27) nun wie folgt bezeichnen und mit einem Beispiel zur Verbesserung der Luftqualität veranschaulichen (vgl. Schaltegger et al. 1996):

- Auf der *Nutzenebene* werden die individuellen Bedürfnisse der Bevölkerung bzw. der individuelle Bedarf der KundInnen mit der Einwirkung auf die KundInnen, Interessengruppen, StimmbürgerInnen usw. verglichen, d.h. Soll Nutzen und Ist-Nutzen (Ebene der Kosten-Nutzen-Rechnung, *Bsp*: Kosten und Nutzen pro zusätzliches Jahr an durchschnittlicher Lebenserwartung der Bevölkerung).
- Auf der *Wirkungsebene* werden politische Ziele und Programmziele mit den Auswirkungen (Wirkungen und Nebenwirkungen) der Programme miteinander verglichen, d.h. SOLL-Wirkungen und IST-Wirkungen (Ebene der Kosten-Wirkungs-Rechnung, *Bsp*: Kosten pro Tonne Schadstoffreduktion in der Luft).
- Auf der *Leistungsebene* werden der Produktplan und der tatsächliche Ausstoß an Produkten miteinander verglichen, d.h. SOLL- und IST-Leistungen (Ebene der Kosten-Leistungs-Rechnung, *Bsp*: Kosten pro Sanierungsverfügung).

- Auf der *Kostenenebene* werden der Mittelplan und der tatsächliche Mittelverbrauch miteinander verglichen, d.h. SOLL- und IST-Kosten (Ebene der Kostenrechnung, *Bsp*: Kosten pro Teilbewilligung bzw. pro Luftuntersuchung).

Je nach *Rechnungsebene* werden dabei ganz unterschiedliche Erfassungs- und Aussageeinheiten verwendet: Auf der *Nutzenebene* sind so Aussagen zu ganzen Aufgaben- und Politikbereichen, ja zur staatlichen Tätigkeit insgesamt, möglich, auf der *Wirkungsebene* zu vielen politischen Programmen und Maßnahmen, auf der *Leistungsebene* zu den meisten Produktegruppen und Produkten, auf der *Kostenebene* schließlich zu sämtlichen Teilprodukten und -prozessen (sog. Teil- bzw. Prozesskostenrechnungen).

Auf dieser Grundlage kann - gerade im Umweltschutzbereich - die notwendige konzeptionelle Verbindung von betriebswirtschaftlichem Controlling, naturwissenschaftlichem Monitoring und sozialwissenschaftlicher Evaluation erreicht werden.

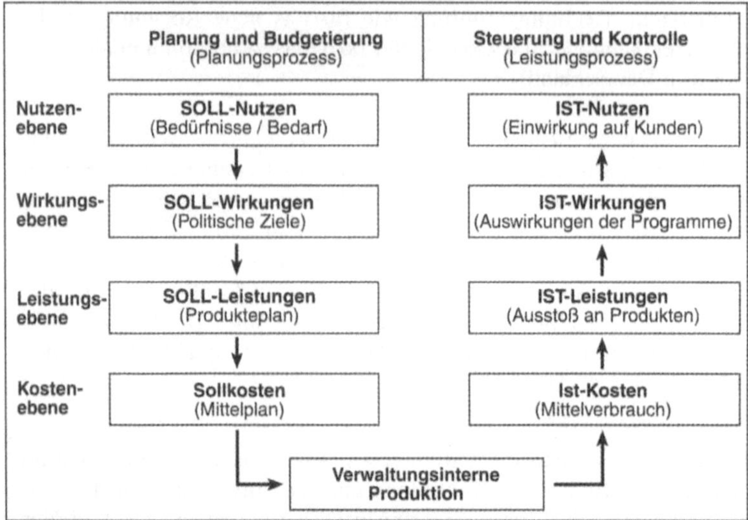

Abb. 27. Rechnungsebenen im Produktionsprozess; () ursprüngliche Bezeichnungen von Schedler (1995)

3.4 Controlling, Monitoring und Evaluation

Mit dem Übergang zur detaillierten Kosten-, Leistungs- und Wirkungssteuerung ist auch eine Verbreiterung der Instrumente zur Informationsbeschaffung in Politik und Verwaltung möglich geworden (Kissling-Näf & Knöpfel 1997):

- Das betriebswirtschaftlich geprägte *Controlling* beruht auf einer laufenden Erhebung und periodischen Auswertung von Kosten- und Leistungsdaten des verwaltungsinternen Politikvollzugs. Eine Ausweitung des Controllings in Richtung Wirkungs- und Nutzendaten des verwaltungsexternen Politikvollzugs und -erfolgs wird mehr und mehr angestrebt.
- Das betriebs- und naturwissenschaftlich geprägte *Monitoring* beruht ebenfalls auf einer permanent mitlaufenden Erhebung und einer bloß periodischen Auswertung von Daten, allerdings von Kosten-, Leistungs- und Wirkungsinformationen, welche die verwaltungsinterne und -externe Sicht jeweils miteinander kombinieren. Die Auswahl der Monitoring-Messgrößen erfolgt stets im Hinblick auf hypothetische Wirkungszusammenhänge, welche den Vollzug und Erfolg von staatlichen Maßnahmen und politischen Programmen zu erklären vermögen, z.B. für die Entwicklung der politischen Zielgröße „Luftqualität".
- Die sozialwissenschaftlich geprägte *Evaluation* beruht auf periodischen wie fallweisen Erhebungen und entsprechenden Auswertungen von Wirkungs- und Nutzendaten zwecks Vollzugs- und Erfolgskontrolle der Politikimplementation und der Verwaltungstätigkeit.

Das *Controlling* vermag mit den Daten der Kosten- und Leistungsrechnung bloß Fragen zur Angemessenheit, Effizienz und Effektivität der Leistungserstellung in der öffentlichen Verwaltung zu beantworten, während die *Evaluation* mit den Daten der Kosten-, Leistungs-, Wirkungs- und Nutzenrechnung Fragen nach der Angemessenheit, Effizienz und Effektivität der politischen Programme und der staatlichen Maßnahmen insgesamt klären kann. In beiden Fällen bilden Monitoring-Daten zur Umweltentwicklung die unverzichtbare Grundlageninformation. Mit der Umsetzung des Steuerungsmodells der wirkungsorientierten Verwaltungsführung (WOV) werden nicht bloß vermehrt *Controlling-Berichte* zur Leistungsfähigkeit der öffentlichen Verwaltung erstellt, sondern auch zusätzliche *Evaluations-Studien* zur Wirksamkeit der staatlichen Politik, d.h. der politischen Programme und staatlichen Maßnahmen, benötigt. Zudem muß der Institutionenreformprozess in Politik und Verwaltung selbst ebenfalls evaluiert werden.

3.5 Evaluation von NPM- und WOV-Reformprojekten

Die *Analyse der Wirkungszusammenhänge* stellt sowohl bei der Evaluation von materiellen Reformen politischer Programme und staatlicher Maßnahmen als auch bei der Evaluation von institutionellen Reformen staatlicher Institutionen das Kernstück der jeweiligen Vollzugs- und Wirkungskontrolle dar: Bei den materiellen Reformen gilt es, die Programmlogik und die materiellen Auswirkungen aufzudecken, bei den institutionellen Reformen die *Transformationslogik und die materiellen Auswirkungen* von NPM-WOV-Reformen aufzuzeigen. Die erzielten Wirkungen (Outcomes) lassen sich dabei wie folgt abstufen und miteinander in Verbindung setzen, s. Abb. 28 (vgl. Haldemann 1997):

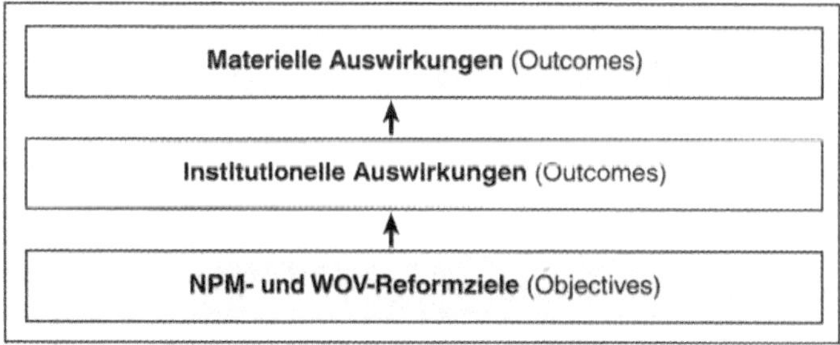

Abb. 28. Wirkungsgefüge der institutionellen und materiellen Auswirkungen

Die angestrebten und erzielten Wirkungen (Outcomes) von NPM-WOV-Reformen lassen sich auf der institutionellen Seite zusätzlich wie folgt abstufen:

- Der *Prozesswandel* beinhaltet den Wechsel von der Ressourcen- zur Leistungs- und Wirkungssteuerung in Politik und Verwaltung (Outcome auf der unteren Ebene), welcher durch Leistungsaufträge oder Leistungsvereinbarungen sowie

Globalbudgets und Produktgruppenbudgets (Output) auf der Grundlage von Produktdefinitionen, Leistungs- und Wirkungsindikatoren sowie Kosten(träger)rechnungen (Input) zustandekommt.

- Der *Kulturwandel* beinhaltet den Aufbau einer Vereinbarungs- und Vertrauenskultur in Politik und Verwaltung (Outcome auf der mittleren Ebene), welcher durch das Kontraktmanagement und die Kosten-, Leistungs- und Wirkungstransparenz (Output) auf der Grundlage neuer Anreizsysteme und eines verbesserten Berichtswesens (Input) erfolgt.
- Der *Strukturwandel* beinhaltet die Einführung flacherer und flexiblerer Organisationsstrukturen in Politik und Verwaltung (Outcome auf der oberen Ebene), welche durch Prozessoptimierungen sowie bürger-, kunden- und mitarbeiterorientierte Reorganisationen (Output) auf der Grundlage von verstärkten Kompetenzdelegationen auf allen Stufen und kontrolliertem Einsatz von Konkurrenz- und Wettbewerbsmechanismen (Input) ausgelöst wird.

Dies alles läßt sich - stark vereinfacht und zusammengefaßt - grafisch wie folgt darstellen, wenn man davon ausgeht, daß bei NPM- und WOV-Reformen der Kulturwandel vor dem Strukturwandel einsetzt, s. Abb. 29 (vgl. Department of Finance 1994):

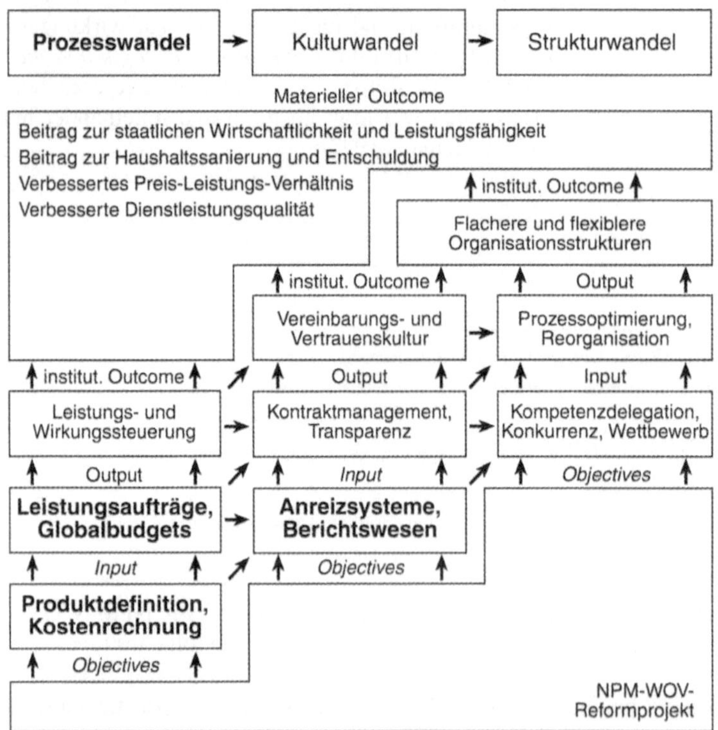

Abb. 29. Wirkungsmodell zum Prozess-, Kultur- und Strukturwandel

4 Offene Fragen und Diskussion

4.1 Beitrag zur Kohärenz staatlicher Politik insgesamt?

Die Kohärenz der staatlichen Politik bei der tatsächlichen Umsetzung sämtlicher rechtlichen Erlasse, politischen Programme und staatlichen Maßnahmen ist weiterhin schwierig zu gewährleisten. Im Rahmen der aktuellen NPM-WOV-Reformprojekte sind der Bund, mehrere Kantone sowie einzelne Städte und Gemeinden in der Schweiz gerade daran, die mittelfristigen, strategischen Steuerungsinstrumente für Regierung (Exekutive) und Parlament (Legislative) wie folgt neu zu gestalten, um auch die *Koordination der staatlichen Maßnahmen* zu verbessern:

- Mit den 4jährigen *Regierungs- oder Legislaturprogrammen* soll eine politische Prioritäten- und Schwerpunktsetzung erfolgen, welche die angestrebten Wirkungsziele mit den dafür zu erbringenden Leistungen und den dazu erforderlichen Kosten in ausgewählten Teilbereichen systematisch zu verbinden vermag. Jährliche oder 2jährliche Zwischenberichte sollen den Umsetzungsgrad dieser politischen Prioritäten und Schwerpunkte knapp und übersichtlich darstellen.
- Mit den mittelfristigen, integrierten *Aufgaben- und Ressourcenplanungen* (IAFP) sollen Entwicklungs- und Finanzierungspläne nicht bloß für einzelne, sondern für alle Aufgaben- und Politikbereiche für 4-6 Jahre erstellt und jährlich aktualisiert werden. Dazu gehört auch eine Darstellung der aktuellen Steuer- und Verschuldungssituation sowie eine realistische Absschätzung der voraussichtlichen Steuer- und Verschuldungsentwicklung in den nächsten 4-6 Jahren. Gleiches gilt für die öffentliche Infrastruktur im Hoch- und Tiefbaubereich sowie für die natürlichen Ressourcen (siehe unten).

Im Vergleich zu heute ist dadurch mindestens eine größere *Transparenz der Widersprüchlichkeit politischer Zielsetzungen* gegeben. Neben einer besseren inhaltlichen und zeitlichen Abstimmung der Wirkungs-, Leistungs- und Kostenziele untereinander ist tendenziell auch eine zahlenmäßige Reduktion der politischen Zielsetzungen insgesamt zu erwarten. Diese Reduktion könnte sogar zu einer verstärkten Trennung von politischen (Wirkungs-)Zielsetzungen und administrativen (Leistungs-)Zielsetzungen führen, und zwar an der Schnitt- und Nahtstelle zwischen Politk und Verwaltung: Der Regierung (Exekutive) kommt die Aufgabe zu, mit ihrer „Regierungskunst" einen finanzierbaren und wirksamen *Leistungsmix* zusammenzustellen und bei Verwaltungseinheiten und privaten Leistungserstellern in Auftrag zu geben.

4.2 Ergebnisse der Kosten-, Leistungs- und Wirkungsrechnung?

Im Rahmen von NPM- und WOV-Reformprojekten zeichnet sich die Aufgabe des Umweltschutzes durch einige *charakteristische Probleme* aus, welche fast jeder staatlichen Querschnittsfunktion zukommen:

- Auf der Ebene der *Kostenrechnung* (Kostenarten-, Kostenstellen- und Kostenträgerrechnung) lassen sich Art und Ort der Kostenentstehung in einem kantonalen Umweltschutzamt viel leichter feststellen als das kostentragende Produkt, welches oft von anderen Verwaltungseinheiten - z.T. auf anderen Staatsebenen - erstellt wird (Problem der internen Kostenverrechnung, z.B. von energietechnischen Beratungsgesprächen beim Bau eines kommunalen Schulhauses).
- Auf der Ebene der *Kosten-Leistungs-Rechnung* stellen die Beiträge eines kantonalen Umweltschutzamtes oft bloß Teilleistungen dar, welche jedoch qualitativ anspruchsvoll sowie zeit- und kostenintensiv ausfallen können [Problem des Preis-Leistungs-Verhältnisses, z.B. von Umweltverträglichkeits-prüfungen (UVP) im Rahmen der Beurteilung eines großen und komplexen Baugesuchs].
- Auf der Ebene der *Kosten-Wirkungs-Rechnung* stellen die Beiträge eines kantonalen Umweltschutzamtes wiederum bloß Teilwirkungen dar, welche sich - wie die meisten Wirkungen im Umweltbereich - nur mit teuren Messanlagen und über längere Zeiträume hinweg überhaupt feststellen, aber nicht mehr aufteilen lassen (Problem der Wirkungszurechnung, z.B. von amtsspezifischen Beiträgen zur Verbesserung der Wasserqualität im Rahmen einer Seesanierung, an welcher Gewässerschutz-, Landwirtschafts- und Meliorationsamt beteiligt sind).
- Auf der Ebene der *Kosten-Nutzen-Rechnung* lassen sich die Wirkungen eines kantonalen Umweltschutzamtes oft kaum monetär bewerten, weil die verwaltungsinternen wie die privatwirtschaftlichen Sanierungskosten in der Regel eher kurz- bis mittelfristig, die damit erzielten Wirkungen in Umwelt, Wirtschaft und Gesellschaft aber sehr langfristig anfallen (Problem der individuellen Nutzenermittlung und -bewertung, z.B. von gewerblichen Sanierungsverfügung zu Gunsten einer privaten Quellwasserfassung oder einer kommunalen Grundwasserfassung für die Aufbereitung von Trinkwasser).

Weil diese *methodischen Schwierigkeiten* geradezu erdrückend erscheinen, soll zum Schluß der Versuch einer alternativen Betrachtungsweise gewagt werden.

5 Ausblick

Politik- und Verwaltungsreformen nach der angloamerikanischen Philosophie des New Public Management (NPM) oder nach dem schweizerischen Steuerungsmodell der wirkungsorientierten Verwaltungsführung (WOV) versuchen, die Funktionen des Leistungsbestellers und -finanzierers, des Leistungseinkäufers und des -erstellers auch im öffentlichen Bereich systematisch zu unterscheiden und organisatorisch voneinander abzutrennen:

- Volk und Parlament sollen *als Leistungsbesteller und -finanzierer* vorgeben, welche öffentlichen Aufgaben zu erfüllen und welche Wirkungszielsetzungen bestmöglich zu erreichen sind.
- Regierung und Departement (Ministerium) sollen als *Leistungseinkäufer* diejenigen Leistungen definieren und bei denjenigen öffentlichen Verwaltungen und privaten Firmen in Auftrag geben, welche mithelfen können, diese Wirkungsziele bestmöglich zu erreichen.
- Dienststellen (Ämter und Betreibe) wie (halb)private Firmen sollen als *Leistungsersteller* die bestellten Leistungen in der gewünschten Menge, Qualität und Frist möglichst kostengünstig herstellen.

Der öffentlichen Hand als Ganzes kommt jedoch nicht bloß die sog. *"Einkäufer-Funktion"* zu, welche die öffentlichen Aufgaben und die gesteckten Wirkungsziele möglichst kostengünstig erfüllen muß; der öffentlichen Hand kommt auch eine sog.*„Eigentümer-Funktion"* zu, welche die Substanz der bebauten und unbebauten Umwelt im allgemeinen Interesse zu bewahren und zu schützen hat: Die nachhaltige Nutzung und Entwicklung der öffentlichen Hoch- und Tiefbauten gilt es genauso umzusetzen und nachzuweisen, wie die nachhaltige Nutzung und Entwicklung der natürlichen Umweltressourcen:

- Bei den *öffentlichen Hoch- und Tiefbauten* kann die Substanzerhaltung über die Ermittlung des (absoluten) Gesamtinvestitionswertes und der dafür mindestens notwendigen, jährlichen Unterhaltsinvestitionen bestimmt werden.
- Bei den *natürlichen Ressourcen* kann die Nachhaltigkeit über die Ermittlung der jährlichen Umweltschäden und der (relativen) „Schadschöpfung", d.h. der monetären Bewertung dieser Umweltschäden und Substanzverluste bestimmt werden (Balmer 1997): In der Schweiz beträgt diese jährliche Schadschöpfung (1997) insgesamt 66 Mrd. sFr., davon entfallen allein 20 Mrd. sFr. auf die übermäßigen, lokalen Belastungen und Nutzungen - nicht auf globale Einwirkungen.

Um nicht bloß eine möglichst wirkungsvolle Umweltschutzpolitik, sondern auch eine möglichst wirksame staatliche Politik überhaupt gestalten und umsetzen zu können, sollten wir versuchen, das *Konzept der Schadschöpfung* (Schaltegger et al. 1996) von den natürlich gewachsenen Ressourcen auch auf die gebauten und herangebildeten Substanzwerte im Bau-, Bildungs-, Fürsorge- und Gesundheitsbereich zu übertragen. Die Forderung nach Überwachung der relevanten Wirkungen und Nebenwirkungen durch ein *System des Öko-Controllings* und durch *Maßgabe der Öko-Effizienz*, d.h. des Verhältnisses von Wertschöpfung und Schadschöpfung (Balmer 1997) ist nicht nur bei umweltbewussten, privaten Unternehmungen, sondern auch bei wirkungsorientierten, öffentlichen Verwaltungen sinnvoll: Nur so kann sich der Staat gleichzeitig als kurzfristig orientierter „smart buyer" von neu zu erstellenden Leistungen und als langfristig orientierter, nachhaltiger Nutzer von bereits gebauten oder gebildeten öffentlichen Substanz- und Vermögenswerten verhalten und bewähren.

Ein Zusammenwachsen der beiden Konzepte im Rahmen der wirkungsorientierten Verwaltungsführung (WOV) könnte mit der Zeit auch zu einem nachhaltigeren ökonomischen Controlling und einer längerfristigen ökonomischen Effizienz und Effektivität führen.

Literatur

Balmer B. (1997) Neue Kernprozesse für die Umweltschutzpolitik.- In: VLG-Information Nr. 4/1997, S. 11-13 (Schweiz. Vereinigung für Gewässerschutz und Lufthygiene)

Brühlmeier D., Haldemann T., Mastronardi P., Schedler K. (1998) New Public Management für das Parlament: Ein Muster-Rahmenerlass WOV.- In: Schweizerisches Zentralblatt für Staats- und Verwaltungsrecht, 99. Jg./1998, Heft 7, S. 297-316

Budäus D., Buchholtz K. (1997) Konzeptionelle Grundlagen des Controllings in öffentlichen Verwaltungen.- In: Die Betriebswirtschaft, 57. Jg./1997, Heft 3, S. 322-337

Bundesamt für Statistik, Bundesamt für Umwelt, Wald und Landschaft (1997) Umwelt in der Schweiz 1997. Daten, Fakten, Perspektiven.- EDMZ, Bern

Bussmann, W. (1995): Evaluationen staatlicher Maßnahmen erfolgreich begleiten und nutzen. Ein Leitfaden. Chur/Zürich, Rüegger AG. S. 107.

Bussmann, W.; Klöti, U.; Knoepfel, P. (Hrsg.) (1997): Einführung in die Politikevaluation. Basel, Helbing & Lichtenhahn. S. 335.

Department of Finance (1994) Doing Evaluations. A Practical Guide.- Australian Government Publishing Service, Canberra

Haber W. (1998) Nachhaltigkeit als Leitbild einer natur- und sozialwissenschaftlichen Umweltforschung.- In: Daschkeit A., Schröder W. (Hrsg.) Umweltforschung quergedacht. Perspektiven integrativer Umweltforschung und -lehre.- Springer, Berlin u.a. (Umweltnatur- & Umweltsozialwissenschaften UNS), S. 127-146

Haldemann T. (1997) Evaluation von Politik- und Verwaltungsreformen: Institutionelle und materielle Auswirkungen von NPM- und WOV-Reformen. - In: LeGes - Gesetzgebung heute, 8. Jg./1997, Nr. 3, S.63-108

Haldemann T. (1995) New Public Management: Ein neues Konzept für die Verwaltungsführung des Bundes? Schulungsunterlage zum internationalen Stand der Verwaltungsforschung und der Verwaltungsreform im Bereich des New Public Management.- EDMZ, Bern (Schriftenreihe des Eidg. Personalamtes Bd. 1)

Hood C. (1991) A Public Management for all Seasons?.- in: Public Administration vol. 3/1991, no. 2, pp. 205-214

Kissling-Näf I., Knoepfel P. (1997) Evaluation und Monitoring.- In: Bussmann W. et al (Hrsg.) Einführung in die Politikevaluation, Helbing & Lichtenhahn, Basel/Frankfurt a.M, S. 147-155

Mäder H., Schedler K. (1994) Performance Measurement in the Swiss Public Sector – Ready for Take-off!- In: Buschor E., Schedler K. (Eds.) Perspectives on Performance Measurement and Public Sector Accounting.- Paul Haupt, Bern/Stuttgart/Wien (Schriftenreihe Finanzwirtschaft und Finanzrecht:71), pp. 345–364

Mastronardi P. (1998) New Public Management im Kontext unserer Staatsordnung.- In: Mastonardi P., Schedler K. New Public Management in Staat und Recht. Ein Diskurs.- Paul Haupt, Bern/Stuttgart/Wien, S. 47-119

Osterloh, M., Frost J. (1996) Prozessmanagement als Kernkompetenz. Wie sie Business Reengineering strategisch nutzen können.- Gabler, Wiesbaden

Schaltegger S., Kubat R., Hilber C., Vaterlaus S. (1996) Innovatives Management staatlicher Umweltpolitik. Das Konzept des New Public Envronmental Management.- Birkhäuser, Basel/Boston/Berlin (Synthesebücher SPP Umwelt)

Schedler K. (1995) Ansätze einer wirkungsorientierten Verwaltungsführung. Von der Idee des New Public Managements (NPM) zum konkreten Gestaltungsmodell. Fallbeispiel Schweiz.- Paul Haupt, Bern/Stuttgart/Wien

Kunden- und nutzerorientierte Entwicklung umweltgerechter Produkte

Bruno Rüttinger und Martina Lasser*

1 Problemstellung

Wichtige Ursachen für das Auftreten von Umweltschädigungen sind die Produktion und der Konsum von Massengütern mit relativ kurzer Lebensdauer. Umweltbeeinträchtigende Folgen sind die Schädigung der einfachen Umweltmedien Boden, Luft und Wasser sowie die Verknappung der natürlichen Ressourcen. Durch veränderte Wertvorstellungen und gesetzliche Auflagen sehen sich auch die Betriebe immer stärker mit der Umweltproblematik konfrontiert und ergreifen Maßnahmen zum sog. nachhaltigen Wirtschaften. Diese Maßnahmen richten sich zunehmend darauf, die Umweltbelastungen durch Veränderungen an den Produkten und Produktionsverfahren zu verringern. Dabei lassen sich mehrere Strategien unterscheiden. Teilweise wird angestrebt, die Belastungen von vornherein zu vermeiden (präventiver Ansatz). Sehr häufig wird jedoch versucht, sie erst durch nachträgliche Maßnahmen möglichst gering zu halten (reaktiver Ansatz). Der präventive Ansatz, der bisher wenig beachtetet wurde (vgl. Rüttinger & Schramme 1996), kann Einzelverfahren umfassen, die nicht aufeinander bezogen sind (additiver Ansatz). Er kann aber auch als ein ganzheitlicher Ansatz konzipiert sein, in dem zu Beginn die Ziele, die Wege und die Mittel für eine umfassende Verringerung möglicher Umweltbelastungen durch die Produkte, die Produktionsanlagen und die Produktionsverfahren aufeinander abgestimmt festgelegt und geplant werden (ganzheitlicher oder integrierter Ansatz).

Umweltbeeinträchtigungen entstehen im gesamten Lebenszyklus eines technischen Produkts: von der Materialbeschaffung und Vorfertigung über die Fertigung, Montage und Distribution bis zur Nutzung und schließlich zum Recycling oder zur Entsorgung. Werden in einem produktorientierten integrierten Ansatz alle Produktlebensphasen berücksichtigt, kommt der Konstruktion die zentrale Rolle zu, weil durch sie die Eigenschaften eines Produktes für alle Phasen seines Lebenszyklus festgelegt werden.

* Technische Universität Darmstadt

Durch die ganzheitliche Berücksichtigung umweltorientierter Kriterien wird die Vielfalt und Komplexität der Anforderungen und Einflussgrößen und somit die Daten- und Informationsmenge für den Konstrukteur allerdings so groß, daß ihre Beschaffung und Verarbeitung nur noch rechnergestützt vorgenommen werden können. Eine rechnergestützte Konstruktionsumgebung für die ganzheitliche umweltgerechte Produktentwicklung, welche als sog. „lifespan"-Konstruktion alle Produktlebensphasen und Anforderungsbereiche berücksichtigt, sollte als ein offenes und ausbaufähiges System entwickelt werden. Als wesentliche Elemente sollte sie ein Informationssystem mit Informationen über Fakten-, Prozess- und Regelwissen, ein Beurteilungssystem, ein CAD-System und weitere Module, mit denen Simulationen unterschiedlicher Lösungsvarianten ermöglicht werden sowie Systeme, welche die Kooperation und Kommunikation unterstützen, umfassen.

Bei der Entwicklung, Einführung und Weiterentwicklung des präventiven, ganzheitlichen und produktorientierten Umweltschutzes ergeben sich zahlreiche arbeits-, organisations- und marktpsychologische Forschungsthemen, welche allerdings nur in interdisziplinärer Zusammenarbeit, v.a. mit ingenieurs- und informationstechnischen Disziplinen, untersucht werden können.

- Die ganzheitliche umweltorientierte Produktentwicklung erfordert neue Kooperationsformen mit den der Konstruktion vor- und nachgelagerten Bereichen (Marketing, Vertrieb, Fertigung etc.) in Form von interdisziplinären Projektgruppen, in welchen Informationen über die Anforderungen aus den verschiedenen Produktlebensphasen erhoben und Vorgaben für die Produkteigenschaften geplant und abgestimmt werden. Damit wird die organisationspsychologische Fragestellung relevant, wie die interdisziplinäre betriebliche Zusammenarbeit durch neue Formen der Arbeitsorganisation, insbesondere des Projektmanagements, gestaltet werden soll.

- Im Zusammenhang mit der rechnergestützten Konstruktionsumgebung ergibt sich eine Reihe von arbeits- und kognitionspsychologischen Fragestellungen der Wissensmodellierung sowie des Unterstützungsbedarfs der Konstruktionsingenieure. Sie betreffen insbesondere die Wissensinhalte der Konstruktionsumgebung, die spezifische Unterstützung unterschiedlicher Konstruktionstätigkeiten, die Wissensakquisition und –aktualisierung, die Wissensrepräsentation und schließlich die Wissenskommunikation.

- Die ganzheitliche Produktentwicklung bedeutet weiterhin, daß in einer „lifespan"-Konstruktion möglichst alle Produktlebensphasen technischer Produkte unter dem Aspekt der Umweltgerechtheit berücksichtigt werden. Die Psychologie kann dabei v.a. für die Nutzungsphase Forschungsergebnisse beisteuern, indem das Nutzerverhalten so analysiert wird, dass Empfehlungen für die Produktgestaltung abgeleitet werden können.

- Es ist aber auch wichtig zu untersuchen, wie der Konstrukteur, der über die beste Produktkenntnis verfügt, in Bedienungsanleitungen den Nutzer besser über den umweltgerechten Gebrauch eines Produkts informieren kann, wobei stärker als bisher kommunikations- und medienpsychologische Aspekte bei der Gestaltung der Produktinformationen berücksichtigt werden müssen.

- Da sich Produkte nur dann am Markt behaupten können, wenn sie den Wünschen und Anforderungen der Kunden oder Käufer entsprechen, stellt sich schließlich auch die Frage, wie umweltorientierte Verbraucherforderungen für die Konstruktion erfaßt, rückgemeldet und in die Produkte umgesetzt werden können.

Aus den genannten Themenbereichen sollen im Folgenden Ausführungen zum Nutzerverhalten und zur kundenorientierten Umweltgerechtheit von Produkten gemacht werden. Die Ausführungen orientieren sich an marktpsychologischen Studien der Arbeitsgruppe, in welchen untersucht wurde, inwieweit umweltorientierte Kriterien und spezifische Komponenten des Umweltwissens bei Kaufentscheidungen eine Rolle spielen. Weiterhin wurden nutzungspsychologische Untersuchungen zum Nutzer-Produkt-System durchgeführt, in denen umweltschädliches Nutzerverhalten analysiert und bewertet wurde. Die Untersuchungen betreffen den Kauf und die Nutzung von elektrischen Haushalts-, Garten- und Hobbygeräten in privaten Haushalten. Ziel dieser Untersuchungen war es vor allem, Methoden und Instrumente der Diagnose und der Bewertung des Konsumenten- und Nutzerverhaltens zu entwickeln, mit denen Unternehmen im präventiven und integrierten Umweltschutz unterstützt werden können.

Zuvor soll auf die Zusammenarbeit von Wissenschaft und Unternehmen im betrieblichem Umweltschutz eingegangen werden.

2 Wissenschaft und betrieblicher Umweltschutz

Das wachsende Umweltbewußtsein in der Bevölkerung und die Verschärfung umweltrechtlicher Rahmenbedingungen haben dazu geführt, dass viele Unternehmen den Umweltschutz in ihr Zielsystem aufgenommen haben. Dem Umweltschutzziel kommt dabei die Aufgabe zu, die umweltorientierten Handlungen in verschiedenen Funktionsbereichen sicherzustellen und zu koordinieren. Ob das Umweltschutzziel diese Aufgabe wahrnehmen kann, hängt von seinem Stellenwert im Zielsystem ab.

- Wird der Umweltschutz als übergeordnetes Unternehmensziel betrachtet, ist unternehmerisches Handeln primär an umweltorientierten Belangen ausgerichtet. Ökonomische Anforderungen stellen Restriktionen dar, die eine Realisierung des Ökologieziels lediglich begrenzen.
- Ist der Umweltschutz ein gleichrangiges Ziel, dann wird er in einer komplementären Beziehung zu anderen Zielsetzungen gesehen. Die umweltorientierte Ausrichtung wird als Chance wahrgenommen, über eine Veränderung von Produkten oder anderen betrieblichen Leistungsprozessen einen Beitrag zu anderen Unternehmenszielen zu leisten.

- Wird der Umweltschutz als untergeordnetes Unternehmensziel eingeordnet, so kommt ihm lediglich die Funktion einer von außen vorgegebenen Restriktion zu. Umweltorientierte Maßnahmen beschränken sich auf die Einhaltung von Gesetzen und Verordnungen sowie die Erfüllung von Kundenanforderungen.

Die Stellung des Umweltschutzzieles in der betrieblichen Zielhierarchie war u.a. bei 33 deutschen mittelständischen Unternehmen der Metallindustrie (Metallverarbeitung, Elektrogeräte, Haushalts- und Kleingeräte), Gegenstand einer Untersuchung, in der Erhebungen zum Einsatz von Methoden und Organisationsformen der umweltorientierten und computergestützten Konstruktion und Produktentwicklung durchgeführt wurden (vgl. Rüttinger & Schramme 1996). Dabei gaben die meisten Unternehmen an, dass sie den Umweltschutz zu den vorrangigen Unternehmenszielen zählen (75 %) und ihn überwiegend in die Unternehmensleitlinien aufgenommen haben (62.5 %). Sehr viele Unternehmen (90 %) betonen auch die Wichtigkeit der umweltgerechten Produktentwicklung. Über diese allgemeine positive Bewertung des Umweltschutzes und der umweltgerechten Produktentwicklung hinaus können jedoch nur von sehr wenigen Betrieben konkrete Maßnahmen zur Unterstützung der umweltgerechten Konstruktion und Produktentwicklung angegeben werden. Dies belegt, dass der Umweltschutz, entgegen der mitgeteilten Einschätzung, ein untergeordnetes Unternehmensziel ist, dem lediglich eine restriktive Funktion zukommt.

Ein wichtiges Ergebnis der angeführten Untersuchung ist allerdings auch, dass von den Unternehmen für den Bereich des präventiven und ganzheitlichen Umweltschutzes ein erheblicher Unterstützungs- und Forschungsbedarf gesehen wird. Viele der untersuchten Unternehmen sind grundsätzlich bereit, ökologische Ziele auf ihre Komplementarität mit ökonomischen Zielen zu überprüfen. Als wichtige Voraussetzung dafür wird gefordert, dass sich die wissenschaftliche Forschung im Bereich des präventiven und ganzheitlichen Umweltschutzes stärker engagiert, Handlungsalternativen aufzeigt sowie anwendungsorientierte Methoden und Instrumente entwickelt, die sie zusammen mit den Betrieben evaluiert. Die für den Bereich der elektrischen Haushalts-, Hobby- und Gartengeräte typischen kleinen und mittelständischen Herstellerunternehmen sehen sich nicht in der Lage, den hohen Forschungsaufwand für einen präventiven und ganzheitlichen Umweltschutz zu leisten.

An diesem Bedarf setzt das Forschungsprojekt, das in den folgenden Abschnitten beschrieben wird, an. Ziel des Projektes ist es, Möglichkeiten der umweltgerechten Produktentwicklung, durch welche die ökonomische Effizienz erhöht oder zumindest nicht eingeschränkt wird, aufzuzeigen und zu entwickeln. Das Projekt ist damit einer ökologischen „integrativen Unternehmensethik" (Ulrich 1990) verpflichtet, nach der ökologische Ziele auf ihre Kompatibilität mit ökonomischen Zielen beurteilt werden mit der Absicht, das wirtschaftliche Überleben eines Unternehmens zu sichern und gleichzeitig die umsetzbaren ökologischen Belange in die betrieblichen Prozesse zu integrieren. Ulrich & Fluri (1992) bezeichnen diesen

Ansatz als „Schnittmengen-Modell des Verhältnisses zwischen Ethik und Unternehmenserfolg“.

Gegen diesen Ansatz läßt sich einwenden, dass er zu minimalistisch ist und dass nur diejenigen ökologischen Maßnahmen umgesetzt werden, die ökonomischen Zielsetzungen nicht widersprechen oder durch Kosteneinsparungen sowieso wirtschaftlich sinnvoll sind. Diesem Einwand kann angesichts der drohenden Umweltgefahren nicht widersprochen werden. Dennoch ist die Kooperation zwischen Wissenschaft und Unternehmen nach dem Prinzip der „integrativen Unternehmensethik“ unter den gegebenen politischen und wirtschaftlichen Rahmenbedingungen der einzige Weg, innovative wissenschaftliche Forschungsergebnisse zur umweltgerechten Produktentwicklung wenigstens teilweise unmittelbar und effizient in der betrieblichen Praxis umzusetzen.

Aufgabe wissenschaftlicher Bemühungen ist es darüber hinaus allerdings auch, ordnungspolitische Maßnahmen zum Umweltschutz in Form von Gesetzen und Verordnungen, welche den Markt durch Verbote und Auflagen regulieren sowie marktpolitische Maßnahmen, welche z.B. in Form von Umweltsteuern oder Subventionen Anreize für ein nachhaltiges Wirtschaften schaffen, zu beeinflussen. Die ordnungs- und marktpolitischen Maßnahmen setzen allerdings häufig eine erfolgreiche Kooperation zwischen Wissenschaft und Betrieben voraus oder müssen zumindest durch eine solche Kooperation ergänzt werden.

Ordnungspolitische Maßnahmen haben den Nachteil, dass sie den Unternehmen keine Anreize liefern, freiwillig vorgegebene Grenzwerte zu unterschreiten. Umweltschutzmaßnahmen werden lediglich als Pflicht verstanden, die zu erfüllen ist. Aufgrund direkter Vorgaben fehlt auch die Motivation, ökologisch innovative Lösungen zu entwickeln. Somit verlangsamt sich die Entwicklung der Technik bzw. der betrieblichen Forschung. Dies kann sogar dazu führen, daß technische Weiterentwicklungen bewusst zurückgehalten bzw. nicht realisiert werden, um den Staat nicht zu veranlassen, seine Grenzwerte dem „Stand der Technik“ anzupassen.

Bei marktpolitischen Maßnahmen wiederum sind die Handlungsräume der Politik durch den Einfluss wirtschaftlicher Verbände stark eingeschränkt. Die Widerstände gegen solche Maßnahmen sind leichter zu überwinden, wenn in Kooperationen zwischen Wissenschaft und Unternehmen effektive und effiziente Methoden und Instrumente des betrieblichen Umweltschutzes entwickelt und erprobt wurden.

Die Kooperation zwischen Wissenschaft und Unternehmen sollen im Folgenden an 2 Teilprojekten veranschaulicht werden.

3 Umweltgerechte Produktnutzung

3.1 Produktnutzungsprozesse

Die Analyse der Nutzungsphase ist eine Komponente des Life cycle engineering. Ziel des Life cycle engineering ist es, die Umweltbelastungen eines Produktes über alle Phasen des Produktlebenslaufes (Entwicklung, Herstellung, Nutzung und Entsorgung) zu reduzieren. Zur Untersuchung der Umweltbeeinträchtigungen, die im Produktlebenslauf entstehen, hat sich die Prozessanalyse bewährt (vgl. Hubka & Eder 1992). Mit ihr lässt sich auch die Nutzungsphase analysieren. Die Nutzungsphase wird dabei zunächst in Teilphasen unterteilt: Kauf, Inbetriebnahme, Nutzung und Entsorgung. Zusätzlich werden alle wesentlichen Elemente und Einflussgrößen dargestellt, die in den Prozess ein- und ausfließen. Das Zusammenwirken der Elemente beschreibt den Prozess. In Abb. 30 sind die wesentlichen Prozesse und ihre Einflußgrößen in der Nutzungsphase am Beispiel der Nutzung elektrischer Haus- und Gartengeräte abgebildet.

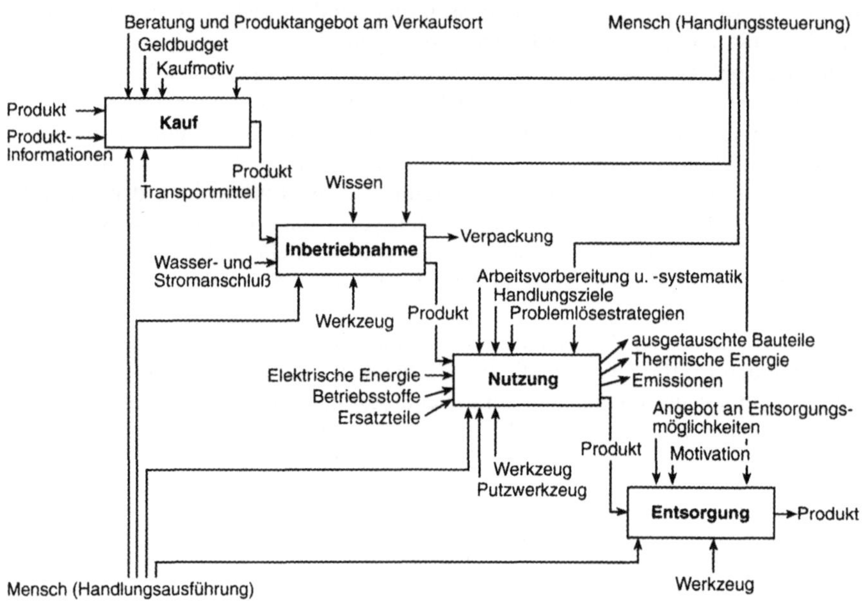

Abb. 30. Prozessmodell Nutzungsphase

In den Nutzungsprozess gehen vorwiegend das Produkt, die Produktinformationen, elektrische Energie, Hilfs- und Betriebsstoffe sowie Ersatzteile ein. Aus dem Prozess heraus gehen thermische Energie und Emissionen, darunter insbesondere Verpackungsabfall, kaputte Produktteile ebenso Waschwasser bei der Reinigung. Hilfsmittel sind Transportmittel und Werkzeuge aller Art. Der Nutzungsprozess wird vorwiegend vom Nutzer gesteuert. Wesentliche menschliche Steuerungsparameter sind Wissen, Motive, Ziele und Persönlichkeitsmerkmale wie z.B. die Fähigkeit zur Arbeitsorganisation. Zusätzlich wird der Prozess gesteuert von externen Informationen, die der Nutzer verarbeitet und bei seiner Handlungssteuerung berücksichtigt. Solche Informationen, welche häufig bei der Verkaufsberatung gegeben werden, betreffen z.B. das Angebot an Entsorgungsmöglichkeiten.

Durch die Prozessanalyse wird ersichtlich, dass der Nutzer einen sehr großen Einfluss auf den Nutzungsprozess hat. So entscheidet beispielsweise der Nutzer, für welche Zwecke er ein Produkt verwendet, inwieweit er umweltschonende Möglichkeiten nutzt und wie er ein Produkt entsorgt.

Mit Hilfe der Prozessanalyse lassen sich Nutzungsprozesse beschreiben und beurteilen sowie Produktvarianten vergleichen. Aufgrund der Prozessanalyse lassen sich jedoch noch keine exakten Kriterien zur Verbesserung der Produkte bzw. zur Beeinflussung des Nutzungsprozesses durch die Produktgestaltung ableiten. Damit bereits bei der Entwicklung von Produkten abgeschätzt werden kann, welche Gestaltung die Benutzung des Produktes erleichtert, muß darüber hinaus berücksichtigt werden, welche Tätigkeiten der Nutzer mit dem Produkt ausführen wird und welche Konsequenzen die ausgeführten Tätigkeiten für die Umwelt haben werden.

Eine systematische Vorgehensweise zur präventiven Erarbeitung des Zusammenwirkens von Nutzer und Produkt bietet die Systemergonomie. Die Systemergonomie ist eine methodische und der Evaluation zugängliche Vorgehensweise bei der Gestaltung von Mensch-Maschine-Systemen mit dem Ziel, den Informationsfluss zwischen den Systemelementen zu optimieren. Diese Optimierung dient der Erhöhung der Systemleistung und der Systemzuverlässigkeit. Eine systemergonomische Analyse kann Probleme in der Mensch-Maschine-Interaktion antizipieren und systematisch zur Erarbeitung von Lösungen beitragen. Eine systemergonomische Analyse von Mensch-Maschine-Systemen beinhaltet u.a. die folgenden Teiluntersuchungen, die im Anschluss ausgeführt werden:

- Analyse des Nutzer-Produkt-Systems
- Aufgabenanalyse
- Fehleranalyse
- Fehlerursachenanalyse
- Erstellung von Gestaltungsempfehlungen

3.2 Problembereiche im Nutzer-Produkt-System

Zur Beschreibung und Analyse des Nutzerverhaltens wird zunächst die Systemstruktur definiert. Das Nutzer-Produkt-System ist ein Spezialfall des Mensch-Maschine-Systems, in dem sich die Systemelemente Nutzer, Aufgabe, Produkt und Umwelt unterscheiden lassen (s. Abb. 31).

Jegliches Verhalten im Nutzer-Produkt-System hat Auswirkungen auf die nahe und entfernte Umgebung. Im Mittelpunkt der vorliegenden Forschungsproblematik steht die Frage, ob ein Verhalten zu Umweltbelastungen oder Umweltschäden führt und zwar durch Probleme, die in der Interaktion des Nutzers mit dem Produkt und in der Interaktion des Nutzers mit der Aufgabe auftreten.

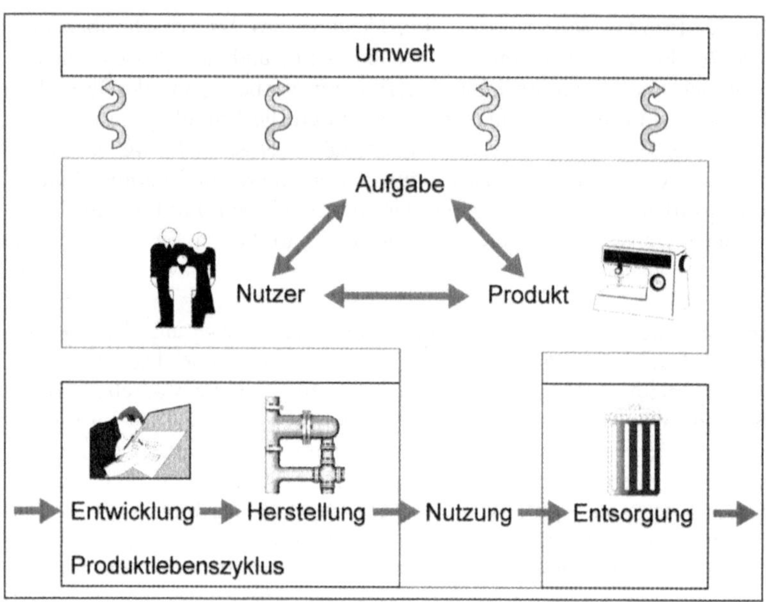

Abb. 31. Nutzer-Produkt-System

Probleme in Nutzer-Produkt-Systemen treten nie aufgrund nur eines Elementes auf, sondern sind immer in Schwachstellen im Gesamtsystem zu suchen. Eine Schwachstelle ist der Ort, an dem es zu Ausfällen und Schäden kommen kann. Sie sind begründet in Problemen, die als „mismatch" (Nichtpassung) zwischen den Systemelementen aufgefasst werden können. Aus psychologischer Sicht interessieren v.a. die Nichtpassung zwischen Nutzer und Produkt, die sog. Nutzungsprobleme und die Nichtpassung zwischen Nutzer und Aufgabe, die als Aufgabenstellungsprobleme bezeichnet werden sollen (vgl. Abb. 32).

Nutzungsprobleme umfassen Nutzungsfehler und Nutzungsineffizienzen. Im Anschluß an handlungstheoretische Konzeptionen sollen unter Nutzungsfehlern Nutzungsprobleme verstanden werden, bei denen Nutzer ihr Handlungsziel innerhalb definierter Toleranzgrenzen nicht erreichen, obwohl die Zielverfehlung potentiell hätte vorhergesehen und vermieden werden können. Bei Nutzungsineffizienzen wird das Ziel zwar erreicht, aber ineffizient vorgegangen (Prümper 1994).

Die Untersuchung von Fehlern und Ineffizienzen hat sich im Arbeitsbereich als fruchtbare Methode zur Verbesserung der Mensch-Maschine-Schnittstelle vielfach bewährt. Im privaten Haushaltsbereich greift die Fehleranalyse zu kurz. Viele Nutzer verfolgen keine ökologischen Ziele und können deswegen auch keine ökologischen Fehler begehen. Umweltschädigende Verhaltensweisen beruhen bei ihnen v.a. auf Aufgabenstellungsproblemen. Dabei lassen sich 2 Formen von Problemen unterscheiden:

- Von kognitiven Aufgabenstellungsproblemen soll gesprochen werden, wenn Nutzer aus Unwissenheit umweltschädliche Ziele anstreben.
- Wenn sich Nutzer bewußt umweltschädlich verhalten, liegen motivationale Aufgabenstellungsprobleme vor.

Bei den motivationalen Problemen gibt es vornehmlich 2 Erklärungsmöglichkeiten. Wählt der Nutzer aus konkurrierenden Handlungszielen bewußt ein umweltschädliches Ziel aus, so beruht das Verhalten auf mangelnder Selektionsmotivation. Bei fehlender Realisierungsmotivation, d.h. bei fehlender Motivation, einen positiv bewerteten Handlungsplan auch auszuführen, spielen der hohe Handlungsaufwand, soziale Normen und die mangelnde Zielbindung eine wichtige Rolle.

Abb. 32 stellt die diskutierten Problembereiche im Nutzer-Produkt-System dar. Umweltschädigendes Verhalten des Nutzers im Nutzer-Produkt-System umfasst Nutzungsfehler, Nutzungsineffizienzen und Aufgabenstellungsprobleme. Zur vereinfachten Darstellung sollen diese Verhaltensweisen im Folgenden als „Nutzungsfehler“ bezeichnet werden, da in einer ersten Analyse des Nutzerverhaltens v.a. ein allgemeiner Überblick über die Beziehungen von Nutzerverhalten und Umweltschäden gewonnen werden soll.

Das umweltschädigende Verhalten im Nutzer-Produkt-System läßt sich, unabhängig davon, ob es auf Nutzungsproblemen oder auf Aufgabenstellungsproblemen beruht, nach dem Ausmaß der von ihm bewirkten Umweltschädigungen bewerten. Umweltschädigungen liegen in Form von Emissionen in die Umwelt und von Entnahmen aus der Umwelt vor. Emissionen sind in erster Linie Verunreinigungen der einfachen Umweltmedien. Zu den Entnahmen zählen der Abbau von Rohstoffen und Bodenschätzen. Das Nutzerverhalten betrifft direkt und indirekt beide Formen der Umweltschädigungen, insbesondere durch hohen elektrischen Energieverbrauch, durch Verbrauch von Wasser und sonstigen Hilfs- und Zusatzstoffen, durch Emissionen, aber auch indirekt durch umweltschädliches Entsorgen, durch Minderung der Produktlebensdauer und durch Ersatzteilebedarf etc.

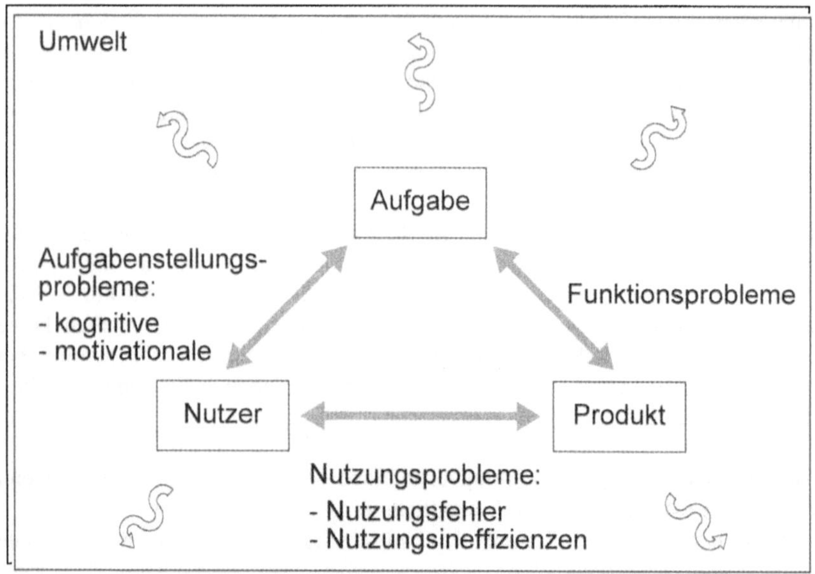

Abb. 32. Problembereiche im Nutzer-Produkt-System

Bei der Bewertung des Nutzerverhaltens bezüglich umweltrelevanter Konsequezen stehen 2 Probleme im Vordergrund:

- das Problem der Legitimation der Experten
- das Problem der Halbwertszeit des Expertenwissens

Beim Problem der Legitimation der Experten ist zu diskutieren, wer über das nötige Umweltwissen verfügt und aufgrund dieses Wissens in der Lage ist, Kriterien zur Bewertung der Handlungen hinsichtlich deren Umweltauswirkungen zu erarbeiten oder vorzugeben. Diese Bewertung gestaltet sich deshalb schwierig, weil die Grenzen zwischen Umweltbelastung, Umweltbeeinträchtigung und Umweltschädigung fließend und nicht objektiv fixierbar sind. Darüber hinaus richtet sich die Bewertung der Umweltfreundlichkeit einer Handlung nicht nur nach objektiven Kriterien, sondern muß immer wieder gesellschafts- und wirtschaftspolitisch ausgehandelt werden. Deshalb ist es schwierig, eine konkrete Personen- bzw. Expertengruppe zu benennen, die die Legimitation für diese Entscheidung erhalten soll.

Beim zweiten Problem geht es darum, daß das Wissen mit zunehmendem technischen Fortschritt eine immer kleinere Halbwertszeit hat. Wissenschaft ist eine kontinuierliche theoretisch und methodisch gesteuerte Analyse und Aneignung der Realität. Das durch Forschung erzeugte Wissen steht unter dem Prinzip der Revidierbarkeit und die durch Forschung gewonnenen Erkenntnisse werden zum Gegenstand weiterer Forschung. Auch die von Experten diskutierten Kriterien zur Bewertung des Nutzerverhaltens müssen ständig überarbeitet und erneuert werden. Wurde ein Produkt aufgrund modernster wissenschaftlicher Erkenntnisse umweltfreundlicher und benutzungsfreundlicher entwickelt, hergestellt und vermarktet, liegen i. d. R. bereits neue Erkenntnisse vor, die dieses Produkt in einem anderen Licht erscheinen lassen.

Das Anliegen dieser Untersuchungen ist es deshalb, zunächst Nutzungsfehler allgemeiner Art zu erheben und ein einfaches, praktikables und der Fragestellung angemessenes Bewertungsschema unter Beteiligung vieler Expertenkreise zu erstellen. Weiterhin muß der Forschungsprozess, insbesondere die eingesetzten Erhebungs- und Auswertungsverfahren, objektiv, reliabel und valide gestaltet werden, um die nötige Transparenz und Grundlage für den kommunikativen Austausch mit anderen Lehrmeinungen zu schaffen.

3.3 Aufgabenbearbeitung durch das Nutzer-Produkt-System

Das Verhalten des Nutzers im Nutzer-Produkt-System muss als Handlung betrachtet werden, deren wesentliches Merkmal die Zielerreichung ist. Handlungen werden von internen Repräsentationen der Ziele, der Wege und der Mittel gesteuert. Fehler oder Unzulänglichkeiten der internen Repräsentation bewirken fehlerhafte Handlungsausführung. Um über die Produktgestaltung auf das Handeln im Nutzer-Produkt-System Einfluss nehmen zu können, müssen die Handlungen und die Unzulänglichkeiten der internen Repräsentation bei der Produktnutzung genau beschrieben werden. Die Unzulänglichkeiten der internen Repräsentation werden im Kap. 3.6 aufgegriffen. Zunächst soll die Aufgabenanalyse zur Beschreibung der Handlungen vorgestellt werden.

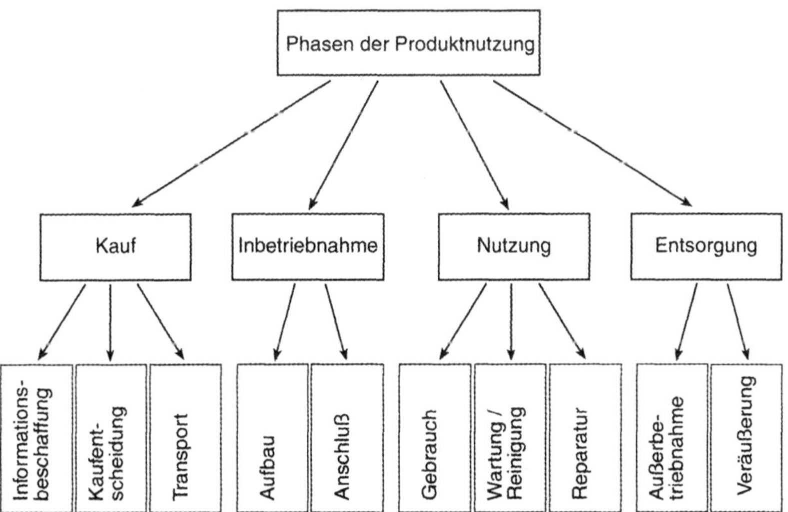

Abb. 33. Bearbeitung von Aufgaben mit Elektrohaushaltsgeräten

Die Handlungen während der Produktnutzung sind Kauf, Inbetriebnahme, Nutzung und Entsorgung. Für die einzelnen Aufgaben dieser Phasen wurden nach handlungstheoretischen Gesichtspunkten produktspezifische, umweltgerechte Handlungsziele, Handlungsteilziele und die entsprechenden Aktionsprogramme beschrieben. Die Beschreibung orientierte sich an den Gebrauchsanweisungen, an Verhaltensbeobachtungen bei der Nutzung sowie an Expertenurteilen. Abb. 33 stellt die ersten 2 produktunabhängigen Ebenen dieser Aufgabenanalyse dar.

Eine weiterführende Analyse der Teilaufgaben muß produktspezifisch fortgeführt werden. Exemplarisch wurde für die Benutzung eines Staubsaugers eines bekannten Herstellers in einer vorgebenen standardisierten Sauganordnung eine GOMS-Analyse[4] durchgeführt. Mittels der GOMS-Analyse lassen sich Aufgaben, Teilaufgaben, Operatoren und Auswahlregeln modellieren sowie Ausführungszeiten und Lernaufwand abschätzen, die für die Vorhersage von Nutzungsfehlern wichtige Hinweise liefern (Card et al. 1983 zitiert nach Wandmacher 1993). Abb. 34 zeigt einen Ausschnitt aus der durchgeführten GOMS-Analyse.

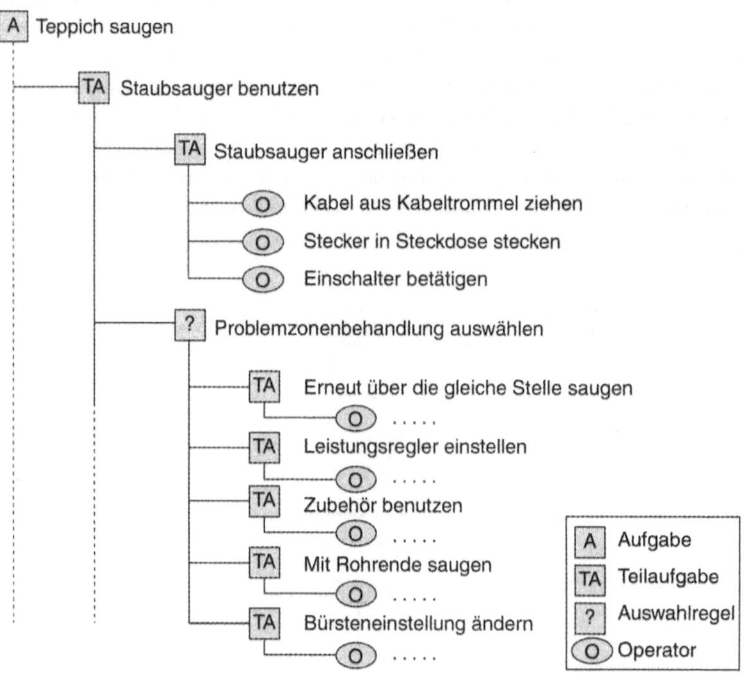

Abb. 34. Ausschnitt aus der GOMS-Analyse des Staubsaugens

[4] Der Name GOMS ist ein Akronym für eine angenommene kognitive Struktur des Nutzers und steht für goal (Aufgabe), option (Operator), method (Teilaufgabe) und selection rule (Auswahlregel). Das GOMS-Modell ist eine Methode zur Modellierung der Aufgabenbearbeitung mit einem gegebenen System.

Mit der GOMS-Analyse kann bereits in frühen Phasen der Konstruktion abgeschätzt werden, welche Aspekte der Benutzungsoberfläche des Produktes für die Einfachheit, Fehlerfreiheit und Umweltgerechtheit der Benutzung kritisch sind. Auch sind Vorhersagen über den Ausführungsaufwand und die Performanz möglich. So ergab z.B. die durchgeführte GOMS-Analyse der Benutzung eines Staubsaugers, daß das Öffnen und Schließen des Staubsaugerdeckels, das Ein- und Ausschalten des Staubsaugers sowie das Einstellen des Leistungsreglers häufig wiederkehrende Teilaufgaben sind, die deshalb besonders gut ausgeführt werden müssen. Tatsächlich konnte im Labor beobachtet werden, daß Nutzer gerade bei diesen Teilaufgaben Probleme hatten und sie häufig fehlerhaft durchführten.

Die GOMS-Analyse hat sich ebenfalls als Checkliste für die Auswertung von Laboruntersuchungen bewährt. Fehler konnten damit schneller erkannt und auftretensorientiert klassifiziert werden können.

3.4 Datenerhebung

Um Informationen über typische Nutzungsfehler sowie deren Ursachen zu erhalten, wurden Daten am Beispiel der Nutzung verschiedener elektrischer Garten- und Haushaltsgeräte wie Staubsauger, Elektroherd, Kühlschrank, Waschmaschine, elektrische Heckenschere, Hochdruckreiniger und Rasenmäher erhoben.

Zur Erhebung von Daten wurden unterschiedliche Methoden eingesetzt. Tab. 6 gibt einen Überblick über die wichtigsten eingesetzten Datenerhebungsmethoden.

Tabelle 6. Eingesetzte Datenerhebungsmethoden

Methode	Kurzbeschreibung	Untersuchungsteilnehmer
Dokumentenanalyse	Auswertung von Kundenreklamationen, Schadensersatzfällen und Ersatzteilelisten	2 Unternehmen
Mündliche Befragung	Mündliche halbstrukturierte Interviews zu typischen Problemen bei der Produktnutzung und zu Produktverbesserungsvorschlägen	120 Nutzer 10 Experten
Schriftliche Befragung	Schriftliche Befragung zu typischen Verwendungsmöglichkeiten von Haushaltsgeräten	30 Nutzer 10 Experten
Laborbeobachtung	Beobachtung von Nutzern beim Staubsaugen einer genormten Teppichfläche mit anschließender halbstrukturierter Befragung der Nutzer zu kritischen Situationen beim Saugen anhand der Videoaufzeichnungen	56 Nutzer

Durch die Befragung von Nutzern und durch die Auswertung der Dokumente konnten zwar differenzierte Informationen über Nutzungsaufgaben, allgemeine Probleme bei der Nutzung und Anforderungen an die Produkte, aber nur wenig Informationen über Nutzungsfehler und deren Ursachen erhoben werden. Die Nutzer können ihr stark automatisiertes und habitualisiertes Verhalten nur ansatzweise reflektieren und beschreiben. Auch fehlt teilweise das Wissen, um Fehler, Ineffizienzen und Ineffektivitäten zu identifizieren. Die Verhaltensbeoachtung im Labor erwies sich in Kombination mit nachfolgenden Interviews (Laborbeobachtung) als geeignetere Methode. Mit ihr konnten die Nutzungsfehler objektiv, direkt und in ihrem jeweiligen situativen Kontext erhoben werden. Im Folgenden werden die Ergebnisse aller Untersuchungen dargestellt, wobei die Daten zunächst auftretensorientiert (Fehleranalyse) und danach ursachenorientiert (Fehlerursachenanalyse) beschrieben werden.

3.5 Fehleranalyse

Die erhobenen Daten sind zwar produktabhängig, doch lassen sich bei den meisten Fehlern produktunspezifische Gemeinsamkeiten erkennen. Folgende Zusammenfassung gibt einen Überblick über typische Nutzungsfehler.

1. Bei der erstmaligen Inbetriebnahme und Nutzung beachten die meisten Nutzer die Produktinformationen oder lassen sich bei komplizierteren Geräten, wie z.B. dem Elektroherd, durch einen Fachmann beraten. Bei der erneuten Inbetriebnahme, v.a. von selten oder periodisch genutzten Geräten, treten jedoch Fehler auf. Dies gilt insbesondere für elektrische Gartengeräte, die nach der Überwinterung wieder in Betrieb genommen werden müssen, wobei dann die Gebrauchsanweisungen nicht mehr beachtet werden. Auch bei Haushaltsgeräten des täglichen Gebrauchs passieren Montagefehler. So gestaltet sich z.B. das Zusammenstecken der 2 Staubsaugerrohre für viele Nutzer als durchaus schwierig, weil die Rohre nicht markiert sind und so nur durch Ausprobieren aller Möglichkeiten die Lösung gefunden werden kann.

2. Viele Fehler treten bei der Arbeitsvorbereitung auf. Zur energiesparenden Nutzung müssen häufig vor dem Geräteeinsatz Aufräumarbeiten durchgeführt werden, beispielsweise vor dem Rasenmähen Äste und Steine entfernt oder vor dem Staubsaugen Möbel verschoben werden. Diese Tätigkeiten werden oft bei laufenden Motoren während der Nutzung erledigt und erhöhen damit erheblich den elektrischen Energieverbrauch.

3. Die meisten Fehler treten bei der eigentlichen Nutzung auf, obwohl die Nutzer mit dieser Phase – im Gegensatz zur Phase der Inbetriebnahme oder Entsorgung – am besten vertraut sind.
   - Bei der Nutzung von Geräten ist die Auswahl des falschen Programmes oder der unangemessenen Leistungsstufe sowie die falsche Auswahl und Dosie-

rung von Hilfs-, Betriebs- oder Reinigungsstoffen für umweltschädigendes Fehlverhalten maßgebend.

- Es geschehen jedoch auch viele kleinere Missgeschicke bei einfachen Bedientätigkeiten wie z.B. Abrutschen bei der Betätigung des Ein-/ Ausschaltens oder dem Abreißen von Laschen oder Schaltern durch zu starken Druck. Diese kleinen und versehentlichen „Hoppala – kaputtgegangen"-Fehler sind nicht zu unterschätzen, da dadurch Ersatzteile benötigt werden und die Herstellung eines neuen Ersatzteiles sowie die Entsorgung des alten Bauteiles Umweltbelastungen bedeuten.

- Beim Gebrauch der Produkte bevorzugen viele Nutzer gewohnte, eingeübte und hoch automatisierte Handlungsgewohnheiten, die sie nur in seltenen Fällen den Umgebungsbedingungen anpassen. Ein Beispiel ist das Einstellen des Leistungsreglers des Staubsaugers: Obwohl der Regler bereits auf maximale Leistung gestellt wurde, greifen viele Nutzer immer wieder zum Leistungsregler, um ihn vielleicht doch noch ein kleines bisschen mehr aufdrehen zu können. Einmal erlernte Verhaltensweisen werden nur selten korrigiert oder gar zu Gunsten einer effizienteren Alternative aufgegeben. Das Geschirr wird von den Nutzern immer auf die gleiche Art in der Spülmaschine verteilt, auch wenn diese Beladungsart nicht sehr platzsparend ist. Handlungssequenzen laufen, wenn sie einmal initiiert wurden, automatisch und ohne Anpassung an situative Gegebenheiten ab. So saugen viele Nutzer mit dem Staubsauger über größere Dreckstücke und Zigarettenkippen mit dem Bürstenaufsatz hinweg, zerreiben den Dreck mit der Bürste, um ihn zu zerkleinern und besser aufsaugen zu können, statt sich einfach zu bücken und den Dreck mit der Hand aufzuheben oder den Bürstenaufsatz zu entfernen. Insbesondere fällt es den Nutzern schwer, neue und dazu noch effizientere Verhaltensweisen selbst zu entwickeln.

- Produkte werden häufig zweckentfremdet und damit gesundheits- und umweltschädlich eingesetzt. Mit der elektrischen Heckenschere wird z.B. der Rasen geschnitten oder mit Hochdruckreinigern das Auto lackiert oder der Rasen auf Gartenwegen entfernt. Selbst bei Geräten mit eingeschränkter Funktionalität werden außergewöhnliche umweltschädliche Verwendungsmöglichkeiten entdeckt. Es gibt zum Beispiel Benutzer, die mit dem Staubsauger Laub, heiße Kaminasche und Wasser aufsaugen und mit dem Backofen des Elektroherds die Wohnung beheizen.

4. In den Phasen der Wartung, Reinigung und Reparatur fällt ein passives Nutzerverhalten auf. Die Reinigung der Geräte erfolgt in einem bestimmten zeitlichen Rhythmus, der vorwiegend vom individuellen Reinheitsbedürfnis des Nutzers gesteuert wird und nicht vom Zustand des Gerätes. Die meisten Benutzer warten die Geräte nicht aktiv, sondern erwarten, daß ein Signal eine Störung des Gerätes anzeigt wird. Selbst dann wird die Störung jedoch oft nicht behoben, sondern vielmehr versucht, den Defekt durch umweltschädliche Strategien zu

kompensieren. Ist z.B. der Staubsaugerbeutel voll, wird dieser nicht ausgewechselt, sondern die Leistungsstufe erhöht. Auch bei Reparaturtätigkeiten fällt auf, wie unbeholfen und unwissend Nutzer reagieren. Statt nach angemessenen Problemlösestrategien zu suchen, werden Defekte mit umweltschädlichen Handlungen kompensiert. Saugt z.B. der Staubsauger nicht mehr richtig, wird die Saugleistung hochgestellt und der Druck der Bürste auf den Teppich verstärkt. Unter Laborbedingungen wurden sogar einige Nutzer beobachtet, die nach dem Entfernen des vollen Staubsaugerbeutels keinen neuen Beutel in den Staubsauger einlegten, obwohl welche zur Verfügung standen und den Dreck somit in den Innenraum des Staubsaugers einsaugten.

5. Bei der Entsorgung ist eine Verlagerung des Entsorgungsproblems in die nächste Generation zu beobachten. Viele Geräte werden zunächst im Keller oder in der Garage als Zweitgerät zwischengelagert, bevor sie an die erwachsen gewordenen Kinder weitergegeben werden. Sehr oft landen alte Geräte auch auf dem Sperrmüll in der Hoffnung, dass jemand das Gerät mitnimmt. Auch heute noch laden viele Benutzer ihre Geräte im Wald ab. Tatsächlich gaben fast alle befragten Nutzer an, noch kein einziges elektrisches Haus- oder Gartengerät wirklich entsorgt zu haben. Wenn dies mal der Fall sein sollte, so gaben sie an, gäbe es sicherlich städtische Institutionen, die dafür verantwortlich seien.

3.6 Fehlerursachenanalyse

Gemäß dem systemischen Ansatz gehen Fehlerursachen immer auf Schwachstellen im Nutzer-Produkt-System zurück und sind in einer Nichtpassung von Systemelementen zu begründen. Ursachen der Nutzungsfehler, die an den Schnittstellen zwischen Nutzer und Produkt und zwischen Nutzer und Aufgabe auftreten, sind aus psychologischer Sicht - im Vergleich zu Funktionsfehlern - von besonderem Interesse. Zunächst werden menschliche und produktbezogene Fehlerursachen getrennt diskutiert. Im Kap. 3.8 wird auf die Schnittstellengestaltung eingegangen.

Menschliche Fehlerursachen sind zurückzuführen auf kognitive Vorgänge in der fertigkeitsbasierten (skill based), regelbasierten (rule based) und wissenbasierten (knowledge based) Handlungsregulationsebene. Fertigkeitsbasierte Fehler lassen sich darauf zurückführen, dass aufgrund mangelnder Überwachung routinierte Bewegungen nicht an sich verändernde räumliche oder zeitliche Situationsbedingungen angepasst werden. Ursachen für regelbasierte Fehler sind die Anwendung situationsunangemessener Handlungsprozeduren aufgrund reduzierter Aufmerksamkeit oder die falsche Reproduktion von Prozeduren. Wissensbasierte Fehler lassen sich meist auf einen Mangel an Informationen oder die mangelnde oder irrationale Nutzung von Informationen zurückführen (Reason 1994).

Um zu entscheiden, ob Wissensfehler und kognitive Ineffektivitäten als die wichtigsten menschlichen Ursachen von Problemen im Nutzer-Produkt-System zu diskutieren sind, wurden zum Informationsstand der Nutzer über die umweltrelevanten Folgen des Gebrauchs von elektrischen Garten- und Haushaltsgeräten Befragungen durchgeführt. Fast alle Nutzer nannten als Konsequenzen der Nutzung bzw. der Fehlnutzung von Produkten den Verbrauch von Rohstoffen und Ressourcen sowie Schäden an Lebewesen, Maschinen und der Umwelt. Hierbei fällt auf, dass die befragten Personen nicht entsprechend der Konvention zwischen Verbrauch und Emissionen klassifizieren sondern zwischen Verbrauch und Schäden. Da bei Beschädigungen des Produktes zumeist ein Ersatzteil benötigt wird und bei deren Herstellung Verbräuche und Emissionen entstehen, entspricht die Klassifikation der befragten Nutzer in weiten Teilen der herkömmlichen Einteilung. Die relevanten Einflussgrößen der umweltrelevanten Folgen der Produktnutzung sind laut Angaben der befragten Nutzer die Programmwahl und die Nutzungsdauer. Die Nutzungsdauer ist abhängig von der Arbeitsvorbereitung und –systematik (z.B. Stühle wegrücken), der Arbeitsmenge bzw. –größe (z.B. Größe der zu saugenden Teppichfläche) und von einem individuell unterschiedlichen Faktor, der Motive und kulturelle Standards beinhaltet (z.B. Reinheitsbedürfnis). Eine Erhebung des Wissens von Verbrauchern über die Umweltrelevanz des Staubsaugens hat gezeigt, dass die befragte Personengruppe über ein allgemeines, vereinfachtes Wissen über das Staubsaugen und dessen umweltrelevante Folgen hat. Es kann davon ausgegangen werden, dass dieses Wissen ausreicht, um die Folgen des eigenen Verhaltens beim Staubsaugen für die Umwelt hinreichend abzuschätzen. Die befragten Personen wussten, was es bedeutet, umweltfreundlich bzw. umweltschädlich zu saugen. Es konnten konkrete Verhaltensweisen benannt werden, die zu mehr bzw. weniger negativen Umweltauswirkungen (wie z.B. elektrischem Energieverbrauch) führen. Aufgrund der Untersuchungen kann davon ausgegangen werden, dass Nutzer zwischen umweltfreundlicher und weniger umweltfreundlicher Produktnutzung hinreichend gut unterscheiden können und dass deshalb die irrationale Nutzung von Informationen oder motivationale Nutzungsineffektivitäten eine größere Rolle spielen als Wissensdefizite. (Allerdings muß diese Hypothese durch weitere Beobachtungen noch erhärtet werden).

Weitere Hinweise auf menschliche Fehlerursachen ergab die Auswertung der Antworten von nach dem Saugen befragten Nutzern nach kritischen Situationen und deren Ursachen beim Saugen. Die Befragung wurde anhand der Videoaufzeichnung des Saugvorganges und mit Hilfe von halbstrukturierten Interviewleitfäden durchgeführt. Zwar konnten nicht alle Fehler einer Handlungsregulationsebene und den damit verbundenen Fehlerursachen zugeordnet werden, doch ließen sich Tendenzen feststellen.

Insgesamt zeigte sich, dass die meisten Nutzungsfehler hauptsächlich aufgrund mangelnder Aufmerksamkeit und durch Ausführung einer nicht situationsangemessenen, aber gut geübten Prozedur passieren. Im Unterschied zu Befunden von Fehleranalysen aus dem Bereich der Arbeitssicherheit spielen beim umweltschädlichen Umgang mit Produkten Ineffizienzen und Ineffektivitäten eine größere Rolle.

Produktbezogene Fehlerursachen gehen zurück auf eine nicht menschgerechte Schnittstellengestaltung, auf mangelnde Fehlertoleranz der Produkte und auf Mängel bei der Informationsübermittlung.

Einige der erfassten umweltschädlichen Nutzungsfehler traten auf, weil die korrekte Aufgabenausführung mit dem Produkt beim Nutzer bestimmte wahrnehmungspsychologische und anthropometrische Gegebenheiten voraussetzt, die der Mensch aufgrund seiner biologischen Fähigkeiten nicht erfüllen kann. So steht einem Menschen, der z.B. einen Hebel aus einer bestimmten räumlichen Position aus bedienen soll, nur eine bestimmte maximale Kraft zur Verfügung.

Andere Nutzungsfehler wären vermeidbar gewesen, wenn das Produkt die Korrektur eines falschen Befehles akzeptiert hätte, wie z.B. die Korrektur eines eingegebenen Waschprogrammes der Waschmaschine während des Waschvorganges.

Viele Fehler basierten darauf, daß dem Nutzer eine wichtige Information nicht zur rechten Zeit zur Verfügung steht, wie z.B. eine Angabe über die Richtung der einzulegenden Batterie in das dafür vorgesehene Fach oder eine Markierung am Staubsaugerrohr, die andeutet, wie die zwei Rohre ineinander gesteckt werden müssen. Wichtige Funktionen sind nicht oder unklar gekennzeichnet. Häufig fehlen sogar Angaben in der Gebrauchsanweisung. Viele Gebrauchsanweisungen sind nicht verständlich geschrieben. In der Betriebsanleitung eines Hochdruckreinigers einer bekannten Firma findet sich zum Beispiel folgender Hinweis:

„Zulässig ist ein Anschluß bei freiem Auslauf (Abschnitt 4.2.1 der DIN 1988, Teil 4/ 4.2.1) oder bei kurzzeitigem Anschluß auch ein Rohrunterbrecher mit beweglichem Teil (A2 gemäß Abschnitt 4.2.2 der vorgenannten DIN)“. Insgesamt zeigte sich, dass viele Produkte über ein schlechtes Design verfügen, die biomechanischen Voraussetzungen der Nutzer nicht berücksichtigt sind und die Produkte fehlerintolerant sind.

3.7 Fehlerbewertung

Die Ressourcen für die umweltgerechte Produktgestaltung sind beschränkt. Um eine effiziente Verbesserung der Produktgestalt zu gewährleisten, müssen Nutzungsfehler bzw. Schwachstellen im Nutzer-Produkt-System bewertet und priorisiert werden. Diese Priorisierung umfaßt auch die Maßnahmen zur Behebung der Schwachstellen.

Auf der Grundlage der zuvor genannten Fehler- und Schwachstellenanalysen wurde für die Bewertung von Schwachstellen ein Grobschema entwickelt, das mit Experten aus dem Bereich Qualitätswesen eines Unternehmens, das Gartengeräte herstellt, eingesetzt und überprüft wurde. Das Schema sieht 2 Bewertungsschritte vor:

- Jede Schwachstelle wird im Hinblick auf ihr Risiko eingeschätzt, wobei sich diese Beurteilung an der Auftretenswahrscheinlichkeit des Handlungsfehlers (menschliche Fehlerwahrscheinlichkeit) und am Ausmaß der Umweltfolgen des Verhaltens orientiert.

- Anschließend erfolgt eine Bewertung der geplanten Maßnahme im Hinblick auf ihre Realisierbarkeit. Dazu wird der erforderliche Aufwand zur Behebung der Schwachstelle abgeschätzt. Diese Bewertung erfolgt durch Expertenteams. Abb. 35 zeigt die Bewertung von exemplarischen Schwachstellen.

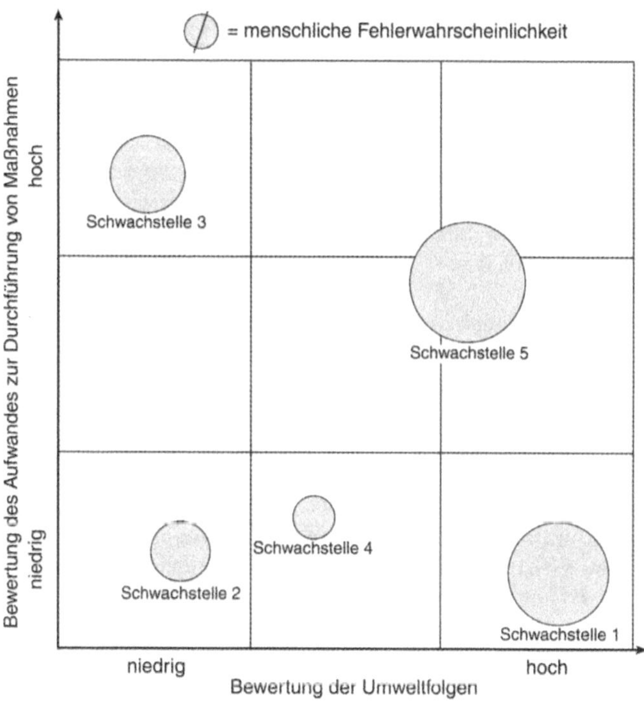

Abb. 35. Gewichtung von Schwachstellen im Nutzer-Produkt-System

Aus der 3fachen Bewertung der Schwachstellen bezüglich ihrer Auftretenshäufigkeit, ihrer Umweltfolgen und ihres Behebungsaufwandes lassen sich diejenigen Schwachstellen im Nutzer-Produkt-System priorisieren, die für die ökologische Bilanz bezüglich Energie- und Rohstoffverbrauch sowie Emissionen wichtig und gleichzeitig einfach zu beheben sind.

Zur Erarbeitung von Bewertungsschablonen hat sich die Methode der moderierten Gruppensitzung mit Experten als brauchbar erwiesen. Die oben beschriebenen Bewertungskriterien müssen jedoch noch überprüft und mit Experten aus anderen Fachgebieten wie Umweltingenieuren, Juristen mit Spezialisierung im Umweltrecht oder Verbraucherberatern abgestimmt werden.

3.8 Anforderungen an die Produktgestaltung

Aus der Analyse, Diagnose und Bewertung von Problemen im Nutzer-Produkt-System können Empfehlungen und Vorgaben für die Produktgestaltung abgeleitet werden. Als Vorgabe für Produktentwickler kann ein Kriterienkatalog dienen, der sich an Vorschlägen aus dem Produktdesign und der Softwareergonomie orientiert. Er soll für die Gestaltung von Nutzer-Produkt-Benutzungsschnittstellen, welche die umweltfreundliche Nutzung fördern sollen, erweitert werden. Ausgangspunkt für die Ergänzung sind typische und umweltrelevante Nutzungsfehler, Nutzungsineffektivitäten und Nutzungsineffizienzen sowie deren Ursachen.

Ein detailliertes Schema zur präventiven Ableitung von Gestaltungsempfehlungen auf der Basis von Daten aus Fehlern und Fehlerursachen steht noch aus. Aufgrund bisheriger empirischer Daten lässt sich schlussfolgern, dass sich Maßnahmen zur Gestaltung umweltgerechter Produkte v.a. mit der Erhöhung der Selbstbeschreibungsfähigkeit der Produkte, deren Fehlertoleranz sowie der Erzeugung eines Benutzungskomforts, der die umweltfreundliche Produktnutzung fördert, befassen müssen.

Kriterien zur benutzungs- und umweltgerechten Gestaltung von Haushaltsgeräten lassen sich z.B. aus den in den von Norman (1988) entwickelten Merkmalen der Benutzungsoberflächen - Handlungsaufforderungen (Affordances), Handlungseinschränkungen (Constraints), Kompatibilität (Mapping) und Sichtbarkeit (Visibility) – ableiten:

- Um Benutzungsfehler zu vermeiden, sollte bei der Konstruktion darauf geachtet werden, dass durch physikalische Handlungseinschränkungen Fehler nicht möglich sind. Es sollte z.B. nicht möglich sein, die Kaffeemaschine einzuschalten, wenn sich die Kanne nicht an ihrem Platz befindet. Erst wenn Handlungseinschränkungen nicht mehr angewendet werden können, sollte man Handlungsaufforderungen, Kompatibilität und Sichtbarkeit verwenden.

- Handlungsaufforderungen sollten überall dort eingesetzt werden, wo es nur eine richtige Handlungsalternative gibt. Sie sollten auf die richtige Handlung verweisen oder die Handlungsalternativen mit den verschiedenen Handlungszielen in Verbindung bringen. Knöpfe, Hebel und Schalter z.B. müssen so gestaltet sein, daß man nicht erst experimentieren muß, um herauszufinden, wie sie funktionieren.

- Kompatibilität sollte berücksichtigt werden, wenn es verschiedene Handlungsalternativen gibt, die zu verschiedenen Zielen führen. Wenn z.B. die Herdschalter in einem ähnlichen Quadrat wie die Herdplatten angeordnet wären, könnte man Energie und kaputte Herdplatten sparen, die durch das Einschalten falscher Herdplatten entstehen.

- Sichtbarkeit kann dort eingesetzt werden, wo Handlungseinschränkungen und Handlungsaufforderungen nicht mehr möglich sind. Wenn die Schublade einer Waschmaschine, in die das Waschpulver eingefüllt wird, gleichzeitig ein Meßbecher wäre, also entsprechende Markierungen am Innenrand hätte, dann würde das dem Nutzer helfen, kein überflüssiges Waschmittel zu verwenden.

Weitere Zugänge zur Bewertung und Gestaltung von Nutzer-Produkt-Systemen sind Entwurfsrichtlinien und Standards wie z.B. die 7 Grundsätze der Dialoggestaltung nach EN 9241-0 - Aufgabenangemessenheit, Selbstbeschreibungsfähigkeit, Steuerbarkeit, Erwartungskonformität, Fehlerrobustheit, Individualisierbarkeit und Lernförderlichkeit.

Insbesondere dann, wenn die Möglichkeiten des guten Designs ausgeschöpft sind, kommt der Fehlerrobustheit eine wichtige Rolle zu. Nicht alle möglichen Nutzungsfehler können bei der Produktentwicklung antizipiert und in der Produktgestaltung berücksichtigt werden. Darüber hinaus ist es wichtig, dass Nutzungsfehler vom Nutzer korrigiert werden können. Um dies zu erreichen, muss ein Produkt den Prozess stoppen, den Fehler rückmelden und eine erneute Eingabe durch den Nutzer akzeptieren. Dies ist z.B. bei Staubsaugern im Bereich der Leistungsstufenwahl durchaus realisierbar.

Auf der Grundlage dieser bereits vorhandenen Gestaltungsempfehlungen und der erhobenen Daten muß ein logisch aufgebauter Kriterienkatalog entwickelt werden. Ein systematischer Kriterienkatalog, der als Arbeitsgrundlage und Checkliste für Produktentwickler dienen kann, müsste den Zusammenhang zwischen Nutzungsfehlern, Fehlerursachen und der Gestaltung des Produktes bzw. der Benutzungsschnittstellen darstellen.

3.9 Validierung und betriebliche Anwendungsmöglichkeiten der Ergebnisse

Neben der kontinuierlich fortlaufenden prozess- und aktionsforschungsorientierten Evaluation des Forschungsprojektes sind für die Validierung der vorliegenden Forschungsergebnisse unter anderem experimentelle Vergleiche von Produktvarianten geplant. Ein existierendes konkretes Produkt soll mit einem neuen Produkt verglichen werden, das aufgrund der erarbeiteten Gestaltungsempfehlungen entwickelt wurde. Im experimentellen Kontext könnten dann die 2 Produkte z.B. hinsichtlich elektrischem Energieverbrauch und der Anzahl an Nutzungsfehlern bei der Benutzung des Produktes verglichen werden. Mit diesem Evaluationsverfahren können keine absolut gültigen Bewertungsmaßstäbe und verbindlichen Problemlösungsvorschläge geboten werden, doch kann das Verfahren dazu verhelfen, innerhalb eines gegebenen situativen Kontextes die Wahrscheinlichkeit für die Auswahl einer besseren Produktalternativen zu erhöhen und die Wahl einer schlechteren Alternative zu verringern (vgl. Wottawa 1990).

Weiterhin sollen die entwickelten Methoden und Instrumente zur Unterstützung der Konstrukteure bei der Produktentwicklung in der Industrie eingesetzt und erprobt werden. Zwei sich ergänzende Methoden sollen hier kurz genannt werden:

1. Fragebogen zur präventiven Fehlnutzungdiagnose elektrischer Haus- und Gartengeräte:
   Dieser Fragebogen ist analog zur Fehlermöglichkeits- und Einflußanalyse (FMEA) aufgebaut und enthält 3 Checklisten: eine Aufgaben- und Prozessanalyse zur auftretensorientierten Analyse der Schwachstellen im Nutzer-Produkt-System, eine Fehlerursachenanalyse sowie einen Maßnahmenkatalog. Dieser Fragebogen kann als Arbeitsgrundlage in Produktentwicklungsteams zur präventiven Erkennung von Schwachstellen an Produkten, die erst auf dem Zeichenbrett existieren, eingesetzt werden.

2. Umweltorientiertes Nutzer-Produkt-Prüflabor:
   Dieses Prüflabor dient dem Test von Produkten, die als Prototypen vorliegen, jedoch noch nicht vermarktet werden. Die Produktprototypen sollten durch Nutzer im Labor unter standardisierten Bedingungen benutzt und getestet werden. Dabei sollten im Unterschied zu herkömmlichen betrieblichen ergonomischen Testreihen die Umweltaspekte der Produktnutzung besonders berücksichtigt werden. Das umweltorientierte Nutzer-Produkt-Prüflabor enthält Aufbauanleitungen, Durchführungspläne und Auswertungsschablonen.

Es ist zu prüfen, ob diese 2 Methoden in den Unternehmen produktunabhängig eingesetzt werden können und auf wissenschaftliche und zugleich praktikable Art die Unternehmen dazu in die Lage versetzt, eigenständig Schwachstellen in Nutzer-Produkt-Systemen zu untersuchen.

4 Kundenorientierte Umweltgerechtheit von Produkten

4.1 Umweltbezogene Produktwahrnehmung und Produktbeurteilung

Umweltgerechte Produkte können sich nur am Markt halten, wenn sie die Anforderungen der Kunden in ihrer Rolle als Käufer erfüllen. Es genügt deswegen nicht, das Nutzungsverhalten nach wissenschaftlichen Methoden zu untersuchen und in einem „expertokratischen" Vorgehen die Eigenschaften eines Produkts für die umweltgerechte Nutzung zu verbessern. Darüber hinaus müssen auch diejenigen Produkteigenschaften, nach welchen der Kunde ein Produkt unter Umweltgesichtspunkten wahrnimmt, beurteilt und im Umfeld der Wettbewerberprodukte präferiert, erfasst und realisiert werden.

Die umweltbezogene Produktwahrnehmung und -beurteilung wurde bisher nur ansatzweise in die Produktentwicklung miteinbezogen. Teilweise, wenn auch unsystematisch, wird sie im Rahmen des kundenorientierten Qualitätsmanagements berücksichtigt. Die kundenorientierte Qualität bestimmt sich dabei aus dem Maß der Übereinstimmung von Kundenanforderungen und Merkmalsausprägungen eines Produkts. Zur Verbesserung dieser Qualität und zur Unterstützung ihres Managements wurden mehrere Verfahren vorgeschlagen, mit deren Hilfe die Qualitätsanforderungen der Kunden erfasst sowie die Umsetzung dieser Anforderungen in interne Spezifikationen und die unternehmensbezogene Kontrolle dieser Umsetzung vorgenommen werden sollen. Im Zusammenhang mit der Konstruktion und Produktentwicklung werden v.a. das Quality Function Deployment (QFD) und die Fehlermöglichkeits- und Einflußanalyse (FMEA) empfohlen (vgl. VDI-Gesellschaft 1994).

Wie die zuvor angeführte Studie zum „Status quo der umweltgerechten Produktentwicklung“ (Rüttinger & Schramme 1996) jedoch zeigt, werden diese Verfahren von den Betrieben nur zögerlich und nicht vollständig übernommen. Ein gewichtiger Schwachpunkt der Verfahren ist die diagnostische Ermittlung und Aufbereitung der Kundenanforderungen sowohl im Allgemeinen wie auch hinsichtlich der ökologischen Anforderungen im Speziellen. Hierfür geben die Verfahren kaum Hilfestellung. Als Erhebungsmethoden werden häufig freie Abfragen und Beschwerdeanalysen durchgeführt, wobei nur technische, funktionale und ökonomische Qualitätsaspekte vorgegeben werden. Somit ist der ökologieorientierte Informationsfluss vom Kunden zur Konstruktion bzw. zur Produktentwicklung nicht ausreichend sichergestellt.

Diese Frage der ökologiebezogenen Kundenerwartungen und Beurteilungskriterien wurde auch in der bisherigen ökologisch-psychologischen Forschung kaum aufgegriffen. Im Rahmen dieser Forschung wurde v.a. versucht, unter dem Stichwort „Ökologisches Bewußtsein“ die Einstellung zu ökologischen Problemen zu definieren und zu messen. Im Laufe der letzten Jahre wurde hierzu eine Reihe theoretischer Konzeptionen und Meßverfahren vorgeschlagen. Wie die Übersichtsarbeiten von Spada (1990), Grob (1991), und Kruse (1995) jedoch belegen, ist es bisher nicht gelungen, den Begriff Umweltbewusstsein einheitlich zu definieren und damit einhergehend auch nicht übereinstimmend zu messen. Je nach Fragestellung wird Umweltbewusstsein als Umwelterleben und Umweltbetroffenheit, als Umweltwissen, als umweltbezogene Wertorientierung (affektive Einstellungskomponente), als umweltrelevante Verhaltensintention oder als manifestes umweltgerechtes Verhalten definiert, wobei der Bedeutungsumfang von Umweltbewusstsein mehrere der genannten Komponenten umfassen kann. Auch blieb die Operationalisierung der Konstruktdimensionen bisher auf eher allgemeine ökologische Sachverhalte beschränkt. Dabei zeigte sich allerdings, dass sich das Umweltbewusstsein in verschiedenen Verhaltensbereichen unterschiedlich auswirkt, weswegen diese Bereiche gesondert untersucht werden müssen.

Eine stärkere Beachtung fanden die Produktwahrnehmung und die Produktbeurteilung in marktpsychologischen Untersuchungen (vgl. zusammenfassend Monhemius 1993). Da es in diesen Untersuchungen jedoch hauptsächlich um die Bestimmung von umweltorientierten Marktsegementen geht, wurden v.a. allgemeine kauforientierte Präferenzstrukturen und Einstellungen sowie weniger die Produktmerkmale erhoben. Die Produktwahrnehmung und -beurteilung wurde dabei so global erfasst, dass daraus keine Vorschläge für die umweltgerechte Produktentwicklung abgeleitet werden können.

Zur Erfassung von Produkteigenschaften, welche unter dem Aspekt der kundenorientierten oder marktorientierten Umweltgerechtheit von Wichtigkeit sind, wurde für den Bereich elektrischer Haushalts-, Hobby und Gartengeräte eine Untersuchungsstrategie festgelegt, nach der Untersuchungen zu folgenden Fragestellungen durchgeführt werden:

- Welche Merkmale umfasst die Dimension Umweltgerechtheit aus Käufersicht?
- Wie lassen sich die Merkmale gruppieren?
- An welchen Indikatoren werden die Merkmale der Umweltgerechtheit erkannt?
- Wie wichtig ist die Umweltgerechtheit des Produkts für die Kaufentscheidung?
- Welche Quellen werden zum Informationsgewinn für die Einschätzung der Umweltgerechtheit der Merkmale herangezogen?
- Wie können die Merkmale und Indikatoren der Konsumenten an den Konstrukteur übermittelt werden.
- Wie können Konsumenten in den Prozess der Konstruktion eingebunden werden und umweltorientierte Konstruktionsvorschläge unter dem Aspekt der Marktgerechtheit oder Kundenakzeptanz machen?

4.2
Umweltgerechte Produkte: Alltags- und Expertenbegriffe

In ersten Studien zur Wichtigkeit umweltgerechter Produkteigenschaften beim Kaufentscheid wurden Kunden unmittelbar nach dem Kauf von elektrischen Kleingeräten in Kaufhäusern nach den Kriterien ihrer Entscheidung befragt. Dabei ergaben sich als die wichtigsten Produktaspekte die drei stabilen, intersituativ konsistenten Kriterien Preis, funktionale Qualität/Bedienungskomfort und Aussehen/Design sowie als viertes, etwas weniger wichtiges Kriterium die Marke. Die Umweltfreundlichkeit der Produkte spielte eine untergeordnete und unwichtige Rolle (s. Abb. 36).

Diese Ergebnisse entsprechen bisherigen Untersuchungen zum Konsumentenverhalten. So werden beispielsweise von Raffée & Silberer (1981) als konsistent wahrgenommene Produkteigenschaften, die als Kriterien in den Kaufentscheid eingehen, die 6 Kategorien Preis, materiale Qualität, funktionale Qualität, Marke, ästhetische Informationen sowie sonstige produktbezogene Konditionen benannt. Auch von anderen Autoren (vgl. Monhemius 1993) werden ähnliche Eigenschaften formuliert.

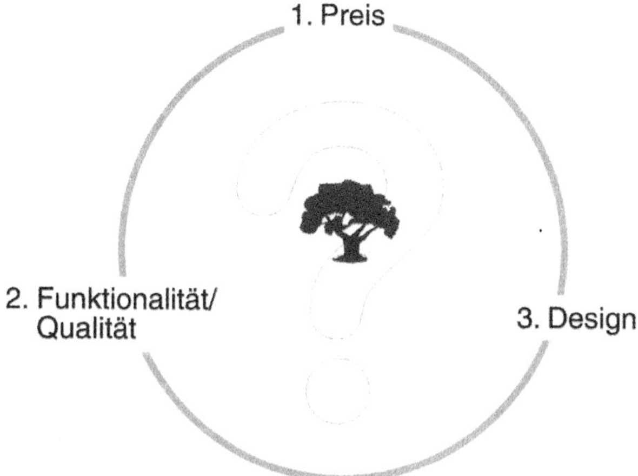

Abb. 36. Kriterien beim Kaufentscheid

Eine genauere Analyse der Befragungsergebnisse wies allerdings darauf hin, daß die Bedeutung des Begriffs Umweltgerechtheit bei vielen Personen sehr eng und teilweise mit den anderen, als wichtig eingestuften, Produktmerkmalen konfundiert ist, v.a. mit der Funktionalität/Qualität. Dies gilt z.B. für die Produktlebensdauer, die Ersetzbarkeit von Verschleissteilen, die Wartungsfreundlichkeit und die Reparaturmöglichkeit.

Diese Vermutung bestätigte sich zunächst in einer Untersuchung, in der Käufer elektrischer Kleingeräte in einem freien Interview danach befragt wurden, welche Produkteigenschaften sie unter dem Begriff Umweltgerechtheit von Produkten subsumieren. Kognitiv repräsentierte Merkmale der Umweltgerechtheit sind vorrangig der Energieverbrauch (elektrischer Energieverbrauch, Solarbetrieb, Isolierschichten, Stufenschalter etc.) und die Recyclebarkeit des Materials (Trennbarkeit, Weiterverwendbarkeit etc.) sowie in weit geringerem Maße Aspekte der Entsorgung, Nutzungsdauer und Wartungsfreundlichkeit. Das aktive, frei produzierte Umweltwissen umfasst bei den meisten Kunden also nur eine begrenzte Auswahl der Merkmale, die unter dem Begriff Umweltgerechtheit subsumiert werden können.

Die Vermutung bestätigte sich weiterhin in einer Untersuchung, in welcher zunächst durch Experten wichtige technische Merkmale einer Kaffeemaschine nach qualitativen wie nach ökologischen Gesichtspunkten festgelegt wurden. Bei einer Befragung in Kaufhäusern wurden Käufer von Kaffeemaschinen gebeten, aus diesen Merkmalen die Eigenschaften einer „guten" und einer „umweltgerechten" Kaffeemaschine zu bestimmen. Die Rangreihe der Merkmale für die "umweltgerechte" Kaffee-Maschine ist derjenigen der „guten" Kaffeemaschine sehr ähnlich. Die beiden Rangreihen unterscheiden sich nur dadurch, dass bei der „guten" Kaffeemaschine ökologischen Merkmalen, welche für die Nutzungsphase von besonderer Wichtigkeit sind, ein hohes Gewicht zugemessen wird. Ökologische Eigenschaften, welche nicht die Nutzungsphase, sondern vor- und nachgelagerte Produktlebensphasen betreffen (ökologische Produktion, Recycling, Entsorgung etc.), werden weniger stark unter einem „guten“ Produkt subsumiert als ökologische Merkmale, welche für die Nutzungsphase (elektrischer Energieverbrauch, Wartung, Hilfsmittel etc.) wichtig sind. Aus dieser Untersuchung lässt sich der Schluss ziehen, dass die Begriffe von Umweltgerechtheit und Qualität teilweise konfundiert sind.

Die Diskrepanz zwischen dem Alltagsbegriff über umweltgerechte Produktmerkmale vieler Konsumenten und dem Expertenbegriff legte die Vermutung nahe, dass sich umweltfreundliche Produkteigenschaften als gewichtiger herausstellen, wenn nicht frei und global nach der Wichtigkeit umweltgerechter Produkteigenschaften beim Kaufentscheid gefragt wird, sondern wenn die umweltbezogenen Produkteigenschaften umfassend und strukturiert zur Beurteilung vorgegeben werden.

4.3 Umweltbezogene Produktmerkmale und Merkmalsdimensionen

Um den Umfang und das Gewicht umweltgerechter Merkmale detaillierter zu untersuchen, wurde deshalb auf der Grundlage der zweidimensionalen Matrix „Produktlebensphasen • relevante Umweltschädigungen“ ein umfassender standardisierter Fragebogen zur Erfassung der produktorientierten Umweltkriterien (Produktmerkmale) bei Kaufentscheidungen entwickelt. Er umfaßt 90 Items, die in 2facher Version vorgegeben werden. Einmal wird danach gefragt, wie wichtig ein bestimmtes Umweltkriterium beim Kauf elektrischer Kleingeräte ist und zum anderen, wie häufig dieses Kriterium berücksichtigt wird. Darüber hinaus enthält der Fragebogen Items zum Preis, zur Funktionalität/Qualität und zum Design.

Die Ergebnisse einer ersten Kundenbefragung, an der 100 Personen teilnahmen, lassen sich folgendermaßen zusammenfassen:

- Auch bei dieser Untersuchung erweisen sich der Preis und die Funktionalität/Qualität als die wichtigsten Kaufkriterien.

- Die Befunde belegen weiterhin, dass mehrere Merkmale, welche die Umweltgerechtheit eines Produkts mitbestimmen, wie z.B. die Multifunktionalität, die Gesundheitsfreundlichkeit (z.B. keine giftigen Produktmaterialien), geringe Emissionen und geringer Verschmutzungsgrad, als wichtiger eingestuft und beim Kauf häufiger berücksichtigt werden als der Energieverbrauch und die Recyclebarkeit, die beiden wichtigsten Aspekte des Umwelt-Alltags-Begriffes.

- Einige der umweltbezogenen Produktmerkmale spielen beim Kaufentscheid sogar eine größere Rolle als das Design/Aussehen und belegen damit, dass die Wichtigkeit umweltorientierter Kriterien bisher unterschätzt wurde.

- Der von den Kunden genannte wichtigste ökologische Aspekt bei der Kaufentscheidung ist die Frage, ob ein elektrisches Produkt überhaupt angeschafft oder nicht besser durch manuelle Geräte ersetzt werden soll („Notwendigkeit eines Produkts“). Dieser Aspekt, der dem Kauf vor- und übergeordnet ist, betrifft weniger das Produkt als die Motivstruktur und den Lifestyle der Konsumenten.

- Zwischen der Wichtigkeitseinstufung (wie wichtig ist ein Produktmerkmal?) und der Häufigkeitseinstufung (wie häufig wird ein Merkmal beim Kaufentscheid berücksichtigt?) gibt es typische Unterschiede. Sie resultieren v.a. aus Wissensdefiziten. Einige Produktmerkmale können beim Kauf nicht entsprechend ihrer Wichtigkeit als Kaufkriterien berücksichtigt werden, weil es an der Kenntnis konkreter Indikatoren für diese Umweltmerkmale mangelt (z.B. Entsorgung, Recycling). Für andere Produktmerkmale (z.B. Materialien) fehlt das fachspezifische Wissen, da sie oft mit zeitlicher Verzögerung und räumlich und/oder materiell transformiert die Umwelt beeinflussen. Den Konsumenten mangelt es insbesondere an Wissen über Umweltaspekte von Produktlebensphasen, die der Nutzung vorausgehen oder ihr folgen, z.B. darüber, inwieweit ein Produkt umweltgerecht hergestellt und recycelt/entsorgt wird.

Um die Dimensionalität des produktmerkmalsbezogenen Wissens zu bestimmen, wurde eine Faktorenanalyse berechnet. Es ergaben sich sowohl für die „Häufigkeit“ wie für die „Wichtigkeit“ konsistent 3 unabhängige Faktoren:

- Faktor 1: ökologische Aspekte außerhalb der Nutzungsphase: Energie- und Rohstoffverbräuche vor und nach der Nutzungsphase, Abbaubarkeit etc.

- Faktor 2: Aspekte der Nutzungsphase: Robustheit, Funktionalität, Reparatur- und Wartungsmöglichkeiten etc. Hierbei werden Qualitätsaspekte und ökologische Aspekte vermischt

- Faktor 3: Aspekte der Belastung des Nutzers durch das Produkt: Giftigkeit, Emissionen etc.

Bei der zuvor beschriebenen Studie wurden die umweltbezogenen Produkteigenschaften systematisch nach den beiden Dimensionen Produktlebensphasen und Art der Umweltschäden entwickelt. In einer weiteren Studie wurde untersucht, ob sich die damit gewonnenen Ergebnisse bei einer Befragung, die sich stärker an den Sichtweisen der Konsumenten orientiert, wiederholen lassen. Es wurden deswegen zunächst in einer moderierten Gruppensitzung ohne inhaltliche Vorgaben von 14 Verbrauchern allgemeine Umweltaspekte oder -dimensionen herausgearbeitet, die für sie beim Kauf von Staubsaugern bedeutsam sind. Da diese Aspekte sehr allgemein waren, wurden in einem zweiten Schritt konkretere Merkmale der Produkte oder Produktinformationen, welche unter den Dimensionen subsumiert werden können, gesammelt. Auf der Grundlage dieser Merkmale wurde ein Fragebogen entwickelt, mit dem 22 aktuelle Käufer von elektrischen Kleingeräten und 68 potentielle Kunden in Kaufhäusern nach der Wichtigkeit des jeweiligen Merkmals beim Kaufentscheid befragt wurden. Bei den Käufern zeigt sich folgende Reihenfolge der ökologierelevanten Dimensionen nach ihrer Wichtigkeit (jede Dimension umfaßt mehrere Merkmale oder Items):

- gute Aufgabenangemessenheit
- Langlebigkeit
- leichte Wartung
- leichte Ersatzteilbeschaffung
- geringe Emissionen
- geringer elektrischer Energieverbrauch (Stromverbrauch)
- Recyclebarkeit
- Zeitlosigkeit
- Multifunktionalität
- geringer Energieverbrauch bei der Produktion
- kurze Anfahrtswege bei der Produktion

Bei den potentiellen Käufern ergab sich eine sehr ähnlich Reihenfolge.
Die wichtigsten Merkmale (Items) sind:

- (Funktionalität des Geräts)
- Qualität des Materials (Langlebigkeit)
- gute Verarbeitung (Langlebigkeit)
- Saugen auf verschiedenen Bodenbelägen (Aufgabenangemessenheit)
- unkomplizierter Geräteaufbau (Wartung)
- variable Saugleistung (Aufgabenangemessenheit)
- Kundendienst in Nähe (Ersatzteilbeschaffung)
- Garantiezeit (Langlebigkeit)
- (Preis des Geräts)
- Marke des Geräts (Langlebigkeit)
- Preis der Ersatzteile (Ersatzteilbeschaffung)
- Hinweise auf Stromverbrauch in der Betriebsanleitung (Stromverbrauch)
- Verständlichkeit der Betriebsanleitung (Wartung)

Diese Befunde bestätigen die Ergebnisse der zuvor beschriebenen Untersuchung. Für den Konsumenten stehen diejenigen ökologische Aspekte im Vordergrund, welche die Nutzungsphase betreffen, die mit der Funktionalität/Qualität konfundiert sind und teilweise in Verbindung mit finanziellen Vorteilen stehen (Aufgabenangemessenheit, Langlebigkeit, Wartung, Ersatzteilbeschaffung, geringer elektrischer Energieverbrauch etc.) oder die seine Gesundheit betreffen (Emissionen etc.) und weniger die ökologischen Aspekte anderer Produktlebensphasen wie z.B. die Recyclebarkeit. Aus den Ergebnissen ist weiterhin zu sehen, dass sich bei einer spezifisch an der Kundensicht orientierten Befragung der Preis nicht als wichtigstes Produktmerkmal erweist.

Die faktorenanalytische Auswertung ergibt eine differenziertere Faktorenstruktur als bei der ersten Befragung. Es konnten 6 Faktoren extrahiert werden, die 70 % der Varianz aufklären:

- Faktor 1: Energieverbrauch allgemein (in allen Produktlebensphasen)
- Faktor 2: Multifunktionalität (Variationsmöglichkeiten, Zubehör etc.)
- Faktor 3: Marke (Marke, Bekanntheitsgrad der Firma etc.)
- Faktor 4: Entsorgung/Recyclebarkeit
- Faktor 5: Benutzerfreundlichkeit (verständliche Informationen, einfacher Aufbau etc.)
- Faktor 6: Leistungsregulierung (Stufenregulierung, variable Saugleistung etc.)

Nicht bestätigen ließ sich ein Faktor „Gesundheit" (Giftigkeit, Emissionen etc.).

Um den Begriff „ökologisches Produkt" der Verbraucher genauer zu erfassen, wurde der zuvor beschriebene Fragebogen ein zweites Mal vorgelegt. Diesmal sollten die Verbraucher angeben, wie stark man an dem jeweiligen Merkmal erkennen kann, ob ein ökologisches Produkt vorliegt.

Bei den Ergebnissen zu dieser Befragung fällt auf, dass v.a. solche Aspekte als wichtig eingestuft werden, die einen direkten Einfluß auf die Umwelt haben, wie z.B. „Recyclebarkeit", „geringe Emissionen" und „geringer Stromverbrauch". Indirekte Dimensionen wie „Multifunktionaliät" oder „Aufrüstbarkeit" werden dagegen als weniger charakteristisch für ein ökologisches Produkt angesehen. Diese Ergebnisse bestätigen die zuvor vorgenommene Unterscheidung zwischen produktbezogenem Alltagsbegriff und Expertenbegriff.

In einem weiteren Schritt wurden mit einer Gruppe von Verbrauchern schließlich konkrete Indikatoren am Produkt oder in den Produktinformationen gesammelt, die Hinweise für die zuvor genannten Umweltkriterien sind.. In einer Befragung in Kaufhäusern wurden 90 Kunden aufgefordert anzugeben, inwieweit sie an dem jeweiligen Hinweis die Ausprägung der jeweils zugeordneten ökologischen Dimension erkennen können.

Die Auswertung dieser Befragung zeigt, dass die Verbraucher zwar relativ gut angeben können, was sie unter einem ökologischen Produkt verstehen und welche allgemeinen Kriterien ein solches Produkt erfüllen muß, daß sie aber große Probleme mit der Zuordnung konkreter Indikatoren haben. Die vorgegebenen Möglichkeiten wurden generell als wenig typisch für die entsprechenden ökologischen Produktmerkmale eingestuft. Dieses Ergebnis lässt vermuten, dass ökologische Produkteigenschaften die Kaufentscheidung wesentlich stärker beeinflussen würden, wenn sie eindeutiger und einfacher erkennbar wären.

Zusammenfassend läßt sich feststellen, dass:

1. in bisherigen Untersuchungen die Wichtigkeit umweltorientierter Produktmerkmale als Kaufkriterien unterschätzt wurde, weil die Umweltgerechtheit zu global erfasst und dabei nur vom sehr eingeschränkten Alltagsbegriff der Konsumenten ausgegangen wurde;
2. viele umweltbezogenen Produktmerkmale wichtige Kaufkriterien sind, von den Kunden allerdings nicht als Umwelteigenschaften aufgefaßt werden (z.B. die Wartungsfreundlichkeit). Diese Merkmale betreffen die Nutzung und nicht die der Nutzung vor- und nachgelagerten Produktlebensphasen. Einige der von den

Kunden als typische Umweltmerkmale bezeichneten Produktmerkmale hingegen, wie z.B. die Recyclinggerechtheit, sind unwichtige Kaufkriterien. Sie haben keine Auswirkungen auf die Nutzungsphase;

3. das Gewicht der Umwelteigenschaften beim Kaufentscheid teilweise erhöht werden könnte, wenn eindeutige Indikatoren für diese Merkmale zur Verfügung ständen. Damit zusammenhängend werden vor allem bessere Produktinformationen gefordert.
4. Es ist geplant, die angeführten Untersuchungsergebnisse, die bisher nur mit Befragungen gewonnen wurden, in Kaufverhaltensstudien mit anschließenden Interviews zu validieren. Sollten sie sich in solchen Kaufbeobachtungsinterviews bestätigen und sollte sich dabei auch zeigen - was in den vorliegenden Studien teilweise zutraf - dass umweltorientierte Kunden präzise Vorschläge für umweltgerechtere Produkte machen können, dann liegt es nahe, unter dem Aspekt der kundenorientierten Umweltgerechtheit „Konstrukteur-Kunden-Team-Entwicklunglabors" einzurichten.

5 Evaluation

Die beschriebenen Forschungsprojekte haben zum Ziel, Methoden und Instrumente zu entwickeln, mit denen Herstellerfirmen von elektrischen Haushalts-, Garten- und Hobbygeräten im präventiven und integrierten Umweltschutz unterstützt werden können. Die Evaluation der Forschungsprojekte betrifft entsprechend dem kooperativen Vorgehen zwischen Vertretern der Wissenschaft und interessierten Unternehmen:

- die Kooperation zwischen Wissenschaft und interessierten Unternehmen
- die Umsetzung der entwickelten Instrumente und Methoden in der betrieblichen Praxis
- die wissenschaftliche Vorgehensweise.

In der psychologischen Evaluationsforschung wird unter Evaluation im Allgemeinen die systematische Sammlung von Informationen, mit der die Zielerreichung einer Maßnahme überprüft werden (Kontrollfunktion) und/oder mit der die Erfolgswahrscheinlichkeit einer Maßnahme erhöht werden soll (Verbesserungsfunktion) verstanden. Nach der Art des Ziel- und Kriterienbereichs, nach der Breite der Evaluation, nach der Art der Zielsetzung und nach der Partizipation der Betroffenen lassen sich tendenziell 4 Strategien unterscheiden:

- Ergebnisorientierte Ansätze konzentrieren sich auf die Ergebnisse von Maßnahmen oder den Output, z.B. die Leistung oder den Gewinn.
- Prozessorientierte Ansätze evaluieren auch die einzelnen Maßnahmen oder Maßnahmenteilschritte, z.B. die Planung, Steuerung und Kontrolle einer Maßnahme.
- Bei ebenenorientierten Ansätzen findet die Evaluation auf verschiedenen aufeinander aufbauenden Ebenen statt, wobei z.B. von der Leistung einer Einzelperson bis zum aggregierten Unternehmenserfolg evaluiert wird.

- Aktionsforschungsorientierte Ansätze binden die Betroffenen sehr stark in die Evaluation mit ein. Die Evaluation dient der kontinuierlichen sachlichen Verbesserung von Maßnahmen und gleichzeitig der Erhöhung ihrer Akzeptanz.

Entsprechend der kooperativen Beziehung zwischen Wissenschaftlern und Unternehmen ist die Evaluation im vorliegenden Forschungsprojekt dem Ansatz der Aktionsforschung verpflichtet.

Um die *Kooperation und die betriebliche Umsetzung der entwickelten Methoden und Instrumente*, z.B. von Checklisten und Kriterienkatalogen, sicherzustellen, wurde ein Fragebogen entwickelt, mit dem systematisch ihre Akzeptanz in den Betrieben, insbesondere bei den Produktentwicklern, untersucht wird. Dieser Fragebogen orientiert sich an der „Theorie der geplanten Handlung“ (Ajzen 1986, 1991).

Nach dieser Theorie lässt sich die Akzeptanz als die Absicht oder Intention bestimmen, eine Handlung auszuführen, d.h. Methoden und Instrumente der umweltgerechten Produktentwicklung zu nutzen. Dabei wird folgende kausale Kette der Handlungsentstehung postuliert: Das beobachtbare Handeln wird zunächst unmittelbar durch die Intention oder Absicht, dieses Handeln auszuführen, determiniert. Die Stärke der Handlungsintention hängt dabei von der Stärke 3er theoretisch unabhängiger Konstrukte ab:

- der Einstellung gegenüber der Handlung;
- den wahrgenommenen Erwartungen wichtiger Dritter gegenüber der Handlungsdurchführung (subjektive Norm)
- der wahrgenommenen Schwierigkeit, die Handlung durchzuführen (wahrgenommene Handlungskontrolle)

Die Einstellung hängt von Attributen oder Merkmalen ab, die mit dem Einstellungsobjekt verknüpft sind. Diese Attribute sind beliebige Kognitionen, bei Handlungen z.B. erwartete Konsequenzen. Die Verbindung eines Attributs mit einem Einstellungsobjekt wird Überzeugung (belief) genannt (z.B. „der Einsatz einer neuen Methode führt zu Zeitverlusten“). Die Stärke, mit welcher die Überzeugungen mit einem Einstellungsobjekt verbunden sind, wird als subjektive Wahrscheinlichkeit bezeichnet. Neben der Wahrscheinlichkeit, mit der Attribute und Einstellungsobjekt verbunden sind, wird jedes Merkmal auf einer Bewertungsdimension als positiv bzw. negativ beurteilt. Diese Bewertungen (evaluations) bestimmen, ob zu einem Objekt eine positive oder negative Einstellung besteht.

Eine mangelnde Akzeptanz (Handlungsabsicht) kann nach der „Theorie der geplanten Handlung“ zurückgeführt werden auf:

- die geringe Attraktivität der Handlungskonsequenzen (z.B. Kostenerhöhung)
- die geringe Wahrscheinlichkeit, mit der positive Konsequenzen auftreten
- konträre Erwartungen wichtiger Dritter
- mangelnde Ressourcen (z.B. unzureichendes Wissen oder Zeitmangel)

In Interviews und Befragungen wird die Nutzungsakzeptanz für die Methoden und Instrumente jeweils nach folgenden Schritten ermittelt:

- Auflistung der Merkmale der Methoden und Instrumente sowie der Handlungsfolgen, welche die Nutzung des jeweiligen methodischen oder instrumentellen Produkts erleichtern bzw. erschweren
- Einschätzung der Nutzungsfolgen nach ihrer Bedeutsamkeit
- Einschätzung der Nutzungsfolgen nach ihrer Auftretenswahrscheinlichkeit
- Bewertung der Handlungsfolgen nach einem vorgegebenen mehrdimensionalen Kriterienkatalog
- wartungen wichtiger Dritter
- Erfassung wichtiger Überzeugungen der Handlungskontrolle

Nach der „Theorie der geplanten Handlung" lassen sich präventive Akzeptanzanalysen, die im Rahmen einer kontinuierlichen Entwicklung von Maßnahmen erforderlich sind, durchführen. Präventive Analysen erfassen allerdings häufig nicht die Akzeptanzprobleme die bei der tatsächlichen Anwendung auftreten. Viele Probleme können erst bei der Handlungsdurchführung erkannt und in ihrer Wichtigkeit eingeschätzt werden. Beim präventiven Vorgehen wird deswegen zunächst ein konkreter und differenzierter Handlungsplan der Maßnahmenanwendung, der auch ihre situativen Bedingungen umfaßt, erstellt. Erst ein solcher Handlungsplan erlaubt es annähernd, den Aufwand und die Schwierigkeiten einer Maßnahmendurchführung offenzulegen und die erwartete Attraktivität der Handlungsergebnisse zu überprüfen.

Die systematische Akzeptanzanalyse ist ein partizipatives Evaluationsmanagement, in dessen Verlauf im Zusammenhang mit den auftretenden Problemen und Widerständen kontinuierlich die Ziele der Maßnahmen sowie die Kriterien und das Design der Überprüfung bestimmt und die Bewertung der Veränderungen vorgenommen werden.

Das beschriebene Vorgehen lässt sich auch als eine Strategie des kundenorientierten Qualitätsmanagements begreifen. Die Leistungen des Forschungsprojekts haben dann Qualität, wenn sie den Anforderungen der Kunden, im vorliegenden Fall die Unternehmen, entsprechen. Diese Qualität wird in den Akzeptanzanalysen kontinuierlich überprüft.

Das Qualitätsmanagement erstreckt sich allerdings nicht nur auf den kooperierenden „internen" Kunden in den Unternehmen, sondern vermittelt über diesen Kunden und direkt untersucht in den Studien zur kundenorientierten Umweltgerechtheit auch auf den untenehmensexternen Kunden. Dieser Ansatz entspricht dem zuvor angeführten Prinzip der „integrativen Unternehmensethik". Die Umweltgerechtheit von Produkten wird als Aspekt der kundenorientierten Qualität verstanden. Es ist zu untersuchen, inwieweit ein Unternehmen durch eine umweltgerechte Produktentwicklung eine höhere Qualität unter Umweltaspekten gewinnt, die zu Differenzierungs-, Innovations- und Kostenführerschaftsvorteilen führt.

- Differenzierungsvorteile sind gegeben, wenn es einem Anbieter gelingt, die umweltbezogenen Anforderungen der Kunden an die Produkte besser zu erfüllen als die Wettbewerber.
- Umweltorientierte Innovationsvorteile entstehen durch das Angebot neuartiger umweltschonender Produkte.
- Kostenführerschaft kann durch einen höheren Umsatz infolge der besseren Produktqualität und/oder durch Innovationen gewonnen werden.

Diese Vorteile können nur realisiert werden, wenn die umweltgerechten Produktmerkmale vom Kunden wahrgenommen werden und wenn er im Kauf und in der Nutzung einen Beitrag zur Verwirklichung seiner eigenen ökologischen Zielsetzungen sieht. Entsprechend dieser Argumentation ist ein Produkt gut, wenn es die umweltbezogenen Erwartungen der Kunden erfüllt, und die umweltgerechte Produktentwicklung ist gut, wenn sie die umweltbezogenen Kundenerwartungen valide erfasst und in den Produkten realisiert. Der Evaluation der Instrumente zur Diagnose der Kundenerwartungen kommt deswegen im Rahmen der umweltgerechten Produktentwicklung eine zentrale Bedeutung zu. Diese Evaluation steht im Mittelpunkt der *Erfolgsmessung der wissenschaftlichen Vorgehensweise*. Dabei wird in den wissenschaftlichen Studien nicht nur untersucht, welche Umweltaspekte die Produktwahrnehmung des Kunden umfasst und wie die Umweltaspekte der Produkte an den Kunden kommuniziert werden können, sondern auch mit welchen anwendungsorientierten Instrumenten die Unternehmen die umweltbezogenen Kundenerwartungen valide erfassen können.

Das wissenschaftliche Vorgehen ist allerdings nicht nur kundenorientiert, sondern auch normativ. Die Definition der Nutzungsfehler setzt z.B. voraus, dass die Nutzungshandlungen nach ökologischen Kriterien bewertet werden. Auch lässt die Erfüllung von umweltbezogenen Kundenerwartungen viele unterschiedliche technische Produktvarianten zu, die nach ökologischen Kriterien bewertet werden müssen. Dabei ist allerdings zu bedenken, dass es eine „absolut umweltfreundliche“ Nutzung technischer Produkte und ein „absolut umweltfreundliches“ Produkt nicht gibt. Jedes technische Produkt bewirkt durch seine Herstellung und seine Nutzung eine Belastung der Umwelt. Die Verbesserung von Produkten und die Verbesserung der Nutzung sind nur mehr oder weniger große Annäherungen an einen idealen Zielzustand.

Die Bewertung dieser Annäherung ist ein spezielles Problem der Evaluation, das durch zahlreiche Zielkonflikte zwischen ökologischen Kriterien verschärft wird. Zielkonflikte bei der ökologischen Produktoptimierung treten z.B. auf zwischen der Miniaturisierung und der Demontagefreundlichkeit, zwischen der Haltbarkeit von Werkstoffen und dem Werkstoff-Recycling oder zwischen dem Material Kunststoff und dem Material Metalle (vgl. Behrendt & Kreibich 1994).

Für die Bewertung der Handlungen im Nutzer-Produkt-System liegen Bewertungskriterien nur in Ansätzen vor, weil umweltfreundliches Nutzungsverhalten häufig nicht präzise definiert werden kann. Zum Teil beruht dies auch auf ökologischen Zielkonflikten. Eine Nutzung, welche z.B. die Langlebigkeit eines Produktes unterstützt, steht im Zielkonflikt mit einer Nutzung, welche neue, jedoch weniger Energie verbrauchende Produkte einsetzt.

Teilweise liegen jedoch auch grundsätzliche Wissenslücken vor. Wann ist z.B. das Staubsaugen umweltfreundlich? Sicher wenn der Leistungsregler situationsangemessen, d.h. in Abhängigkeit vom Verschmutzungsgrad der zu reinigenden Fläche, eingestellt wird. Was heißt aber situationsangemessen konkret? Sicher ist das Staubsaugen auch umweltfreundlich, wenn der Staubbeutel rechtzeitig ausgewechselt wird, d.h. dann, wenn die Saugleistung nachläßt. Was heißt aber nachlassende Saugleistung für den Nutzer konkret? Die Saugleistung läßt ja schon nach, wenn der Saugbeutel beginnt, sich zu füllen.

Diese Beispiele sollen zeigen, daß die Evaluation der Nutzungsphase nach ökologischen Kriterien und der damit abgestimmten Produktentwicklung z.Z. nur sehr grob vorgenommen werden kann und dass für den Bereich der nutzerorientierten Entwicklung umweltgerechter Produkte ein sehr großer Forschungsbedarf besteht.

Literatur

Ajzen, I. (1986). From intentions to action: A theory of planned behavior. In J. Kuhl & J. Beckmann (eds.). Action-control: From cognition to behavior. P. 11-39. Heidelberg: Springer.

Ajzen, I. (1991). The theory of planned behavior. Some unresolved issues. Organizational Behavior and Human Decision Processes, 50, S. 179-211.

Behrend, S. & Kreibich, R.(1994). Ecodesign. Umweltorientierte Konstruktion von Produkten. Berlin: Institut für Zukunftsstudien und Technologiebewertung 17.

Bohner, J. & Rüttinger, B. (1997). Ökologische Wahrnehmungs- und Beurteilungsdimensionen. Institutsbericht. TU Darmstadt.

Grob, A. (1991). Meinung - Verhalten - Umwelt. Bern: Lang.

Hubka, V. & Eder, W. E. (1992. Einführung in die Konstruktionswissenschaft. Springer: Berlin.

Kruse, L. (1995). Globale Umweltveränderungen: Eine Herausforderung an die Psychologie. Psychologische Rundschau, 46, 81-92.

Lasser, M. & Rüttinger, B. (1997). Umweltfreundliche Produktentwicklung. Schweizerische Technische Zeitschrift 11 18-22.

Monhemius, K. Ch. (1993). Umweltbewußtes Kaufverhalten von Konsumenten. Frankfurt: Lang.

Norman, D. (1988). The Psychology of everyday Things. New York: Basic Books.

Prümper, J. (1994). Fehlerbeurteilungen in der Mensch-Computer-Interaktion: Reliabilitätsanalyse und Training einer handlungsorientierten Fehlertaxonomie. Münster: Vaxmann.

Raffée, H. & Silberer, G. (1981). Informationsverhalten des Konsumenten. Ergebnisse empirischer Studien. Wiesbaden: Gabler.

Reason, J. (1994). Menschliches Versagen – Psychologische Risikofaktoren und moderne Technologien. Heidelberg: Spektrum Adademischer Verlag.

Rüttinger, B. & Schramme, S. (1996). Die Entwicklung umweltgerechter Produkte. Sozialwissenschaftliche Technikforschung in Hessen 1/2, 55-66.

Spada, H. (1990). Umweltbewußtsein: Einstellung und Verhalten. In L. Kruse, C. F. Graumann & E.-D. Lantermann (Hrsg.), Ökologische Psychologie. München: PVU, 623-631.

Ulrich, P. & Fluri, E. (1992). Mangement. Eine konzentrierte Einführung. Bern: Haupt.

Ulrich, P. (1990). Wirtschaftsethik auf der Suche nach der verlorenen ökonomischen Vernunft. In P. Ulrich (Hrsg.), Auf der Suche nach einer modernen Wirtschaftsethik. Lernschritte zu einer reflexiven Ökonomie. Bern: Haupt.

VDI-Gesellschaft Entwicklung, Konstruktion, Vertrieb (1994). Wege zum erfolgreichen Qualitätsmanagement in der Produktentwicklung. Düsseldorf: VDI-Verl. (VDI-Berichte; 1106).

Wandmacher, J. (1993). Software-Ergonomie. Berlin: de Gryter.

Wottawa, H. (1990). Lehrbuch Evaluation. Stuttgart: Huber.

Züst, R. (1997). Betriebliches Umweltmanagement – Mehr Systemverständnis ist gefordert. In Betriebswissenschaftliches Institut BWI (Hrsg.). Blickwechsel. Betriebswissenschaft und Innovation. S. 53-65. Zürich: vdf Hochschulverlag AG an der ETH Zürich.

IV Teil: Erfolgskontrolle umweltpsychologischer Maßnahmen

Erfolgskontrolle von umweltpsychologischen Maßnahmen in Gemeinden*

Hans-Joachim Mosler**

1 Einleitung: Warum sind Erfolgskontrollen unumgänglich?

In der gängigen Umweltpraxis werden sehr viele Aktionen mit sozialpsychologischem Hintergrund durchgeführt, deren Erfolg lediglich danach beurteilt wird, ob sie „gut angekommen" sind. Bei genauerem Nachfragen bedeutet dies zumeist nur, dass kein markanter Widerstand gegen die Aktion aufgetreten ist. Gewiss, jede Aktion ist immer ein besonderer Fall und somit nur bedingt auf andere Fälle übertragbar. Trotzdem kann man aus jedem Einzelfall etwas für andere Vorhaben lernen, damit man nicht jedesmal von Grund auf beginnen muß und sich die Fehler, Schwachstellen, aber auch die Stärken einer Aktion zu Nutze machen kann. Deswegen sollte jede Aktion einer Erfolgskontrolle unterworfen werden, aus der auch deutlich wird, warum eine Aktion ein Erfolg oder ein Misserfolg geworden ist. Das Fernziel, zu dem der vorliegende Artikel einen ersten Beitrag liefern soll, ist die Erstellung einer technologischen Theorie für umweltpsychologische Aktionen in Gemeinden. Nach Bortz & Döring (1995) geben technologische Theorien konkrete Handlungsanweisungen zur praktischen Umsetzung wissenschaftlicher Theorien an, die ihrerseits der Beschreibung, Erklärung und Vorhersage von Sachverhalten dienen. Wissenschaftliche Theorien werden in der Grundlagenforschung entwickelt, technologische Theorien sind Gegenstand der angewandten Forschung sowie der Interventions- bzw. Evaluationsforschung. Die Unterscheidung zwischen wissenschaftlichen und technologischen Theorien wird oftmals in den Sozialwissenschaften - im Gegensatz zu den Naturwissenschaften - zu wenig beachtet, und gerade für die angewandten Sozialwissenschaften erscheint diese Unterscheidung essentiell. Technologische Theorien benutzen wissenschaftliche Erkenntnisse, um daraus effiziente, routinisierbare Handlungsanleitungen abzuleiten, mit denen etwas hervorgebracht, vermieden, verändert oder verbessert werden kann. Mit der vorliegenden Arbeit wird hoffentlich eine erste Basis für ein

---

* Diese Arbeit wurde im Rahmen des Projekts „Beiträge zur Nachhaltigkeit in Gemeinden: Simulatonsgestützte Erprobung und Diffusion psychologischer Interventionsformen" (Nr. 5001-048830/1) des Schweizerischen Schwerpunktprogrammes Umwelt erstellt.

** Psychologisches Institut der Universität Zürich, Abteilung Sozialpsychologie

Schema von Handlungsanleitungen zur Durchführung umweltpsychologischer Aktionen in Gemeinden geschaffen. Der Artikel ist wie folgt strukturiert:

Im folgenden Kapitel wird vorgestellt, was genaugenommen umweltpsychologische Maßnahmen sind. Eine Erfolgskontrolle hat sich an den gesetzten Zielen und den dazugehörenden Erfolgskriterien zu orientieren, weshalb das dritte Kapitel die Ziele und Erfolgskriterien umweltpsychologischer Maßnahmen zum Gegenstand hat. In einem vierten Kapitel werden die einzelnen Komponenten einer Gemeindeaktion behandelt. Im darauf folgenden fünften Kapitel werden Techniken der Erfolgskontrolle angegeben. Die Erkenntnisse werden im sechsten Kapitel schließlich zusammengefaßt und diskutiert.

2 Was sind umweltpsychologische Maßnahmen?

Umweltpsychologische Maßnahmen bestehen aus Interventions- und Diffusionsformen. Interventionsformen zielen aufgrund ihres Wirkmechanismus im psychischen System auf eine Verhaltensänderung des Individuums ab. Diffusionsformen zielen aufgrund ihres Wirkmechanismus im sozialen System auf eine flächendekkende Durchdringung des sozialen Systems ab. In umweltpsychologischen Aktionen werden die Wirkmechanismen von Interventions- und Diffusionsformen kombiniert. Ihr Ziel ist es, individuelle und kollektive Verhaltensmuster durch eine weitgehende Durchdringung des sozialen Systems möglichst dauerhaft zu verändern.

2.1 Interventionsformen

Aus der angewandten umweltpsychologischen Grundlagenforschung (vgl. Fisher et al. 1984; Gifford 1987; Wortmann et al. 1988). sind vielfältige Formen von Interventionen zur Beeinflussung von Einstellungen und Handlungen bekannt, welche mit einem Kontrollgruppen-Experimentaldesign auf ihre Wirksamkeit hin untersucht wurden: In Forschungsberichten werden z.B. Energieeinsparungen von 5-30% auch noch 12 Monate nach Absetzen der Intervention ausgewiesen (Dwyer et al. 1993; Katzev & Pardini 1987-88; Pallak & Cummings 1976; Pallak et al. 1980; Winett et al. 1985). Im Folgenden wird kurz eine Auswahl von Interventionsformen vorgestellt (für eine ausführliche Darstellung s. Mosler & Gutscher 1998b).

- Prompts / Hinweise: Dies sind geschriebene, gezeichnete oder gesprochene Hinweise, Bitten oder Aufforderungen. Sie vermitteln den Adressaten, welches Verhalten von ihnen gewünscht wird. Träger dieser Botschaften können Schilder, Aufkleber, Poster, Flugblätter, Broschüren, mündliche Mitteilungen usw. sein. Wichtig ist, dass die Hinweise dort angebracht sind, wo das Verhalten stattfindet oder stattfinden sollte (Aronson & O'Leary 1983; Baltes & Haywood 1976; Hopper & Nielsen 1991).

- Selbstverpflichtung: Personen werden darum gebeten, sich zeitlich beschränkt zu einem bestimmten Verhalten zu verpflichten. Die Selbstverpflichtung soll vorhandene umweltgerechte Einstellungen bewusst und dadurch verhaltensleitend machen. Die Selbstverpflichtung ist von allen Interventionsformen wohl die effizienteste, wenn es darum geht, das gewünschte Verhalten auch nach der Intervention zu festigen (Bachmann & Katzev 1982; Pardini & Katzev 1983-1984; Wang & Katzev 1990).

- Vorbildverhalten: Modellpersonen machen erwünschtes Verhalten vor, direkt im Alltag, im Fernsehen, auf Plakaten oder in anderen Medien. Modelle können reale oder fiktive Personen oder gar Tiere sein (Comic). Je mehr Status und Ausstrahlung ein Modell hat, desto eher finden sich Nachahmer. Ebenso wirkt eine größere Anzahl von Modellen effektiver als eine kleinere. Entscheidend für die Auswahl von Modellen ist die jeweilige Zielgruppe. Sie bestimmt, welche Modelle Status und Ausstrahlung besitzen, glaubwürdig und damit normgebend sind (Wagstaff & Wilson 1988; Winett et al. 1982; Winett et al. 1985).

- Feedback und Selbstüberwachung: Die Zielpersonen erhalten Rückmeldungen über ihr Verhalten bzw. über die Ergebnisse, die sie mit ihrem Verhalten erzielt haben. Ein Haushalt erfährt beispielsweise, wie viel Strom oder Wasser während einer bestimmten vergangenen Periode verbraucht wurde und wie viel das gekostet hat. Für eine erfolgreiche Anwendung dieser Interventionsform ist eine möglichst prompte, regelmäßige, spezifische und glaubwürdige Rückmeldung notwendig (Midden et al. 1983; Pallak & Cummings 1976; Pallak et al. 1980; Rothstein 1980).

- Soziale Normvorgabe: Bei dieser Interventionsform werden soziale umweltgerechte Normen im Sinne allgemeiner Verhaltensweisen oder Verhaltensgepflogenheiten in den Vordergrund gestellt. Mit einem Hinweis auf Normen wird aufgezeigt, was die meisten Leute in einer bestimmten Situation als normal, effektiv oder angepasst betrachten oder was moralisch zu billigen oder zu missbilligen ist. Normen spezifizieren, was getan werden sollte. Bei Missachtung erfolgen soziale Sanktionen (Cialdini et al. 1990; Reno et al. 1993; Hopper & Nielsen 1991).

2.2 Diffusionsformen

Die oben aufgeführten Interventionsformen besitzen nur dann eine „durchschlagende" Wirkung, wenn die Interventionsziele von weiten Teilen der Bevölkerung perzipiert und auch umgesetzt werden. Es ist deshalb wichtig, dass umweltorientierte Innovationen in der Gesellschaft diffundieren, um im beabsichtigten Sinne wirksam werden zu können (Borden 1984; Dennis et al. 1990; Stern 1992). Mit optimal konzipierten Verbreitungstechniken sollen Interventionen möglichst viele Personen erreichen. Es folgt eine kurze Darstellung bekannter Diffusionsformen (für eine ausführliche Darstellung s. Mosler & Gutscher 1998b).

- Multiplikatoren sind Personen, die aufgrund ihrer zentralen Position im sozialen Netzwerk andere zum Mitmachen anregen. Sie werden persönlich angesprochen, motiviert, unterwiesen und betreut. Vorzugsweise werden Vereine, Schulen etc. involviert (Mieneke & Midden 1991).

- Aktivatoren sind zentral organisierte, bezahlte und unterwiesene Personen, die andere Personen anwerben, indem sie z.B. von Haushalt zu Haushalt gehen (Gonzales et al. 1988).

- Bei „Weitersagen-weitergeben"-Aufgaben werden von verschiedenen Personenstartpunkten aus Aufgaben und/oder Informationen an eine Person weitergereicht mit der Bitte, sie wiederum weiterzugeben (Aktion NORDLICHT; Prose & Wortmann 1992; Prose et al. 1994).

- Bei kollektiven Aktionen ('alle-oder-niemand'-Verträgen). verpflichten sich Personen, sich an einer umweltorientierten Aktion dann zu beteiligen, wenn sich eine vorgegebene Anzahl von Personen (z.B. 100-500). ebenfalls bereit erklärt hat, mitzumachen (Artho 1997).

- Bei einer postalischen Aktion werden Personen mittels Briefen angesprochen, angeworben und betreut (Dwyer et al. 1993).

- Mit einer Medienkampagne werden Personen über Medien angesprochen und instruiert (Rothstein 1980).

Unter umweltpsychologischen Maßnahmen sind nach den obigen Ausführungen somit sozialpsychologisch ausgerichtete Umweltaktionen zu verstehen, in denen Interventions- und Diffusionsformen miteinander verbunden werden. Im folgenden Kapitel werden die vielfältigen Ziele erläutert, die mit solchen Aktionen verfolgt werden.

3 Ziele und Erfolgskriterien umweltpsychologischer Maßnahmen

Das wichtigste Ziel umweltpsychologischer Aktionen ist das ökologische Ziel der Veränderung der Handlungsfolgen, z.B. eine Verminderung des Ressourcenverbrauchs (Elektrizität, Wasser, Treibstoff etc.). Ebenso sollen mit den Interventionsformen Ziele auf individueller und auf kollektiver Ebene erreicht werden, d.h. man möchte sowohl bei den Individuen als auch im Sozialsystem Veränderungen in Richtung vermehrter Umweltgerechtigkeit bewirken. Es kann durchaus sein, dass eine Aktion zwar keine unmittelbaren ökologischen Effekte erzielt, aber auf der individuellen Ebene Veränderungen hervorruft, die in einem anderen Bereich oder bei einer Folgeaktion ökologische Auswirkungen zeigen. Ziele auf der individuellen Ebene sind z.B. die Veränderung von selbstberichtetem Handeln, von Handlungsbereitschaften, Gewohnheiten, Einstellungen und von wahrgenommener Handlungskontrolle. Welche Ziele damit anvisiert werden, ist abhängig von den angewendeten Interventionsformen und den dahinterstehenden Theorien. Dasselbe gilt für die Ziele auf der kollektiven Ebene wie die Veränderung von subjektiver Norm, von kollektivem „Können" und von Gemeinschaftsgefühl. Es ist außerordentlich wichtig, dass auch auf der sozialen Ebene Veränderungen in Richtung vermehrter Umweltgerechtigkeit bewirkt werden können. Ein neues kollektives Handlungsmuster wird sich erst dann etablieren, wenn viele Personen davon überzeugt sind, daß es üblich ist, umweltgerecht zu denken und zu handeln, wenn sie als Individuen erfahren, dass sie miteinander einen markanten Beitrag zur Umweltverbesserung erreicht und wenn sie gesehen haben, wie sich Personen aus ihrer sozialen Umgebung für die Umwelt einsetzen und damit andere motivieren. Bei den Diffusionszielen geht es darum, möglichst viele und möglichst verschiedene Personen möglichst schnell zu erreichen, d.h. sie zu einer Teilnahme an der Aktion zu bewegen. Die Ziele auf der sozialen Ebene und die Diffusionsziele interagieren miteinander.

Mit den Erfolgskriterien wird bestimmt, anhand welcher empirischer Beobachtungen man das Ausmaß der Zielerreichung beurteilen möchte (Wottawa & Thierau 1990). Es muss festgelegt werden, mit welchen Daten die (relative) Maßnahmewirkung registriert werden soll und wie diese Daten zu erheben sind. Ebenso muss definiert werden, ab welchem Ausmaß der Maßnahmewirkung man einen Erfolg konstatiert. Die Auswahl der Erfolgskriterien orientiert sich an den vorher festgelegten Zielen der umweltpsychologischen Maßnahmen. Erfolgskriterien für das Erreichen ökologischer Ziele sind zumeist eine Verminderung des Ressourcenverbrauchs oder der Emissionen. Erfolgskriterien auf der individuellen Ebene sind die Veränderungen von selbstberichtetem Handeln, von Handlungsbereitschaften usw. zu vermehrter Umweltgerechtigkeit. Ausgehend von einem Vergleich von Befragungen vor und nach den Maßnahmen wird mit statistischen Auswertungsverfahren festgestellt, ob eine signifikante Veränderung stattgefunden hat. Auf dieselbe Weise werden Veränderungen bei Erfolgskriterien auf der kollektiven Ebene festgestellt, so zum Beispiel bezüglich der subjektiven Norm, dem kollektiven Können und dem Gemeinschaftsgefühl. Ob die Erfolgskriterien zu den Diffusionszielen erfüllt werden, wird aus der Anzahl Teilnehmer bei der Aktion ersichtlich sowie aus der demografischen Zusammensetzung der Teilnehmer und dem Zeitpunkt ihrer Teilnahme.

Wie die oben genannten Ziele erreicht werden können, wird im nächsten Kapitel dargelegt. Die Evaluationstechniken zur Bestimmung des erzielten Erfolgs werden im übernächsten Kapitel besprochen.

4 Die Komponenten einer umweltpsychologischen Aktion in einer Gemeinde

In diesem Kapitel werden alle Komponenten einer umweltpsychologischen Gemeindeaktion, wie sie in Abb. 37 dargestellt sind, kurz besprochen. Es ist sozusagen eine Bestandesaufnahme der auszuführenden Schritte und in diesem Sinn ein erster Entwurf einer routinisierbaren Handlungsanleitung für die Durchführung von umweltpsychologischen Gemeindeaktionen. Nicht aufgeführt sind früheste informelle telefonische oder postalische Kontaktaufnahmen zwischen der beratenden Institution, z.B. einem Universitätsinstitut oder einem privaten Umweltberatungsbüro und Gemeindevertretern. Vorausgehend muß man über informelle Kanäle abklären, inwiefern ein Interesse der Gemeinde an Umweltfragen vorhanden ist, welche Personen erste wichtige Ansprechpartner sein könnten und welche Umweltprobleme im Vordergrund stehen. In Abb. 37 sind auch die vorzunehmenden Beobachtungen von Verhaltensfolgen (z.B. Stromverbrauchsmessungen), eingetragen, wie sie für verschiedene Untersuchungsdesigns notwendig sind.

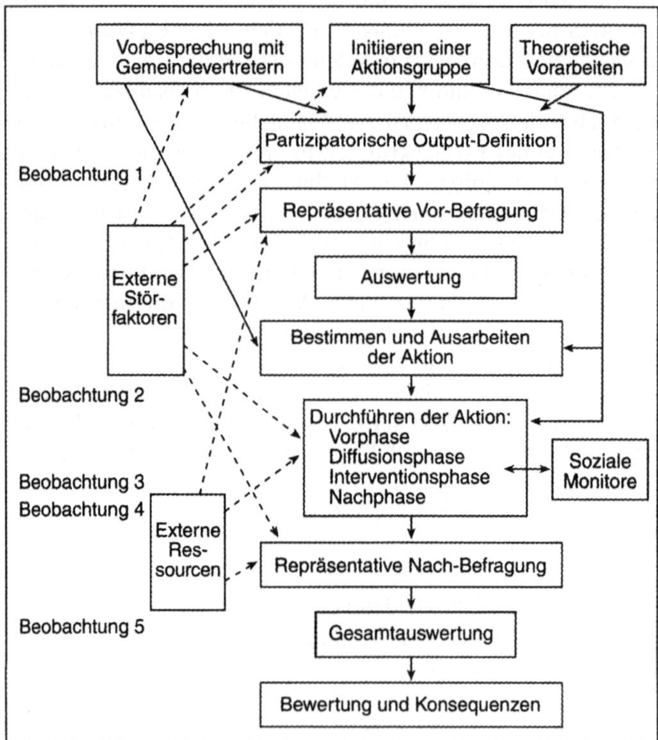

Abb. 37. Die Komponenten einer umweltpsychologischen Aktion in einer Gemeinde. Die *ausgezogenen Pfeile* bezeichnen in der Aktion vorgesehene Schritte, die *gestrichelten Pfeile* mögliche Einwirkungen.

Die gesamte Aktion lässt sich grob in 3 Phasen unterteilen: eine Planungsphase, die mit dem Schritt „Bestimmen und Ausarbeiten der Aktion“ endet, eine Durchführungsphase, in der die eigentliche Aktion ausgeführt wird und eine Nachbearbeitungsphase in der die Aktion ausgewertet wird und weiterführende Perspektiven entworfen werden. Korrespondierend zu diesen Phasen werden im Ffolgenden die einzelnen Komponenten vorgestellt.

4.1 Planungsphase

Vorausschickend ist zu bemerken, dass es mit Sicherheit nicht möglich ist, dass sozusagen „von oben“ irgendeine externe Institution eine Maßnahme bei einer Gemeinde anwendet und diese sich dann gesamthaft umweltgerechter verhält. Ein solches Vorgehen wäre aufgrund von gewiss auftretenden Widerständen nicht durchführbar und entspräche auch nicht einer partnerschaftlichen Wissenschaftsethik. Eine „Sozialtechnik“ kann und soll ihre Methoden nicht einfach „durchziehen“, sondern ist auf den risikoreicheren, langwierigeren Weg des demokratischen, partizipativen und argumentativen Vorgehens verwiesen. Die „Lösung“ von Umweltproblemen erfordert Anpassungen und Änderungen, welche von Menschen verstanden, übernommen und ausgeführt werden müssen. Deswegen ist das Hauptanliegen in der Planungsphase eine gemeinsame Ziel- und Inhaltsbestimmung für die Aktion von Gemeinde und Beratungsinstitution mittels ausgiebiger Vorbesprechungen. Außerdem muss eine Aktionsgruppe ins Leben gerufen werden, die, möglichst breit abgestützt, die Aktion tragen und als Ansprechpartner für Leute aus der Gemeinde dienen kann. Die theoretischen Vorarbeiten durch die Beratungsinstitution beginnen, sobald ein erster Input von der Gemeindeseite her erfolgt ist. Dabei geht es um erste Überlegungen zu Interventions- und Diffusionsformen und diesen zugrundeliegenden Theorien. Das Ganze mündet in der Ausdrucksweise der Politikevaluation in eine „Partizipatorische Output Definition“ (vgl. Bussmann et al. 1997, S. 70), d. h. alle Vorhaben werden miteinander erarbeitet und beschlossen. Anders liegt der Fall natürlich, wenn die Gemeinde die Durchführung einer Aktion in Auftrag gibt; hier setzt sie v.a. selbst die Ziele.

Die „Repräsentative Vorbefragung“ dient dazu, den Status quo der Gemeinde in Bezug auf individuelle und soziale Faktoren festzustellen: Was denken, meinen, fühlen die Einwohner hinsichtlich des anzugehenden Umweltproblems? Wie gut kennen sie sich untereinander? Was für Erfahrungen haben sie mit gemeinsamen Aktionen gemacht? Welchen Umweltbelastungen sind sie ausgesetzt? Die Auswertung der Befragung geht ein in das Bestimmen und Ausarbeiten der eigentlichen Aktion. Je nachdem, wo Handlungsbereitschaften, positive Einstellungen usw. bei der Bevölkerung vorhanden sind, um so besser kann man dort mit der Aktion ansetzen. Die Art des festgestellten Beziehungsnetzes in einer Gemeinde, beeinflusst ganz wesentlich die Wahl der Diffusionsform: Sind z.B. in der Gemeinde nur relativ wenige Kontakte unter den Einwohnern vorhanden, so wird man mit den Diffusionsformen Medienkampagne, postalische Aktion oder Aktivatoren arbeiten müssen.

4.2 Durchführungsphase

Sind der Inhaltsbereich, die Ziele und die Mittel der Aktion bestimmt, so kommt man nun zu deren Durchführung. Diese Phase kann man wiederum in 4 Teilphasen untergliedern: Vor-, Diffusions-, Interventions- und Nachphase. Diese Einteilung sowie die Inhalte der einzelnen Teilphasen folgen den Befunden von Kok und Siero (1985).

Hauptbestandteil der Vorphase ist es, die Aufmerksamkeit der Einwohner auf die Aktion zu lenken sowie die Ziele und Inhalte der Aktion verständlich zu machen. Dies kann mittels Pressemitteilungen, Plakaten, Standaktionen und diversen Veranstaltungen geschehen. Erst wenn ein großer Teil der Einwohner von der Aktion weiß und verstanden hat, worum es geht, kann mit der Diffusion begonnen werden. Für die Gestaltung dieses Teils sind unbedingt Werbe-, Kommunikations- und eventuell Umweltfachleute beizuziehen, damit die Inhalte ansprechend gestaltet werden. In dieser Teilphase gilt es, so viele Teilnehmer wie möglich für die Aktion zu gewinnen, wozu die in Kap. 2 genannten Diffusionsformen angewendet werden. Vor allem hier wirkt sich das Ausmaß des Engagements der in der Planungsphase konstituierten Aktionsgruppe entscheidend aus: Sie muss Ausgangspunkt und Motor der Diffusion sein. Auf die Funktion der sozialen Monitore wird im nächsten Kapitel eingegangen.

Zu welchem Zeitpunkt die Interventionsphase beginnt, ist abhängig von der Art der Diffusions- und der Interventionsform. Zum Beispiel muss sich für das Zustandekommen eines „Alle-oder-niemand"-Vertrags die im Vertrag festgehaltene Anzahl Personen beteiligen, damit der Vertrag wirksam werden kann und die Personen mit dem Verhalten beginnen, zu dem sie sich im Vertrag verpflichtet haben. Bei dieser Interventionsform ist es wichtig, dass alle Teilnehmer und Teilnehmerinnen verständliche und genaue Handlungsanweisungen und -möglichkeiten erhalten. Es muss allen klar sein, was sie tun könnten, um beispielsweise Elektrizität zu sparen. Dieser Punkt ist insbesondere dann zu beachten, wenn in der Gemeinde viele Menschen mit schlechten Deutschkenntnissen leben. Am Ende der Interventionsphase wird den Teilnehmern mitgeteilt, dass die Aktion abgeschlossen sei. In der Nachphase wird der Erfolg oder Misserfolg der Aktion über Medien und andere Kanäle bekanntgegeben. Sowohl in der Vor- als auch in der Nachphase wird eine Messung der wichtigsten abhängigen Variablen (z.B. Energieverbrauch) bei der Gemeinde durchgeführt. Der Vergleich dieser beiden Messungen ist ein wichtiger Bestandteil der Erfolgskontrolle, worauf im Kap. 5 ausführlicher eingegangen wird.

4.3 Nachbearbeitungsphase

Ist die eigentliche Aktion abgeschlossen, so wird eine repräsentative Nacherhebung durchgeführt. Mit der darauffolgenden Gesamtauswertung soll ein Vergleich zur Vorerhebung ermöglicht werden, wodurch eventuelle Veränderungen in den individuellen und sozialen Faktoren festgestellt werden können. Die Ergebnisse sollen in den Medien veröffentlicht werden, damit die Bevölkerung eine Rückmeldung zur gesamten Aktion bekommt und sich ein Bild machen kann, inwiefern die eigenen und kollektiven Anstrengungen zu evidenten Ergebnissen geführt haben. Die Ausrichtung einer Schlusstagung auf der unter Einbezug der Bevölkerung die gesamte Aktion bewertet wird und daraus Konsequenzen gezogen werden, kann evtl. als Basis für weiterführende Aktionen dienen.

4.4 Externe Faktoren

Für die Gesamtdurchführung der Aktion sind auch externe Ressourcen mitzuberücksichtigen, die nicht von vornherein im eigentlichen Aktionsprogramm enthalten sind, die jedoch von großem Nutzen für die Aktion sein können. Hier sind an erster Stelle die Lokalmedien zu nennen, die zumeist bereit sind, gut vorbereitete Pressemitteilungen zu veröffentlichen. Die Medien kann man v.a. für das Bekanntmachen der Aktion einsetzen, auch wenn nach unseren Erfahrungen deren Reichweite und Durchdringung der Bevölkerung eher überschätzt wird. Des Weiteren gibt es in der Gemeindeverwaltung häufig Personen, die sich für eine Umweltaktion engagieren, vorausgesetzt, es wird von deren Vorgesetzten befürwortet. Diese Gemeindeangestellten kann man mit verschiedensten Aufgaben im Rahmen der Aktion betrauen: Betreuung einer Aktions-Hotline, für den Versand von Aktionsmaterialien usw. Die Gemeindeverwaltung besitzt auch einiges an Mitteln, die für eine Umweltaktion eingesetzt werden können: Standschilder, die Gemeindezeitung etc.

Neben den Komponenten der Aktion, die man in die Planung einbeziehen kann, gibt es noch andere Faktoren, die, aufgrund ihrer Unvorhersehbarkeit, nicht kalkuliert werden können, die aber eine erfolgreiche Realisierung einer Aktion erheblich behindern können. Es sind externe, aktionsfremde Störfaktoren, von denen hier nur eine kleine Auswahl aufgeführt wird. Wichtigster möglicher Störfaktor sind zweifellos Gegnergruppen, die aus irgendwelchen Gründen gegen die Aktion arbeiten oder diese zumindest passiv blockieren, weil sie generell Umweltthemen ablehnen. Nicht zu unterschätzen sind Gegnerschaften aufgrund von Parteiprofilierungen: Zur Zeit findet sich in jeder Gemeinde mit Sicherheit ein Parteigänger, der meint, dass die Ausgaben für eine Umweltaktion anderswo besser zu verwenden seien. Hier ist es von Vorteil, sich ganz zu Anfang der Unterstützung aller Parteien zu versichern. Stark beachtet werden muss auch ein allgemeines Desinteresse an Umweltaktionen, wenn andere Themen in einer Gemeinde im Vordergrund stehen: Hat gerade der Hauptarbeitgeber in der Gemeinde seinen Betrieb geschlossen, so wird eher die Arbeitslosigkeit das wichtigste Thema in der Gemeinde sein und nicht die Umwelt.

Nachdem im vorhergehenden Kapitel die Ziele einer umweltpsychologischen Aktion dargelegt wurden und in diesem Kapitel die einzelnen Schritte zur Erreichung dieser Ziele, wird im folgenden Kapitel die Kontrolle der Zielerreichung beschrieben.

5 Techniken der Erfolgskontrolle

Bei der Erfolgskontrolle geht es im Kern darum, den Erfolg einer Aktion exklusiv auf die Durchführung der Maßnahmen zurückzuführen. Deswegen wendet man für die Erfolgskontrolle bestimmte Techniken an, mit denen man die Wirkung anderer Faktoren ausschließen kann. Bei einer umweltpsychologischen Gemeindeaktion können folgende Störfaktoren auftreten, die das Untersuchungsergebnis mitbeeinflussen können:

- Saisonale Trends können zum Beispiel bewirken, dass der Stromverbrauch vom Winter zum Sommer hin sinkt.
- Externe regionale Einflüsse wirken in Form von Wetterverhältnissen, Landespolitik, Umweltkatastrophen.
- Gemeindespezifische Vorkommnisse, z.B. der Wahlsieg einer bestimmten Partei bei den Gemeindewahlen, die Eröffnung einer großen Straßenbaustelle, die Erhöhung des Wasserpreises können Veränderungen bewirken.
- Gemeindespezifische spontane Veränderungen können Einflüsse ausüben, z.B. kann sich Energiesparen einstellen, wenn die Einwohner von selbst erkennen, wie sie ihre schon vorhandenen umweltgerechten Einstellungen in konkretes Handeln umsetzen können.
- Beobachtungseffekte machen sich dadurch bemerkbar, dass Personen, die feststellen, dass sie bei einem spezifischen Verhalten (z.B. Autofahren) beobachtet werden ihr Verhalten verändern, v.a. wenn diese Veränderung sozial erwünscht ist.

In diesem Kapitel werden die bei einer umweltpsychologischen Gemeindeaktion anzuwendenden Untersuchungsdesigns, Datenerhebungs- und Auswertungsverfahren beschrieben, mit denen man auszuschließen versucht, dass einer der genannten Störfaktoren das Untersuchungsergebnis beeinflusst hat. Das Untersuchungsdesign legt fest, welche Untersuchungsstrategie angewendet werden soll, damit die Forschungsfragen beantwortet werden können. Mit der Bestimmung der Datenerhebungs- und Auswertungsverfahren wird definiert, welche Materialien und Daten wie erhoben und ausgewertet werden sollen. Es geht in diesem Kapitel nicht darum, eine Übersicht über alle möglichen Untersuchungsdesigns und Datenerhebungsverfahren zu geben, hierzu sei der Leser auf ausführlichere Literatur verwiesen (Bortz & Döring 1995; Bussmann et al. 1997; Schahn & Bohner 1996; Wottawa & Thierau 1990). Vielmehr soll an dieser Stelle dargelegt werden, welche Verfahren sich für die Praxis eignen.

5.1 Untersuchungsdesigns

Die Wahl des Untersuchungsdesigns ist bei einer Gemeindeaktion abhängig von der Definition der Untersuchungseinheit, die sich auf die ganze Gemeinde, aber auch auf die Mitglieder der Gemeinde beziehen kann. Die sinnvolle Untersuchungseinheit wird durch den zu verändernden Umweltbereich definiert. Die gesamte Gemeinde ist dann als Untersuchungseinheit zu wählen, wenn es um einen nur kollektiv veränderbaren Umweltbereich geht, z.B. bei der Veränderung der Luftqualität oder der Durchschnittsgeschwindigkeit im Ortsverkehr. Ist der Umweltbereich hingegen individuell veränderbar, wie z.B. der Stromverbrauch, so ist die sinnvolle Untersuchungseinheit eine Person oder ein Haushalt.

5.1.1 Die Gemeinde als Untersuchungseinheit

Ist die Untersuchungseinheit die Gemeinde, so lautet zu prüfende Aussage: „Die umweltpsychologische Aktion bewirkt bei Gemeinden eine Verbesserung in umweltrelevanten Indikatoren“. Für die Überprüfung der Wirksamkeit einer Aktion müsste bei einem experimentellen Vorgehen eine Zufallsstichprobe aus der Grundgesamtheit einer bestimmten Gruppe von Gemeinden (z.B. aus der Region). gezogen werden, von denen dann bei der einen Hälfte die Aktion durchgeführt wird und bei der anderen Hälfte nicht (Design mit Versuchs- und Kontrollgruppe). Um verschiedene Alternativerklärungen auszuschließen (Schahn & Bohner 1996), müssten sogar noch 2 weitere Gruppen gebildet werden: eine ohne Vortest und eine nur mit einem Nachtest (Solomon-Vier-Gruppen-Plan, Bortz & Döring 1995). Da ein solches Vorgehen in den meisten Fällen an seiner Durchführbarkeit scheitert, wird auf Gemeindeebene eher auf eine vergleichende Einzelfallanalyse (Bussmann et al. 1997). zurückgegriffen, d.h. wir haben nur einen Fall, bei dem die Aktion durchgeführt wird, und vergleichen diesen mit anderen Fällen, bei denen die Aktion nicht durchgeführt wird. Zum Beispiel können wir die Wirkung einer Umsteigeaktion von individuellen auf öffentliche Verkehrsmittel an der veränderten Luftqualität der Gemeinde im Vergleich zu anderen Gemeinden in der gleichen Periode feststellen. Sind keinerlei Vergleiche möglich, so erreicht man mit wiederholten Messungen eine wesentliche Verbesserung der Aussagekraft von Einzelfallanalysen (Bortz & Döring 1995). Vor allem Regressionseffekte werden auf diese Weise vermieden. Regressionseffekte werden durch mangelnde Verlässlichkeit von Messinstrumenten verursacht und führen dazu, dass extreme Werte sich bei einer wiederholten Messung zur Mitte der Merkmalsverteilung hin verändern (Bortz & Döring 1995). Bei Mehrfachmessungen unterscheidet man zwischen Messungen in Phasen mit der Aktion (B-Phasen) und Messungen in Phasen ohne Aktion (A-Phasen). Ein A - B - A -Untersuchungsdesign bedeutet, dass 3mal gemessen wird: vor, während und nach der Aktion. Besser wären mehrere Messungen in jeder Phase, damit auch saisonale Trends erkannt werden können. Zeitreihenanalysen wären hierfür noch besser, sie scheitern aber oft am Aufwand, denn es müssen mindestens 50 Messungen vorliegen. In Tab. 7 ist aufgeführt, welche Störfaktoren mit welchem Untersuchungsdesign kontrolliert werden können.

Tabelle 7. Untersuchungseinheit Gemeinde: Störfaktoren und Untersuchungsdesigns

	Versuchs- und Kontrollgruppe	Einzelfall mit Vergleich	Einzelfall mit Mehrfachmessungen
Saisonale Trends	+	+	+
Externe Einflüsse	+	+	–
Gemeindespezifische Vorkommnisse	+	–	–
Gemeindespezifische spontane Veränderungen	+	–	–
Beobachtungseffekte	+	+	–

„+“ bedeutet, dass der Störfaktor kontrolliert ist, „–“, dass er nicht kontrolliert ist

5.1.2 Das Gemeindemitglied als Untersuchungseinheit

Betrachten wir die einzelnen Gemeindemitglieder als Untersuchungseinheiten, so lautet die zu prüfende Aussage: „Bei Gemeindemitgliedern, die sich an der Aktion beteiligen, bewirkt diese positive umweltrelevante Veränderungen“. Die Grundgesamtheit bilden hier alle Gemeindemitglieder, aus der wir eine Zufallsstichprobe ziehen und diese auf Versuchs- und Kontrollgruppe verteilen. Führen wir aber eine Aktion durch, die alle Gemeindemitglieder ansprechen sollte, ist eine eindeutige Kontrollgruppenbildung nicht möglich („treatment contamination“ Schahn & Bohner 1996). Es gibt hier nur 2 Möglichkeiten:

1. Man hat eine sehr große Stichprobe und entfernt nachträglich aus der Kontrollgruppe alle Personen, die mit der Aktion in Kontakt kamen. Hier muß man aber unbedingt darauf achten, daß die Variable „Kontakt-Kein-Kontakt mit der Aktion“ nicht mit anderen Variablen konfundiert ist.
2. Man bildet eine Kontrollgruppe aus Personen einer anderen Gemeinde, wobei man berücksichtigen muss, dass in diesem Fall die Einflüsse auf die Versuchs- und Kontrollgruppe nicht dieselben, weil gemeindespezifisch, sind (vgl. Tab. 8).

Allerdings lässt sich bei diesen beiden Verfahren keine Zufallszuteilung auf Versuchs- und Kontrollgruppe mehr realisieren, sodass Anfangsunterschiede in relevanten Dimensionen zwischen den Gruppen erfasst und in die Auswertung miteinbezogen werden müssen. Hier kann man auch ein Matching-Verfahren anwenden, bei dem die Personen der Stichprobe einander paarweise in Bezug auf das zu kontrollierende Merkmal zugeordnet werden. Die Individuen, für die keine

Paarperson gefunden wird, müssten dann allerdings aus der Stichprobe entfernt werden.

Sind beide genannte Alternativen nicht möglich, so könnte man als Notbehelf nachträglich Personen suchen, die von der Aktion unberührt geblieben sind und diese nach ihrem Verhalten während der ganzen Aktionszeit befragen. Allerdings handelt man sich hier wiederum Probleme ein, die sich bei einer nachträglichen Befragung ergeben. Kann man keine Kontrollgruppe innerhalb der Gemeinde bilden, so kann man die Alternativerklärungen der spontanen Veränderungen und der gemeindespezifischen Ereignisse nicht ausschließen (vgl. Tab. 8).

Ist es überhaupt nicht möglich eine Kontrollgruppe zu bilden, so muss man sich mit folgenden Designs behelfen (vgl. Tab. 8):

- mit einem A - B - A -Design mit Mehrfachmessungen, analog zum Design für eine gesamte Gemeinde.
- Die Veränderung des Gruppendurchschnitts in einer umweltrelevanten Variablen wird mit der Veränderung der Variablen in einer anderen Gemeinde oder mehreren Gemeinden verglichen, z.B. wird der Energieverbrauch der Versuchsgruppe mit dem einer gesamten anderen Gemeinde oder mit dem des Kantons (Bundeslands) in der gleichen Zeitperiode verglichen.
- die „natürliche Variation" der Intensität, mit der Personen mit der Aktion in Kontakt gekommen sind. Ein Hinweis auf die Wirksamkeit der Aktion kann dann gezogen werden, wenn gilt, dass umweltrelevante Veränderungen bei Personen um so stärker sind, je intensiver sie mit der Aktion Kontakt hatten.

Diese letzte Variante muss eigentlich immer berücksichtigt werden, weil man bei einer Gemeindeaktion nicht wie bei einem Laborexperiment davon ausgehen kann, dass alle Versuchspersonen gleich behandelt worden sind (Konstanz des Treatments, Schahn & Bohner 1996). Die einen werden nur am Rande über Medien von der Aktion erfahren haben, andere sind vielleicht von Teilnehmern direkt angesprochen worden und wieder andere haben sich aktiv beteiligt und vielleicht sogar selbst weitere Teilnehmer gesucht. In Tab. 8 sind alle praktikablen Untersuchungsdesigns mit Gemeindemitgliedern als Untersuchungseinheiten aufgeführt.

Die Schwierigkeiten, anhand einer Gemeindeaktion eindeutige Wirksamkeitsaussagen machen zu können, liegen darin begründet, dass es ohne einen beträchtlichen Zusatzaufwand fast nicht möglich ist, mehrere Kontrollmessungen (von Gemeinden oder Personen) zu erhalten. Man muß sich bewusst sein, dass man bei einem Experiment mit einer ganzen Gemeinde keine Laborbedingungen vorfindet und man sich in einer Größenordnung bewegt, bei der es schwer ist, einigermaßen vergleichbare Untersuchungseinheiten zu erstellen.

Tabelle 8. Untersuchungseinheiten Gemeindemitglieder: Störfaktoren und Untersuchungsdesigns

	Versuchs- und Kontrollgruppe aus verschiedenen Gemeinden	Versuchs- und Kontrollgruppe aus der Aktionsgemeinde	Versuchsgruppe mit Mehrfachmessungen und mit Vergleich	Versuchsgruppe mit Mehrfachmessungen und mit Intensitätsmaß
Saisonale Trends	+	+	+	-
Externe Einflüsse	+	+	+	-
Gemeindespezifische Vorkommnise	–	+	–	+
Gemeindespezifische spontane Veränderungen	–	+	–	+
Beobachtungseffekte	+	+	–	–

„+" bedeutet, dass der Störfaktor kontrolliert ist, „–" dass er nicht kontrolliert ist

5.2 Datenerhebungs- und Auswertungsverfahren

In diesem Unterkapitel geht es um die Techniken, die angewendet werden, um Daten zu erhalten und auszuwerten, mit denen Forschungsfragen beantwortet und der Erfolg der Aktion bewertet werden kann.

5.2.1 Technische Messungen und Beobachtungen

Mit den technischen Messungen und Beobachtungen sollen v.a. Veränderungen auf der Umweltseite festgestellt werden, die infolge von veränderten Handlungsweisen entstanden sind. Kontrolliert wird, ob die ökologischen Ziele erreicht wurden. Technisch apparative Messungen sind z.B. Ressourcenverbrauchsmessungen wie bei Wasser, Strom, Heizöl, Benzin, Abfall, aber auch Messungen von Auswirkungen auf die Umwelt im weitesten Sinne wie Lärm, Emissionen, Geschwindigkeit. Am besten ist es, wenn die technischen Messungen schon in der Vorjahresperiode beginnen, in der auch die Aktion durchgeführt wird, und kontinuierlich durchgeführt werden, damit jahreszeitlich bedingte Schwankungen kontrolliert werden können. Wenn nicht kontinuierlich gemessen werden kann, dann soll im Rahmen des A - B - A -Designs und wenn möglich gleichzeitig in einer anderen Gemeinde, gemessen werden. Auch bei technisch apparativen Messungen und Beobachtungen muss man die Reaktivität der Messverfahren beachten (Beobachtungseffekte): Am besten sind verdeckte Messungen, d.h. Messungen die von den Betroffenen nicht bemerkt werden, weil diese sonst in irgendeiner Weise reagieren könnten.

5.2.2 Befragungen

Die Vor- und Nacherhebungen dienen v.a. zur Messung von Effekten einer Aktion auf der individuellen und sozialen Ebene anhand einer repräsentativen Bevölkerungsstichprobe der Gemeinden. Der Vergleich zwischen Vor- und Nach-Erhebung soll einer summativen Evaluation nach Wottawa & Thierau (1990). dienen, ebenso einer zusammenfassenden Bewertung der Aktion. Wenn möglich, sollten Vor- und Nacherhebung zumindest z.T. bei denselben Personen durchgeführt werden, damit Veränderungen eindeutig interpretierbar sind, ansonsten können nur Aussagen auf Gemeindeebene gemacht werden.

Befragungen können nicht so oft durchgeführt werden wie technische Messungen, da sonst die Bevölkerung mit Langeweile, Überdruss und Widerständen reagieren kann, v.a., wenn Vor- und Nacherhebung zeitlich zu nahe aufeinander folgen. Auf Details der Fragebogenkonstruktion, Validierung und Durchführung der Erhebung möchte ich hier nicht eingehen (s. hierzu Bortz 1984, Kap. 2.4). Bei Untersuchungen von nicht zu großen Gemeinden hat man oft die Möglichkeit, allen Haushalten die Fragebögen zuzuschicken. Inwiefern eine selektive Stichprobe die Fragebögen zurückschickt, kann man überprüfen, indem man die soziodemografischen Daten mit Daten aus der letzten Volkszählung vergleicht und, wenn nötig, Abweichungen mit Korrekturfaktoren ausgleicht. Enthält die Erhebung in der Gemeinde Fragen, die auch in landesweiten Erhebungen gestellt worden sind, so kann man feststellen, ob die Gemeinde in irgendeiner Weise vom nationalen Durchschnitt abweicht. In der Nachbefragung werden auch Aspekte der Diffusion erhoben, z.B. ob alle Bevölkerungsgruppierungen von der Aktion erreicht worden sind und inwiefern sie die Intervention angenommen haben.

5.2.3 Soziales Monitoring

Soziales Monitoring ist ein an der Abteilung Sozialpsychologie konzipiertes Forschungs- und Messinstrument zur Erfassung von Ausbreitungsphänomenen in Sozialsystemen. Dabei dienen bestimmte, im sozialen Raum fixierte Personen als „Fühler", „Sensoren", „Meßpunkte" der Ausbreitung von Wissensinhalten, Einstellungs- und Verhaltensänderungen in der Sozietät. Es werden diejenigen Personen bestimmt und gesucht, mit denen der soziale Raum am besten abgedeckt wird. Das bedeutet, dass gezielt eine verhältnismäßig geringe Anzahl von Personen als „Sensoren" gewonnen und längerfristig zu „Berichtstätigkeiten" motiviert werden muss. Diese Personen sollten sowohl in den Zentren wie auch an den Rändern der sozialen Gruppierungen und Schichten positioniert sein, um über Diffusionsprozesse adäquat berichten zu können (evtl. direkte periodische Befragung mittels Telefon). Damit erhält man aktuelle Daten zur Dynamik der Diffusion der Aktion, ohne allzu kostspielige und aufwendige Repräsentativerhebungen mehrfach durchführen zu müssen. Es wird davon ausgegangen, das Soziale Monitoring, je nach

Gemeinde, mit einem Bruchteil des Umfangs einer Repräsentativerhebung durchführen zu können (z.B. mit 50-100 anstatt mit 500-1000 Personen).

Mit Hilfe dieser „Personen-Sensoren" sollte es möglich sein, die Ausbreitung und Durchsetzung einer Aktion laufend zu beurteilen, d. h. man kann hiermit eine Prozess-Evaluation vornehmen (Wottawa & Thierau 1990). Die Qualität (Gewissenhaftigkeit). und Quantität (alle 1, 2, 4 oder 8 Wochen) der zu erhaltenden Daten wird sehr stark von der Motivation dieser „Personen-Sensoren" abhängig sein. Man muss versuchen, sie mittels eines Appells an ihre Verantwortung als Bürger und kleiner, angemessener Anreize zu motivieren. Außerdem muss sichergestellt werden, dass keine versuchsbedingten Effekte auftreten, indem z.B. die „Personen-Sensoren" selbst als Multiplikatoren im Umweltbereich aktiv werden, um über etwas berichten zu können.

5.2.4 Statistische Auswertungsverfahren

Zu den statistischen Auswertungsverfahren muss nichts Besonderes bemerkt werden, da sie nicht spezifisch auf eine Gemeindeuntersuchung angepasst werden müssen. Liegen nur wenige Messungen für Gruppendaten vor, so wird man mit einer multivariaten Varianzanalyse für Messwiederholungen auswerten (Metzler & Nickel 1985), in die man auch noch weitere unabhängige Variablen einbeziehen kann. Mit diesem Verfahren ist es möglich, allgemein bekannte und auch unvorhergesehene Einflüsse zu kontrollieren, vorausgesetzt, man hat sie gemessen. Allgemein bekannte Störeinflüsse sind z B. Anfangsunterschiede zwischen Versuchs- und Kontrollgruppe und Selbstselektionseffekte, die entstehen, wenn nur Personen mit bestimmten Merkmalen an der Aktion teilgenommen haben, z.B. Personen mit hohem Umweltbewusstsein. Liegen viele Messungen vor (mehr als 50, die bei denselben Personen durchgeführt werden müssen), so kann man mit Zeitreihenanalysen arbeiten (Bussmann et al. 1997).

5.2.5 Computersimulationen

Dies ist ein speziell von uns entwickeltes Instrument zur Vortestung und Auswertung von umweltpsychologischen Gemeindeaktionen. Mit der Computersimulation besteht die Möglichkeit einer prospektiven bzw. antizipatorischen Evaluation (Wottawa & Thierau 1990), da man mit dieser Methode beurteilen kann, ob die vorgesehenen Maßnahmen voraussichtlich angemessen sind. Es werden die Veränderungen auf der individuellen und sozialen Ebene evaluiert. Eine exakte Voraussage ist natürlich nicht möglich, da verschiedene externe Einflüsse nicht vorhersehbar sind. An dieser Stelle kann nicht ausführlich auf diese Methode eingegangen werden (s. hierzu Ammann et al. 1997; Mosler et al. 1996; Mosler & Gutscher 1998a; Mosler et al. 1998), daher werden nur kurz die wichtigsten Punkte besprochen.

Modelliert und simuliert wird das umweltbezogene Handeln von Individuen in Populationen. Bei der Modellierung der Individuen wird Folgendes berücksichtigt:

- Die Individuen unterscheiden sich hinsichtlich ihrer umweltbezogenen Werthaltungen und Motive, ihrer Selbstverantwortlichkeit, ihres Umweltwissens und Ansehens sowie der Überzeugungskraft, mit der sie für oder gegen bestimmte Umweltbelange eintreten.
- Jedes Individuum beeinflusst andere Individuen und wird von diesen beeinflusst: von Nachbarn, Kollegen, Freunden wie auch von Fremden.
- Außerdem wird das Verhalten der Individuen durch die Wahrnehmung des Umweltzustandes, durch verschiedene strukturelle Vorgaben wie Gesetze und Verordnungen und durch Anreize beeinflusst.

Den Kern der gesamten Population machen somit die einzelnen Individuen aus. Sie unterscheiden sich individuell nur in den Ausprägungen ihrer Variablen, funktionieren jedoch nach den gleichen sozialpsychologischen Prinzipien. Diese Prinzipien beruhen auf wenigen zentralen und gut gesicherten Theoriebeständen. Das Modell gibt Aufschluss über innerpsychische Vorgänge, die ablaufen, wenn Menschen auf Umweltressourcen Zugriff nehmen - z.B. auf die Ressource Luft beim Autofahren oder Heizen - und sich gegenseitig gewollt oder ungewollt beeinflussen. Dadurch, dass Menschen im Alltag miteinander kommunizieren und sich selbst und andere beobachten, werden innerpsychische Prozesse ausgelöst. Diese Prozesse verändern, in Abhängigkeit von verschiedenen weiteren inneren und äußeren Bedingungen, die Art und Weise, wie bezüglich der Umwelt gefühlt, gedacht, argumentiert und gehandelt wird. 2 Arten von Simulationen werden durchgeführt: Interventionssimulationen, mit denen die Wirkungsweise von Interventionsformen ausgetestet und Diffusionssimulationen, mit denen die Wirkungsweise von Diffusionsformen ausprobiert wird.

5.2.5.1 Interventionssimulationen

Ausgehend von den in der Vorbefragung erhobenen Daten zu innerpsychischen Variablen werden verschiedene Interventionsformen abgeleitet, die durch ein Auslösen von inneren Prozessen (entsprechend den theoriekonformen Teilmodellen der Simulation). bei einem Großteil der Bevölkerung eine Einstellungs- und/oder Verhaltensänderung bewirken könnten. Stellt man z.B. aufgrund der Daten einen allgemein häufigen Widerspruch zwischen den umweltorientierten Einstellungen und Handlungsweisen der Bevölkerung fest, so könnten Simulationen mit dem bestehenden Dissonanz-Teilmodell ergeben, dass die Interventionsform der Selbstverpflichtung am wirksamsten eine Verhaltensänderung bewirken könnte.

Auf diese Weise ist es möglich, im Voraus Vermutungen über die Effektivität von Interventionsformen anzustellen und diese dann mit den weiteren Messungen und der Nachbefragung zu überprüfen. In der Praxis werden natürlich nicht verschiedene Interventionsformen angewendet und ihre unterschiedliche Effektivität überprüft, sondern man entscheidet sich in der Planungsphase, aufgrund der Simulationsergebnisse und anderer Überlegungen, für eine bestimmte Interventionsform. Deswegen kann die Simulation nur bezüglich des vorausgesagten Ausmaßes der Interventionswirkung bei Personen und in der Gemeindepopulation getestet werden. Es kann z.B. nur überprüft werden, wie viele Personen wie stark ihr Verhalten, ihre Einstellung etc., aufgrund einer eingegangenen Selbstverpflichtung, verändern. Damit eine solche Überprüfung möglich ist, müssen auch individuelle und nicht nur aggregierte Veränderungen verfolgt werden; dies bedeutet, dass unbedingt aus Vor- und Nachbefragung Daten von denselben Personen erhoben werden müssen.

5.2.5.2 Diffusionssimulationen

Will man wissen, wie eine Innovation in einer Sozietät diffundiert, so müsste deren Netzwerkstruktur im Detail bekannt sein, d.h. man müsste wissen, wer mit wem wie häufig und wie intensiv Kontakt hat und wer sich von wem beeinflussen lässt. Eine Totalerhebung eines großen sozialen Netzwerkes ist aber schon aus prinzipiellen Aufwandgründen nicht durchführbar. Deswegen werden real mögliche Strukturierungskriterien von Sozietäten wie sozialpolitische / soziokulturelle Gruppierungen, soziodemografische Strukturdaten, natürliche (z.B. geografische). und soziale Barrieren (z.B. Alter) etc. in ein neuronales Netzwerk eingespeist. Das eigens zu diesem Zweck entwickelte neuronale Netzwerk (Müller 1998) ist in der Lage, aufgrund empirisch erhobener Kennwerte einer konkreten Gemeinde mittels eines Lernalgorithmus, ein – entsprechend der als wesentlich eingestuften Kriterien – plausibles soziales Netzwerk der betreffenden Gemeinde zu entwickeln. Dieses soziale Netzwerk kann danach grafisch dargestellt werden. Es ermöglicht, die relevanten Segmentierungen und Diffusionsbarrieren zwischen Bevölkerungsgruppen im Sozialsystem zu identifizieren und die idealen „sozialen Standorte" der „Sozialen Monitore“ abzuleiten. Für die Netzwerkkonstruktion werden die simulationstechnischen Vorarbeiten zum sozialen Netzwerk und die empirisch gewonnenen Daten aus der Vorerhebung benutzt und als Vorgaben in das erwähnte neuronale Netzwerk eingegeben. Eine erste Arbeit hierzu liegt von Negrassus & Swoboda (1998) für die Schweizer Gemeinde Effretikon vor. Es ist ein konstruiertes, geschätztes, aber plausibles Netzwerk, welches auf realen Daten aufbaut. Dieses errechnete soziale Netzwerk lässt sich mittels weiterer Daten aus der Vorerhebung wiederum validieren (z.B. mit einem Split-half-Verfahren), d.h. man kann bei den Personen einer Stichprobe überprüfen, ob deren Sozialbeziehungen in etwa so gestaltet sind, wie sie mittels des neuronalen Netzes herausgebildet wurden (vgl. Negrassus & Swoboda 1998).

Ausgehend von den zum sozialen Beziehungsnetz erhobenen Daten wird mit der Simulation des sozialen Netzwerks die wirkungsvollste Verbreitungsart bestimmt. Hier sind die Häufigkeit und die Art der Kontakte (Nachbarschaft, Vereinsmitgliedschaft etc.) zwischen den Gemeindemitgliedern entscheidend. Sind kaum Kontakte zwischen der Bevölkerung vorhanden (z.B. bei einer „Schlafstadt"), so ist eher eine postalische oder Medienverbreitung wirksamer als eine Verbreitung über Multiplikatoren.

Zur besseren Anschaulichkeit der Verwendung von Interventions- und Diffusionssimulationen für Umweltaktionen in Gemeinden werden im Folgenden 3 hypothetische und stark vereinfachte Beispiele solcher Aktionen vorgestellt.

Gemeinde A möchte aus Umweltschutzgründen eine Energiesparkampagne in Haushalten durchführen. Aus den Daten der Vorerhebung erfährt man, dass die Bevölkerung im Durchschnitt eher umweltgerecht eingestellt ist, im Haushaltsenergiebereich aber relativ viel Strom verbraucht. Aus der Simulation geht hervor, dass die Interventionsform Prompts kombiniert mit Feedback angemessen wäre. Die Daten zum Beziehungsnetzwerk aus der Vorerhebung geben an, dass nur wenig nachbarschaftliche Kontakte vorhanden sind, aber ein reges Vereinsleben in der Gemeinde existiert. Deswegen zeigt die Simulation, dass eine Multiplikatoren-Verbreitungstechnik von Vorteil wäre. Der Gemeinde wäre somit Folgendes zu empfehlen:

Multiplikatoren v.a. in Vereinen zu gewinnen, deren Mitglieder noch in weiteren Vereinen aktiv sind. Diese Multiplikatoren sollen andere Personen aus ihrer sozialen Umgebung zum Energiesparen anhalten. Haben sie jemanden zur Teilnahme am Energiesparen bringen können, so überreichen sie der Person ein Feedback-Formular zum Ausfüllen und Aufkleber (Prompts), mit der Bitte, sie für 1-2 Monate an den entsprechenden Stellen im Haushalt anzubringen. Die Zettel enthalten Aufforderungen wie „Beim Rausgehen Licht ausmachen"; „Standby frißt Strom"; „Lieber mehrmals nur kurz lüften"; „Nur gut gefüllt laufen lassen", usw.

Gemeinde B steht vor dem Problem, dass durch Bevölkerungszuwachs und eine Erhöhung des Wasserverbrauchs pro Kopf in absehbarer Zeit eine größere Kläranlage notwendig wird. Als Alternative entschließt sich die Gemeindeverwaltung, eine (wesentlich kostengünstigere) Wassersparaktion durchzuführen, weil sie die politischen Konsequenzen einer Steuererhöhung scheut. Die Vorerhebung zeigt, dass ein Großteil der Gemeindemitglieder relativ umweltgerecht eingestellt ist, was bei der Simulationsanalyse zu einer optimalen Verhaltensänderung mittels Selbstverpflichtung führt. Des Weiteren lassen die Daten der Vorerhebung auf ein intaktes Nachbarschaftskontaktnetz schließen. Die Simulationsanalyse führt deswegen zu der Verbreitungsform der „Weitersagen-Weitergeben"-Aufgaben. Folgendes wäre somit dieser Gemeinde zu empfehlen:

„Weitersagen-Weitergeben"-Aufgaben zu initiieren, indem Anreize für die 3 längsten, sich durch das Weitergeben bildende Personenketten geboten werden (Wettbewerb) oder indem für Ketten einer bestimmten Größe unter den Kettenmitgliedern ein bestimmter Preis verlost wird (Lotterie). Weitergesagt und weitergegeben werden Informationen zum Wassersparen, Tips für wassersparende Installationen etc. und eine Selbstverpflichtung in den kommenden 3 Monaten konkrete wassersparende Installationen vorzunehmen und wassersparende Maßnahmen durchzuführen.

Gemeinde C leidet stark unter einem übermäßigen Verkehrsaufkommen von Privatfahrzeugen, obwohl öffentliche Verkehrsmittel ausreichend vorhanden wären. Die Vorerhebung zeigt auf, dass kaum Beziehungen zwischen den Bürgern der Gemeinde bestehen, weil sehr wenig gewachsene Strukturen vorhanden und sehr viele Einwohner bezüglich Arbeits- und Freizeitaktivitäten auf eine nahe Großstadt orientiert sind. Deswegen kommen nur Aktivatoren, Medienkampagnen oder postalische Aktionen als Verbreitungsformen in Frage. Aus der Vorerhebung weiss man auch, dass die Bevölkerung der Gemeinde relativ wenig umweltbewußt ist, woraus bei der Simulation sich möglicherweise eine Intervention mit Vorbildverhalten von allseits bekannten und beliebten Persönlichkeiten in Kombination mit kollektiven Aktionen ergibt. Eine Empfehlung würde somit folgendermaßen aussehen:

Eine Medienkampagne durchführen, bei der beliebte Persönlichkeiten zeigen, wie sie ohne Privatfahrzeug zur Arbeit oder zu Freizeittätigkeiten fahren und dabei positive Erfahrungen machen. Danach eine kollektive Aktion zur Verkehrsreduktion auf postalischem Weg initiieren, bei der sich Personen verpflichten, mitzumachen, wenn sich mindestens 1000 Personen beteiligen, z.B. zu „Freitags mit ÖV zur Arbeit" oder zu „Am ersten Sonntag des nächsten Monats zuhause bleiben". In einer erweiterten Form könnte zudem die Liste der Beteiligten öffentlich gemacht werden.

6 Zusammenfassung und Ausblick

Umweltpsychologische Aktionen in Gemeinden setzen sich aus Interventions- und Diffusionsformen zusammen; sie haben zum Ziel, individuelle und kollektive Handlungsmuster möglichst dauerhaft zu verändern. Die Interventionsformen entfalten ihre Wirkung in der individuellen Psyche, die Diffusionsformen im sozialen System. Es sind Interventionsformen bekannt, mit denen zuverlässig gearbeitet werden kann. Die Diffusionsformen und v.a. ihre Kombination mit den Interventionsformen sind hingegen noch wenig erforscht und müssen selbst noch der Erfolgskontrolle unterworfen werden. Die Ziele umweltpsychologischer Aktionen liegen auf der individuellen, sozialen und ökologischen Ebene. Schließlich muß sich jede Aktion daran messen lassen, mit wieviel Aufwand ein wie großer Effekt für die Umwelt erzielt werden kann. Die Faktoren, die eine Gemeindeaktion beeinflussen können, sind vielfältig; trotzdem ist es möglich, mit dem derzeitigen Wissensstand und unter Berücksichtigung limitierender Praktikabilität Vorgehensschritte für eine kontrollierbare Durchführung anzugeben. Die Schwierigkeiten bei der Erfolgskontrolle von umweltpsychologischen Gemeindeaktionen lassen sich folgendermaßen zusammenfassen: Aus Durchführbarkeitsgründen ist es nicht möglich, mit vielen Gemeinden zu experimentieren, indem man Gruppen von Versuchs- und Kontrollgemeinden bildet. Für die Untersuchung von Gemeindemitgliedern ist es schwierig, echte Kontrollgruppen in derselben Gemeinde zu finden, weil eine Aktion durchgeführt wird, die die ganze Gemeinde betrifft. Personenkontrollgruppen außerhalb der Gemeinde werden durch ein anderes Gemeindeumfeld mitbeeinflusst. Wird eine Gemeinde insgesamt betrachtet, so wird eine brauchbare Erfolgskontrolle durch Mehrfachmessungen im Einzelfall-Design, bei dem auch noch Vergleiche mit Daten außerhalb der Gemeinde beigezogen werden, sichergestellt. Stehen Veränderungen bei Gemeindemitgliedern im Fokus der Erfolgskontrolle, so sollte man versuchen, bei der Versuchsgruppe ein Maß der Kontaktintensität mit der Aktion zu bilden und Vergleiche mit Kontrollgruppen sowohl innerhalb als auch außerhalb der Gemeinde oder wenigstens mit aggregierten Daten vorzunehmen. Um Veränderungen bei Gemeindemitgliedern nachweisen zu können, müssen die verschiedenen Messungen bei denselben Personen durchgeführt werden.

Bei jeder Gemeindeaktion wird es verschiedene Unwägbarkeiten geben, die eine exakte Erfolgskontrolle erschweren. Jegliche Erfolgskontrolle jedoch abzulehnen, weil von vornherein klar ist, dass sie nicht präzise durchgeführt werden kann, wäre ein folgenschwerer Fehler. Nur wenn man sich darüber im Klaren ist, was nicht zu kontrollieren war, erst dann kann man über methodische Verbesserungen nachdenken und damit die Entwicklung sozial-technologischer Theorien vorantreiben. Ohne Erfolgskontrolle, d.h. ohne dass man weiss, was genau bei der Aktion gewirkt hat, könnte man auch Aktionen nicht verbessern. Schliesslich ist das Ziel, ein Bündel von umweltpsychologischen Aktionen mit routinisierbaren Handlungsanleitungen zu haben, die durchführbar, fundiert konzipiert und getestet sind. Erst dann wird „Sozialtechnik" zu einem Verfahren, das Betroffene selbst umsetzen und anwenden können.

Literatur

Ammann F., Mosler H.-J., Gutscher H. (1997). Wie wirkt Überzeugungsarbeit in einer Population entsprechend Umweltbetroffenheit, Umweltwissen und vorhandener Voreingenommenheit? In: Kaufmann-Hayoz R. (Hrsg.). Allgemeine Ökologie zur Diskussion gestellt. Bedingungen umweltverantwortlichen Handelns von Individuen. Bern: IKAOE, S. 91-99

Artho J. (1997). Umweltgerechtes Verhalten als kollektive Aktion. Köniz: Edition Soziothek

Aronson E., O'Leary M. (1983). The relative effectiveness of models and prompts on energy conservation: A field experiment in a shower room. Journal of Environmental Systems 12: 219-224

Bachmann W., Katzev R. (1982). The effects of non-contingent free bus tickets and personal commitment on urban bus ridership. Transportation Research 16A: 103-108.

Baltes M. M., Haywood S. C. (1976). Application and evaluation of strategies to reduce pollution: Behavioral control of littering in a football stadium. Journal of Applied Psychology 62: 501-506

Borden R. J. (1984). Psychology and ecology: Beliefs in technology and the diffusion of ecological responsibility. Journal of Environmental Education 16: 14-19

Bortz J. (1984). Lehrbuch der empirischen Forschung für Sozialwissenschaftler. Springer, Berlin

Bortz J., Döring N. (1995). Forschungsmethoden und Evaluation. Springer, Berlin

Bussmann W., Klöti U., Knoepfel P. (1997). Einführung in die Politikevaluation. Helbing & Lichtenhahn, Basel

Cialdini R. B., Reno R. R., Kallgren C. A. (1990). A focus theory of normative conduct: recycling the concept of norms to reduce littering in public places. Journal of Personality and Social Psychology 58: 1015-1026

Dennis M. L., Soderstrom E. J., Koncinski W. S., Cavanaugh B. (1990). Effective dissemination of energy-related information. American Psychologist 45: 1109-1117

Dwyer W. O., Leeming F. C., Cobern M. K., Porter B. E., Jackson J. M. (1993). Critical review of behavioral interventions to preserve the environment. Research since 1980. Environment and Behavior 25: 275-321

Fisher J. D., Bell P. A., Baum A. (1984). Environmental Psychology (2nd Edition). Chicago: Holt Rinehart and Winston

Gifford, R. (1987). Environmental Psychology. Boston: Allyn and Bacon.

Gonzales M. H., Aronson E., Costanzo M. A. (1988). Using Social Cognition and Persuasion to Promote Energy Conservation: A Quasi-Experiment. Journal of Applied Social Psychology 18: 1049-1066

Hopper J. R., Nielsen J. M. (1991). Recycling as altruistic behavior. Normative and behavioral strategies to expand participation in a community recycling program. Environment and Behavior 23: 195-220

Katzev R. D., Pardini A. U. (1987-88). The comparative effectiveness of reward and commitment approaches in motivating community recycling. Journal of Environmental Systems 17: 93-113.

Kok G., Siero S. (1985). Tin Recycling: Awareness Comprehension Attitude Intention and Behavior. Journal of Economic Psychology 6: 157-173.

Metzler P., Nickel B. (1986). Zeitreihen- und Verlaufsanalyse. Hirzel, Leipzig

Midden C. J., Meter J. E., Weening M. H., Zieverink H. J. (1983). Using feedback reinforcement and information to reduce energy consumption in households: A field experiment. Journal of Economic Psychology 3: 65-86

Mieneke W. H. W., Midden C. J. H. (1991). Communication network influences on information diffusion and persuasion. Journal of Personality and Social Psychology 61: 734-742

Mosler H.-J., Ammann F., Gutscher H. (1998). Simulation des Elaboration Likelihood Model (ELM). als Mittel zur Entwicklung und Analyse von Umweltinterventionen. Zeitschrift für Sozialpsychologie 29: 20-37.

Mosler H.-J., Gutscher H. (1998a). *Wege zur Deblockierung kollektiven Umweltverhaltens.* In: Kals E. & Linneweber V. (Hrsg.). Umweltgerechte politische und private Entscheidungen. Psychologie Verlags Union, Weinheim (im Druck).

Mosler H.-J., Gutscher H. (1998b). *Umweltpsychologische Forschung für die Praxis.* Umweltpsychologie 2: (im Druck)

Mosler H.-J., Gutscher H., Artho J. (1996). Kollektive Veränderung zu umweltverantwortlichem Handeln. In: Kaufmann-Hayoz R. & Di Giulio A. (Hrsg.). Umweltproblem Mensch? Humanwissenschaftliche Zugänge zu umweltverantwortlichem Handeln. Haupt, Bern, S. 237-260

Müller Ch. (1998). Simulation sozialer Netzwerke. Dissertation, Psychologisches Institut der Universität Zürich.

Negrassus S., Swoboda S. (1998). Eine computergestützte realitätsnahe Konstruktion des sozialen Netzwerks der Gemeinde Illnau-Effretikon anhand neuronaler Netztechnologie und eines probabilistischen Kontaktbildungsmodells. Lizentiatsarbeit, Psychologisches Institut der Universität Zürich.

Pallak M. S., Cummings W. (1976). Commitment and voluntary energy conservation. Personality and Social Psychology Bulletin 2: 27-30

Pallak M. S., Cook D. A., Sullivan J. J. (1980). Commitment and energy conservation. Applied social psychology annual 1: 235-253

Pardini A. U., Katzev R. D. (1983-1984). The effect of strength of commitment on newspaper recycling. Journal of Environmental Systems 13: 245-254

Prose F., Wortmann K. (1992). "Negawatt statt Megawatt": Eine Energiesparlampen-Aktion. In: Altner G., Mettler-Meibom B., Simonis U. E., v Weizäcker E. U. (Hrsg). Jahrbuch Ökologie. Beck'sche Reihe, München, S. 174-185

Prose F., Kupfer D., Hübner G. (1994). Social Marketing und Klimaschutz. In: Fischer W., Schütz H. Gesellschaftliche Aspekte von Klimaänderungen. Forschungszentrum, Jülich, S. 132-144

Reno R. R., Cialdini R. B., Kallgren C. A. (1993). The transsituational influence of social norms. Journal of Personality and Social Psychology 64: 104-112

Rothstein R. N. (1980). Television feedback used to modify gasoline consumption. Behavior Therapy 11: 683-688

Schahn J., Bohner G. (1996). Methodische Aspekte sozialwissenschaftlicher Evaluationsforschung im Umweltbereich. Kölner Zeitschrift für Soziologie und Sozialpsychologie Sonderheft 36: 548-570

Stern P. C. (1992). What psychology knows about energy conservation. American Psychologist 47: 1224-1232

Wagstaff M C, Wilson B E (1988). The evaluation of litter behavior in a river environment. Journal of Environmental Education 20: 39-44

Wang T H, Katzev R D (1990). Group commitment and resource conservation: Two field experiments on promoting recycling. Journal of Applied Social Psychology 20: 265-275

Winett R A, Hatcher J W, Fort T R, Leckliter I N, Love S Q, Riley A W, Fishback J F (1982). The effects of videotape modeling and daily feddback on residential electricity conservation home temparature and humidity perceived comfort and clothing worn: Winter and summer. Journal of Applied Behavior Analysis 15: 381-402

Winett R A, Leckliter I N, Chinn D E, Stahl B, Love S Q (1985). Effects of television modeling on residential energy conservation. Journal of Applied Behavior Analysis 18: 33-44

Wortmann K, Stahlberg D, Frey D (1988). Energiesparen. In: Frey D, Graf Hoyos C, Stahlberg D (Hrsg.). Angewandte Psychologie: Ein Lehrbuch. Psychologie Verlags Union, Weinheim, S. 298-316

Wottawa H, Thierau H (1990). Evaluation. Huber, Bern

Evaluation von Maßnahmen zur Risikokommunikation: methodische Prinzipien und 2 Fallstudien

Bernd Rohrmann*

Überblick

Informations- und Kommunikationskampagnen zu Risiken in der Umwelt und am Arbeitsplatz dienen wichtigen Zielsetzungen: Sie sollen Gefahren für Gesundheit und Sicherheit bewusst machen, die Vorbereitung auf Notfälle und Unglücke verbessern und die Lösung von Konflikten über Risikoquellen erleichtern. Doch werden derartige Ziele tatsächlich erreicht? Dies kann nur durch eine empirische Evaluation von Inhalt, Prozess und Effekt entsprechender Programme geklärt werden. Solche Forschung erfordert außerdem ein systematisches Modell des zu untersuchenden Informations-/Kommunikations-Prozesses.

Eine Durchsicht der Literatur und 2 Fallstudien - eine zu Technologiegefahren (Chemieanlagen) und eine zu Naturgefahren (Waldbrände) - verdeutlichen, dass Evaluationsstudien strengen methodischen Anforderungen genügen müssen, um valide zu sein. Dies schließt ein: Definition der Kommunikationsziele im Voraus, theoretische Konzeptualizierung von Programmauswirkungen, Spezifizierung der Zielpopulation, Längsschnittansatz und relevante Erhebungszeitpunkte, Dokumentation des Programmverlaufs, Kontrolle von Kontexteffekten und Klärung der Validität von Befunden.

Obwohl Evaluationsforschung hervorragend geeignet ist, die Wirksamkeit von Risikokommunikation zu verbessern, sind empirische Untersuchungen noch keineswegs Standard; dies zu ändern scheint wünschenswert.

1 Einführung: Forschungsfeld Risikokommunikation

Je mehr Menschen Risiken ausgesetzt sind, die vermeidbar oder zumindest minderbar sind, je mehr eine Gesellschaft anstrebt, ihre Bürger vor Gefahren zu schützen, und je mehr dabei Probleme und möglicherweise Konflikte auftreten, desto

* University of Melbourne/Australia

wichtiger wird „Risikokommunikation“ - die Informationsvermittlung und der Informationsaustausch zwischen Personen und Institutionen über die Beschaffenheit, Bewertung und Bewältigung von Risiken.

Dies betrifft vielerlei Risikoquellen und Risikosituationen: Risiken am Arbeitsplatz, im Verkehr, zu Hause und in der Wohnumgebung, bei Freizeitaktivitäten und während Reisen. Die Gefahren mögen durch das eigene Verhalten der Menschen ausgelöst sein (z.B. Auto fahren, schweißen, rauchen, ungeschützter Sex) oder aus externen Ereignissen resultieren (z.B. Naturgefahren, wie Waldbrände, technologische Unglücke, etwa eine chemische Explosion, tropische Krankeiten usw.). In vielen Situationen kann ein Mensch gleichzeitig Betroffener und Verursacher von Risiken sein.

Weiterhin existieren vielfältigste Risiken für den Zustand der Umwelt (z.B. Wasserverschmutzung, Waldsterben, Ozonloch, Klimagefahren); in diesem Beitrag soll es jedoch nur um Risiken für Leben, Gesundheit und Eigentum von Menschen gehen.

Um Risiken zu kontrollieren, ist optimale Information über die Beschaffenheit von Gefahrenquellen, die Möglichkeiten der Risikoprävention und die Erfordernisse im Fall von Unglücken/Katastrophen erforderlich; außerdem müssen die Betroffenen ihre eigene Zuständigkeit und Verantwortlichkeit verstehen. Daraus ergeben sich wichtige Aufgaben für die verantwortlichen Institutionen, sei es im behördlichen oder im betrieblichen Bereich: Informations- und Kommunikationskampagnen zu Risiken wie auch Notfall- und Katastrophenschutzplanungen sollen Risiken für Gesundheit und Sicherheit bewusst machen, die Vorbereitung auf Gefahrensituationen und Unglücke verbessern und außerdem die Lösung von Konflikten über die Handhabung von Risikoquellen erleichtern. Unter ethischen Gesichtspunkten ist zudem ganz sicher geboten, dies erfolgreich zu tun.

Zur Lösung solcher Aufgabenstellungen ist sowohl umfangreiches theoretisches Wissen als auch eine Vielzahl praktischer Erfahrungen verfügbar. Darin sind psychologische, sozialwissenschaftliche und organisatorische Aspekte eng verzahnt.

Das entsprechende Forschungsgebiet wird üblicherweise als „Risikokommunikation (RK)“ etikettiert. Dieses noch relativ junge, aber sehr rasch gewachsene Feld umfasst Themen der Gefahrenperzeption, Risikoinformation, Strategien der Einstellungs- und Verhaltensänderung, interaktive Problemlösungs-Konzepte und Notfall-Management (vgl. Covello et al. 1989; Fischhoff 1995; Fischhoff et al. 1993; Handmer et al. 1991; Jungermann et al. 1991; Kasperson & Stallen 1990; Krimsky & Plough 1988; Leiss 1996; NRC „National Research Council, USA“ 1990; Renn 1991; Rohrmann 1992b; Viscusi & Magat 1987; Wiedemann & Schütz 1994; Bibliographien wurden von Rohrmann et al. 1991 sowie von Fisher et al. 1995 erstellt). Die Forschung zu RK überschneidet sich teils mit dem Gebiet

Katastrophen-Management (Drabek 1990; Drombrowsky 1991; Quarantelli 1995; Wiedemann 1993).

Wie die Liste in Tabelle 9 zeigt, ist „Risikokommunikation“ ein ziemlich offener Begriff, und es gibt keine generell akzeptierte Definition des Gebiets. Die verschiedenen Themenstellungen sind auf 3 primäre Ziele bezogen: Wissen vermehren, individuelles Verhalten beeinflussen (hinsichtlich langfristig gegebener Risiken oder akuter Notfallsituationen) und zur Problemlösung auf gesellschaftlicher Ebene beitragen. Entsprechend können tatsächliche RK-Aktivitäten sehr unterschiedlich sein, je nach inhaltlicher Problemstellung, Kommunikationsmitteln und -kanälen, RK-„Arenen“ und den beteiligten Akteuren und Zielgruppen; die wesentlichen Komponenten des RK-Prozesses sind in Tab. 9 aufgelistet. Es ist wichtig, RK als interaktiven Prozess aufzufassen und die spezifischen Rollen der Beteiligten zu verstehen (Fischhoff 1987; NRC 1990; Renn 1992; Rohrmann 1991; Rowan 1991). Grundsätzlich können alle Akteure sowohl Kommunikator („Sender“) als auch Zielgruppe („Empfänger“) sein.

Tabelle 9. Komponenten des Prozesses „Risikokommunikation“

Prinzipielle Zielsetzung	• Informationsvermittlung und Informationsaustausch zwischen Personen / Gruppen / Institutionen über die Beschaffenheit, Bewertung und Bewältigung von Risiken für Mensch und Umwelt
Wesentliche Problemstellungen	• Kritische Aspekte der Risiko-Perzeption identifizieren • Wissen und Einstellungen zu Risiken verändern/verbessern • Risiko-relevantes Verhalten der Exponierten verändern • Beteiligung Betroffener an der Gefahrenabwehr anregen • Partizipations-/Kooperationskonzepte für Konflikte entwickeln • Risiko-Management für Notfälle/Katastrophen unterstützen
Mittel und Kanäle der Risiko-kommnikation	• Merkzettel und Broschüren öffentlicher Institutionen • Produktbeschreibungen, Gerätebetriebsanleitungen usw. • Öffentliche Beratungsstellen/Auskunftsdienste. • Infomaterial auf Video/Film/CD-ROM usw. • Beiträge in Medien (Zeitungen/Zeitschriften/Rundfunk/Fernsehen) • Persönliche Präsentation (z.B. Schulungen, Anhörungen)
Situation/«Arenen» der Risiko-kommnikation»	• Informationskampagnen von Institutionen (Behörden, Firmen etc.) • Sicherheitsübungen, Trainingskurse, Tests von Warnsystemen • Informierung zur Vorbereitung auf Notfälle/Katastrophen • Evakuierungen • Öffentliche Anhörungen (Behörden, Parlamente, Unternehmen) • Individuelle Beratungskontakte (z.B. ärztlich) • Auseinandersetzungen vor Gericht • Private Unterhaltungen
Akteure und Ziel-gruppen der Risi-kokommnikation	• Risikoverursacher (Betreiber, Hersteller, Anwender) • Risikoexponierte (Beschäftigte, Anwohner, Verbraucher/Nutzer) • Öffentlichkeit (Bevölkerung allg., Verbände, Interessengruppen) • Regulative Instanzen (Legislative, Behörden/Ämter, Gerichte) • Wissenschaft (Forscher/Sachverständige/Gutachter) • Medien (Journalisten, Autoren)

Innerhalb der interdisziplinären - und weithin angloamerikanischen - RK-Forschung gibt es verschiedene Spezialgebiete, darunter: „Disaster Preparedness“ (z.B. hinsichtlich Erdbeben, Bränden); RK hinsichtlich kontroverser Großtechnologien (z.B. Kernenergie, Gentechnologie); Arbeits-, Betriebs-, Verkehrspsychologie (z.B. Sicherheitstechnik, Unfallverhütung); Gesundheitserziehung (z.B. hinsichtlich Rauchen, AIDS, Essverhalten). Es scheint, dass sich die entsprechenden Forschergruppen nur begrenzt wechselseitig zur Kenntnis nehmen; außerdem gibt es sehr zahlreiche „einschlägige“ Studien, die sich de facto mit RK-Problemen befassen aber nicht so etikettiert sind (so etwa in der Medizin und den Ingenieurwissenschaften).

Im vorliegenden Text soll vorrangig die Bewertung von Risiko*kommunikation* diskutiert werden, doch sind andere Felder der Risikoforschung wesentliche Wissensquellen, insbesondere Studien zu Risiko*perzeption* und zu Risiko*verhalten* (vgl. Pligt 1996; Rohrmann 1994 1995; Slovic 1992 1996; Trimpop 1994; Yates 1992).

2 Evaluation von RK-Programmen

Ohne Frage gilt die RK zu den wichtigen und anspruchsvollen Aufgaben - es geht um Gesundheit, Sicherheit und sogar um das Überleben von Menschen. Entsprechend stellt sich bei jeder RK-Maßnahme als entscheidende Frage, ob die eingesetzten Mittel wirksam sind und das angestrebte Ziel tatsächlich erreicht wird. Dies kann nur mit systematischer Evaluationsforschung geklärt werden - einfache Beobachtungen sind keine hinreichende Evidenz. Mit *„Evaluation“* ist die wissenschaftliche Analyse von Inhalt, Prozess und Effekten einer Intervention (Maßnahme, Programm, Kampagne) und deren Bewertung gemäß definierten Kriterien (Zielsetzungen, Wertvorgaben) gemeint (Fink 1995; Patton 1986; Rossi & Freeman 1993; Wittmann 1990; Wottawa & Thierau 1990).

Gezielte empirische Evaluationsstudien sind sowohl aus inhaltlichen als auch aus methodologischen Gründen geboten (vgl. Rohrmann 1992a):

1. Intuitive Bewertungen der Wirksamkeit von RK können leicht zu Fehlschlüssen führen, wenn falsche Ursache-Wirkungs-Annahmen gemacht werden (Schein-Kausalität).
2. Es ist Teil der Verantwortung von Institutionen, den Erfolg von RK-Maßnahmen sicherzustellen und aufzuzeigen.
3. Evaluationsforschung kann nicht nur erfassen, *ob*, sondern vor allem, *warum* eine Maßnahme wirksam ist (oder nicht) und dadurch die Verbesserung von RK ermöglichen.
4. Sofern mehrere RK-Ansätze zur Wahl stehen, ermöglicht Evaluation eine systematische Entscheidungshilfe.

5. RK ist zumeist aufwendig und teuer (hinsichtlich Kosten, Personal und Zeitbedarf); Evaluation kann helfen, dies zu rechtfertigen.
6. Die vorliegenden Evaluationsstudien zur RK unterscheiden sich beträchtlich; die wesentlichen Ansätze sind in Abb. 38 zusammengestellt.

Die wichtigste Entscheidung ist wohl die Ausrichtung der Evaluation, auf einen Aspekt einer RK-Maßnahme. Grundsätzlich gibt es 3 Perspektiven, nämlich *Inhalts-Evaluation* (Bewertung der zu vermittelnden „Botschaft"), *Effekt-Evaluation* („summativ", Ergebnis-bezogen) und *Prozess-Evaluation* („formative" Merkmale). In allen Fällen sind anspruchsvolle Untersuchungspläne erforderlich. Evaluationen werden oft in „Eigenregie" durchgeführt, doch sind unabhängige/externe Forscher vorzuziehen. Die Daten mögen analytisch, z.B. durch Experteneinschätzungen oder in empirische Erhebungen durch Befragungen relevanter Gruppen gewonnen werden. Die kritische Wertung der gewonnenen Daten ist die entscheidende Komponente einer Evaluation. Das angestrebte (normative) Ziel der Risikoinformation/Kommunikation ist der grundsätzliche Maßstab, doch mag man sich auch damit begnügen, die Veränderung in Bezug auf die Vorher-Situation zu messen; eine weitere Möglichkeit ist der kritische Vergleich mit alternativen Interventionen, z.B. konkurrierenden Strategien der Informierung über Risiken und Vorbereitung auf Gefahrensituationen.

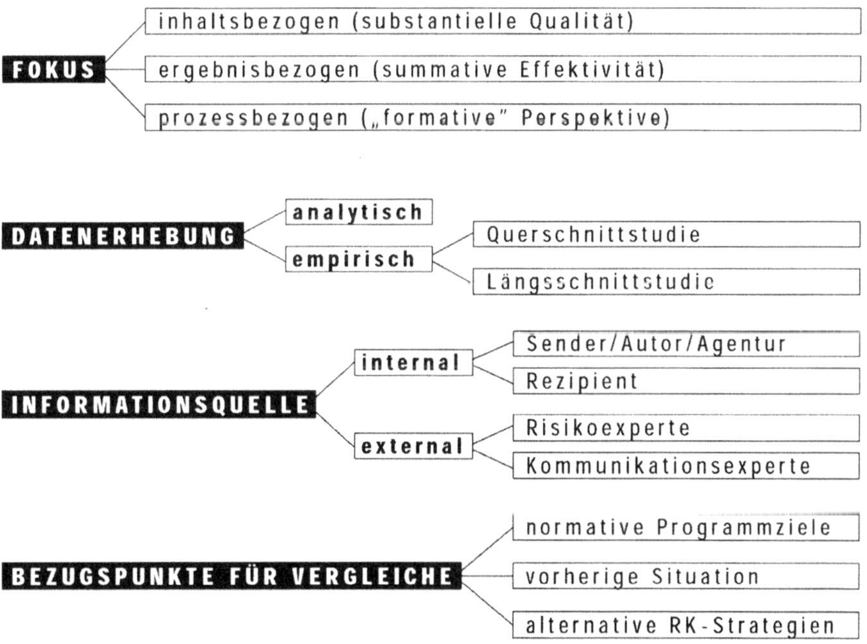

Abb. 38. Ansätze zur Evaluation von Risikokommunikation (Quelle: Rohrmann 1992)

3 Bewertungskriterien für die Effektivität von RK

Risikokommunikation zielt - wie im Prinzip jede Intervention - darauf ab, eine bestimmte Ausgangssituation in Richtung auf die Zielsetzungen einer Maßnahme zu verbessern. Je besser dies erreicht wird, desto effektiver ist RK definitionsgemäß. Ein Evaluator muß darum versuchen, die angestrebten Ziele so zu definieren, dass sie empirisch beobachtbar sind. Eine nähere Analyse der Wirkungen eines RK-Programms wird zumeist Inhalt, Ablauf und Effekte der Kampagne im Zusammenhang betrachten. Eine Liste entsprechender Bewertungskriterien ist (auszugsweise) in Tab. 10 wiedergegeben (ausführlicher in Rohrmann 1992a). Sie basiert auf einer Analyse von RK-Programmen in verschiedenen Inhaltsbereichen, der Durchsicht von einschlägigen Evaluationsstudien und Empfehlungen zur Gestaltung effektiver RK (z.B. Covello et al. 1989; Lundgren 1994; NRC 1990).

Tabelle 10. Kriterien für die Wirksamkeit von Risikokommunikation

Evaluationsaspekt (Kategorie und Beispiele)	Info-Quelle		
1. Zielbezogene Kriterien			
• Inhalts-Evaluation			
Richtigkeit und Vollständigkeit der Information	A	E	
Verständlichkeit der Botschaft	A	E	Z
Ethische Gesichtspunkte		E	
• Prozess-Evaluation			
Schwierigkeiten/Fehler im Ablauf des Programms	A		
Berücksichtigung relevanter Akteure/Interessengruppen	A	E	
Möglichkeiten für Feedback und Info-Konfirmierung		E	Z
• Ergebnis-Evaluation			
Ausmaß der Informationsdistribution		E	Z
Verbesserung von Problembewusstsein und Risikowissen			Z
Reduzierung von Unfallraten oder Todesfällen	A	E	
2. Prozedurale Kriterien			
Finanzielle Effizienz (materielle Kosten & Personal)	A		
Trainingsbedarf für Mitarbeiter der RK-Maßnahme	A	E	
Flexibilität & Adaptierbarkeit des Programms		E	

„A" Autor/Agentur, die für das RK-Programm verantwortlich sind.
„E" Risiko u/o RK-Experte (unabhängige Wissenschaftler).
„Z" Zielgruppe/Empfänger/Teilnehmer des RK-Programms.

Die erste Betrachtungsebene ist, ob *Inhalt* sowie Präsentation einer „Botschaft" (sei es mündlich, schriftlich, textlich oder bildlich) die Zielsetzung der RK-Maßnahme erfüllt. Richtigkeit, Vollständigkeit und Verständlichkeit sind primäre Kriterien. Darüber hinaus ist untersuchenswert, ob die RK Interesse stimuliert, auf den Informationsbedarf des Empfängers bezogen ist, als persönlich relevant und glaubwürdig eingeschätzt wird und keine negativen Gefühle (Bedrohlichkeit, Peinlichkeit) auslöst. Ethische Gesichtpunkte werden dann wichtig, wenn eine RK-Kampagne auf Schockwirkungen und Abschreckung aufgebaut ist.

In der zweiten Betrachtungsebene geht es um den *Prozess*, d.h. Durchführung und Ablauf der RK. Da der Erfolg einer Kampagne u.a. darauf beruht, dass die wesentlichen „Akteure" ermittelt, angesprochen und zu einem aktiven Informationsaustausch motiviert werden, dass die Durchführung konsistent und transparent ist, und daß Feedback-Kanäle bestehen, müssen diese Aspekte in der Evaluation erfasst werden.

Letztlich ausschlaggebend ist die dritte Betrachtungsebene, in der es um die resultierenden *Effekte* der RK-Maßnahme geht. Selbst wenn Inhalt und Prozess der RK (die „instrumentelle" Seite) den Zielsetzungen genügt, belegt dies noch nicht den angestrebten Erfolg. Hinreichende Informationsdistribution und Rezeption seitens der angesprochenen Zielgruppe sind weitere Vorbedingungen. Doch maßgeblich ist dann, ob Problemverständnis, Wissen, Engagement, Einstellungen und schliesslich die relevanten Verhaltensweisen tatsächlich in der beabsichtigten Weise verändert und die negativen Konsequenzen von Gefahrensituationen vermindert oder beseitigt werden konnten - darum liegen hier die entscheidenden Kriterien.

Die Operationalisierung der meisten Kriterien in empirischen Studien ist keineswegs einfach. Sowohl Reliabilitäts- als auch Validitätsprobleme sind zu bedenken. So besteht z.B. nur ein schwacher Zusammenhang zwischen Einstellung und Verhalten, wie viele sozialpsychologische Studien gezeigt haben (zusammenfassend: Ajzen 1993; Eagly & Chaiken 1993; Olson & Zanna 1993). Darum ist es unzureichend, kognitive Variablen als Indikatoren für Verhaltensänderungen einzusetzen. Weiterhin ist zumeist fraglich, ob Verhaltensintentionen oder selbst Verhaltensberichte das tatsächliche Verhalten der Untersuchungspersonen valide reflektieren.

Natürlich hängt es vom Typ der Risikokommunikation ab (z.B. Wissen verbessern, Verhalten verändern, Partizipation bewirken usw; vgl. Tab. 9), welche Wirksamkeitskriterien für ein bestimmtes Programm erforderlich und angemessen sind. Zum Beispiel: Inhalts-Evaluation ist zentral, wenn die RK auf Wissensverbesserung zielt; Effekt-Evaluation ist ausschlaggebend, wenn es um Änderung von Risikoverhalten geht; und Prozess-Evaluation hat besonderen Stellenwert für interaktive Programme, etwa soziale Konfliktlösung. „Harte" Effekt Kriterien sind freilich häufig nicht verfügbar; Inhalts- oder Prozess-Kriterien können dann aber wertvolle Zusatzinformation geben.

Über die primären - zielbezogenen - Kriterien hinaus ist auch an *prozedurale* Kriterien zu denken (letzter Block in Tab. 11). Derartige ökonomische Kriterien sind zwar konzeptionell sekundär aber unter praktischen Gesichtpunkten oft entscheidend für die Erfolgschancen einer Maßnahme. Außerdem werden finanzielle Daten benötigt, wenn Kosten-Nutzen-Analysen anliegen.

Zur Datenebene: Die meisten der angesprochenen Kriterien sind als *Individual*daten definiert, andere können nur auf *Aggregat*-Ebene erfaßt werden. Die globalsten Daten sind Unfallzahlen, Gesundheitsstatistiken oder Sterblichkeitsraten für die Population. Bei manchen RK-Programmen mögen z.B. Fabriken oder Gemeinden die Untersuchungseinheit sein.

Ein weiteres Problem ist die *Datenquelle*; vgl. dazu den rechten Teil von Tab. 11. Zumeist geht es um Mitglieder jener Zielgruppe(n), an die sich die RK richtet. Zahlreiche Kriterien können allerdings nur (oder müssen zumindert auch) von jenen beurteilt werden, die die Maßnahme entwickelt und/oder durchgeführt haben; außerdem ist die Evaluation durch 2 Arten von Experten - für die Risikoquelle und für Informations-Kommunikationsprozesse - unentbehrlich. Entsprechend wird eine valide Evaluationsstudie mehrere Gruppen von Untersuchungspersonen erfordern.

Welche theoretischen Konzepte, Variablen, Stichproben und Erhebungsverfahren jeweils wichtig sind, hängt naturgemäß stark vom Sachgebiet ab - dies soll durch 2 Fallbeispiele verdeutlicht werden. Das erste gilt einer naturbedingten Gefahrenquelle (Waldbrände nahe Wohngebieten), das zweite technologiebedingten Risiken (Gefahren in der Umgebung von Chemiewerken); in beiden Fällen war die Wirksamkeit von Risikokommunikation zu evaluieren.

4 Erste Fallstudie

Informationsprozesse zu Feuerrisiken: theoretischer Bezugsrahmen

Feuersbrünste haben das Leben und die Besitztümer von Menschen seit Beginn der Zivilisation bedroht - das gilt für Feuer in Naturregionen (z.B. Waldbrände) ebenso wie für die gebaute Umwelt (Wohnsiedlungen, Industriewerke, Freizeiteinrichtungen, Verkehrsmittel usw.). Je nach Art der Feuergefahren mögen Individuen oder Gruppen oder ganze Ansiedlungen bedroht sein (Pyne 1991). Darum müssen Menschen, die zuhause oder am Arbeitsplatz oder während sonstiger Aktivitäten einem Feurerrisiko ausgesetzt sind, bestmöglichst über die Gefahrenquellen, Vorsorgemaßnahmen und das Verhalten während eines Feuers informiert werden und außerdem ihre eigene Verantwortlichkeit verstehen. Verschiedene Behörden, v.a. (aber nicht nur) die Feuerwehren, befassen sich ständig mit diesen sehr relevanten Aufgaben. Offensichtlich ist äusserst wichtig, ob entsprechende RK tatsächlich verbessert, wie die Bevölkerung auf Feuer vorbereitet ist und wie Betroffene in einer akuten Situation reagieren. Während einige Forschungsergebnisse zum Verhalten von Menschen bei Bränden vorliegen (Übersicht in Center 1990), ist RK hinsichtlich Feuergefahren kaum untersucht worden (Rohrmann 1995a).

Die Gestaltung wie auch spätere Evakuierung derartiger Kampagnen zu Feuerrisiken setzt voraus, dass der zu beeinflussende sozialpsychologische Urteilsprozess angemessen modelliert wird und dass die Ziele der RK – z.B. Wissen u/o Einstellungen u/o Verhaltensweisen zu beeinflussen - hinreichend expliziert sind.

Hierzu seien einige Erkenntnisse aus einer konzeptionellen Studie zu „Fire Risk Communication" angeführt, die auf einer Durchsicht einschlägiger Literatur, der Analyse vorliegender Informationsmaterialien/-prozeduren zu Feuerrisiken (Broschüren, Kurse usw.) und Interviews mit Experten entsprechender Organisationen beruhen; vgl. dazu Rohrmann 1995a. (Diese Untersuchung wurde in Melbourne/Australien durchgeführt, der Hauptstadt des Bundesstaats Victoria, der einem extrem hohem Feuerrisiko ausgesetzt ist; insgesamt befassen sich 3 große Behörden mit Brandrisiken.) Die Erhebung zeigte rasch, dass die meisten der in RK-Maßnahmen eingesetzen Mittel und Verfahren nicht unter soziopsychologischen Gesichtspunkten überprüft wurden, zumindest nicht explizit, und dass eine empirische Evaluation der Wirksamkeit völlig zu fehlen schien. Darum waren die Hauptziele des Projekts: herausarbeiten, welche Faktoren für das Verstehen, Akzeptieren und Umsetzen von Feuerinformation/-kommunikation/-erziehung entscheidend sind und das Entwickeln von Kriterien, die sowohl die Intentionen als auch die Resultate derartiger Programme reflektieren.

Was Evaluationskriterien angeht, so zeigt Tab. 11 eine Liste konkreter Bewertungsaspekte. RK zu Feuergefahren - ob es um Brände in Gebäuden oder Waldbrände geht - zielt auf vermehrtes Verständnis der Gefahrenmerkmale und bessere Vorbereitung von Individuen und Institutionen auf künftige Fälle; insofern sind D1 und D2 die letztlich entscheidenden Kriterien. Die Aspekte A1-A5 können als Moderatorvariablen oder als Resultate von RK konzeptualisiert werden. B1-B4 sind besonders bei Maßnahmen wichtig, die auf gemeinschaftlichen Aktivitäten etwa in einer Gruppe oder Gemeinde beruhen. C1-C4 reflektieren die Einschätzung des RK-Programms seitens der Teilnehmer. Die meisten Kriterien (außer C) können für Vorher-/Nachher-Vergleiche herangezogen werden.

Die Studie belegte weiterhin viele praktische Probleme für eine methodisch stringente Evaluation, z.B.: Die Maßnahmenziele sind von der jeweiligen Behörde oft nicht eindeutig dargelegt; verschiedene Feuerbehörden haben divergierende Philosophien und Strategien; prinzipielle Evaluationskriterien (im Sinne von Tab. 11) sind schwierig in konkrete Variablen umzusetzen; und „harte" Verhaltensdaten sind zumeist kaum verfügbar. All dies erfordert viele Kompromisse bei der Durchführung empirischer Feldstudien.

Nicht zuletzt aber verdeutlichte diese Fallstudie, wie wichtig ein konzeptioneller Bezugsrahmen ist, der einerseits theoretisch schlüssig und andererseits hinreichend konkret auf das Problemfeld (hier: Feuergefahren) bezogen ist, der also sowohl die Generierung von Hypothesen als auch die Explikation von Evaluationsvariablen dirigieren kann.

Tabelle 11. Kriterien zur Bewertung eines „Fire Preparedness Programs“ (Quelle: Rohrmann 1995)

A1	Perceived fire risk level & vulnerability „people & property»
A2	Subjective information needs «employees, residents»
A3	Trust in information-providing sources (e.g., authorities)
A4	Expectations about responsibility for hazard prevention
A4	Reasons reducing/preventing participation in group activities
A5	Comprehension of provided (verbal/visual/audiovisual) material
B1	Level of commitment to actively improving hazard preparedness
B2	Actual involvement in preparedness & prevention activities
B3	Involvement pattern for household/office/team members
B4	Clarification of personal responsibilities
C1	Appraisal of materials/videos on preparedness/prevention issues
C2	Appraisal of discussions/group activities/prac's
C3	Appraisal of involved personnel (instructors, facilitators)
C4	Participants' satisfaction with outcomes of program at whole
D1	Level of understanding fire issues (including knowledge check)
D2	Extent of preparedness (technical, organizat., psychological)

5 Zweite Fallstudie

Informationskampagnen zu Chemiegefahren: empirische Beobachtungen

Zahlreiche Industrie- und Gewerbebetriebe stellen ein Risiko für die umliegenden Wohngebiete dar, so etwa Kern- oder Kohlekraftwerke, Flughäfen und Anlagen zur Produktion oder Lagerung von Chemikalien; diese haben ein prinzipielles Katastrophenpotential. Darum muss die betroffene Bevölkerung über die Risiken informiert und teils auch auf mögliche Unglücksfälle vorbereitet werden, was zumeist erhebliche Ressourcen erfordert. Chemierisiken zählen zu den komplexesten RK-Problemen (Covello 1990, Uth 1991); die sog. „Seveso-Direktive“ gibt den gesetzlichen Rahmen (s. z.B. Schütz & Wiedemann 1995). Wiederum ist der kritische Punkt, ob die Ziele der entsprechenden RK-Maßnahmen erreicht werden. Dies wird u.a. dann besonders relevant, wenn es um Unglückswarnungen oder Katastrophenalarm geht.

Ein Beispiel ist das australische „CAER“-Progamm („Community Awareness and Emergency Response“). Eine der Maßnahmen galt einem großen Chemie-Komplex (mit 7 Werken) in Melbourne. 1992 informierte die Stadtverwaltung - in Zusammenarbeit mit der Industrie - die Anwohner über Notfallplanungen; konkreter Anlaß war die Einführung einer neuen Warnsirene. Jeder Haushalt im definierten Zielgebiet erhielt eine Informationsbroschüre sowie eine magnetisch haftende Infokarte („fridge magnet"), in der die Sirenensignale erläutert und Verhaltensmaßregeln für Notfallsituationen gegeben wurden. (Die Anwohner gehören zahlreichen verschiedenen Nationalitäten an; darum wurden die Hauptpunkte in 6 Sprachen gegeben). Die Verteilung des Materials wurde nach 12 Monaten wiederholt.

Ein Jahr später initiierte der Autor eine kleine Evaluationsstudie, um die Effekte dieser RK-Kampagne zu analysieren (Jaensch 1995). Der Untersuchungsplan berücksichtigte sowohl Empfänger des Materials als Nicht-Empfänger in einem Kontrollgebiet sowie ethnische Zugehörigkeit (beschränkt auf australisch vs. italienisch). Insgesamt wurden - anhand eines standardisierten Fragebogens - 82 Bewohner interviewt; einige Resultate finden sich in Tab. 12.

Tabelle 12. Rezeption einer Informationskampagne zu Chemiegefahren

• Acknowledging receipt of the hazard information material:		
in distribution area	48 %	
in comparison area	4 %	
• Material stored (% of those acknowledging the campaign):		
information leaflet	4%	
magnetic info card	52%	
Effects for respondents aware/unaware of campaign:	*A*	*Non-A*
Assumed source of emergency warnings correct (%)	88%	25.0%
Likely compliance with guideline (5-point scale)	3.9%	4.2%
Intended behavior corresponds to guideline		
– if at home when emergency occurs (%)	60	23
– if shopping during emergency (%)	28	5
• Perceived credibility of information sources (5-point scale)		
Local government (Council)	3.3	
Chemical industry in Altona	2.8	
Environmental Protection Agency	3.7	
Media	2.6	

Quelle: Jaensch (1995): Results from a case study in Altona/Melbourne, Australia (N=82), dealing with the sirene warning system in case of an emergency in the chemical industry area.

Bemerkenswerterweise erinnerte lediglich die Hälfte der Befragten im Zielgebiet, die Information über Notfallregelungen überhaupt erhalten zu haben, und nur wenige hatten das Material zur Hand. Die Kenntnis über die Warnsirene und die Beschaffenheit des Sirenensignals (das allerdings in der Broschüre nicht weiter behandelt wird) war beschränkt. Die Reaktion auf die Richtlinien fiel generell positiv aus, das Material wurde als verständlich bewertet, und die grundsätzliche Bereitschaft, sich in einer Notfallsituation entsprechend zu verhalten, war recht hoch. Weiterhin wurde für 2 Szenarien - gerade zuhause oder beim Einkaufen zu sein, wenn die Sirene einen Notfall anzeigt - erfragt, was die Personen wohl tun würden; hierzu zeigte zwar die Empfängergruppe die bessere Kenntnis, doch waren „falsche" (mit der Richtlinie nicht konforme) Antworten recht häufig. Aufschlussreich sind auch die Reaktionen zur Glaubwürdigkeit von Informationsquellen: das Vertrauen ist beschränkt (am höchsten für die Umweltschutzbehörde, am niedrigsten für die Medien). Hinsichtlich der Ethnizität ergaben sich keine wesentlichen Unterschiede, doch die meisten der befragten Italiener (obwohl alle bilingual) hätten eine Broschüre in ihrer Muttersprache bevorzugt.

Diese Fallstudie belegt unter anderem, dass Informationsdistribution keineswegs mit Informationsempfang gleichgesetzt werden kann, dass gut gestaltete Risikokommunikation die Vorbereitung der Bevölkerung auf Notfälle aber verbessert, sofern sie die Zielpersonen tatsächlich erreicht und dass eine „One-shot"-Kampagne, beschränkt auf die Verteilung gedruckten Materials, nicht hinreichend ist, um die Akzeptanz von Verhaltensregelungen zur Risikominderung sicherzustellen.

6 Theoretischer Bezugsrahmen zur Kommunikation von Risiken

Ob Maßnahmen zur Aufklärung über Gefahren und Bewältigung von Risiken erfolgreich sind, hängt von vielen Faktoren ab, und entsprechende Programme müssen zahlreiche technische, organisatorsche und psychologische Barrieren überwinden. Diese können auf die grundsätzlichen Phasen der Einstellungs- und Verhaltensbeeinflussung bezogen werden, wie sie etwa Sozialpsychologen herausgearbeitet haben (s. z.B. Eagly & Chaiken 1993, McGuire 1985): *Aufmerksamkeit -> Verstehen -> Interpretation -> Konfirmierung -> Akzeptanz -> Behalten (-> Verhaltensänderung).* Zu den Schwierigkeiten zählen unter anderem: Erreichen der Zielpersonen, kognitive Überlastung, Mangel an Interesse und Trägheit der Empfänger, und unzureichendes Vertrauen in Behörden/Institutionen. Wirksame RK wird weiterhin durch verzerrte Risikoperzeption, zu günstige Bewertung von Sicherheitsmargen und den sog. „optimism bias" (Weinstein 1989) erschwert. Auf den - von Laien oft unterstellten - Wirkungspfad „Wissensvermehrung-Einstellungswandel-Verhaltensänderung" kann gewiss nicht gebaut werden. Außerdem ist zu bedenken, dass die meisten Risikoprobleme nicht neu sind, die Betroffenen also schon Wissen, Einstellungen und Verhaltensweisen entwickelt haben; diese zu verändern, scheint schwieriger zu sein als neues Denken und Handeln zu induzieren.

Um einen Bezugsrahmen für Risikokommunikation zu schaffen und notwendige Voraussetzungen zu explizieren, wurden bei Rohrmann (1995a) theoretische

Überlegungen und praktische Erfahrungen in ein sozio-psychologisches Rahmenmodell integriert. Es spezifiziert die Faktoren, die für Erfolg (oder Misslingen) von RK-Maßnahmen bestimmend sind und zwar im Blick auf Merkmale der vermittelten „Botschaften“, des „Senders“ (z.B. eine Gesundheitsbehörde) und des Kontexts, in dem der RK-Prozess abläuft. Tatsächlich überlagern sich zwei Prozesse: wie Menschen mit Risiken umgehen (perzipieren/bewerten/handeln) und wie Information über Risiken auf diese Vorgänge einwirkt. Das Modell ist in Abb. 39 wiedergegeben. Es besteht aus 15 Komponenten; die unterstellten kausalen Verknüpfungen sind nur auf globalem Niveau (das heißt Variablengruppen) angezeigt. (Darüber hinaus werden auch verschiedene Rückkoppelungen auf die Gefahrenquelle selbst und deren Bewertung angenommen, die jedoch graphisch nicht näher ausgeführt sind).

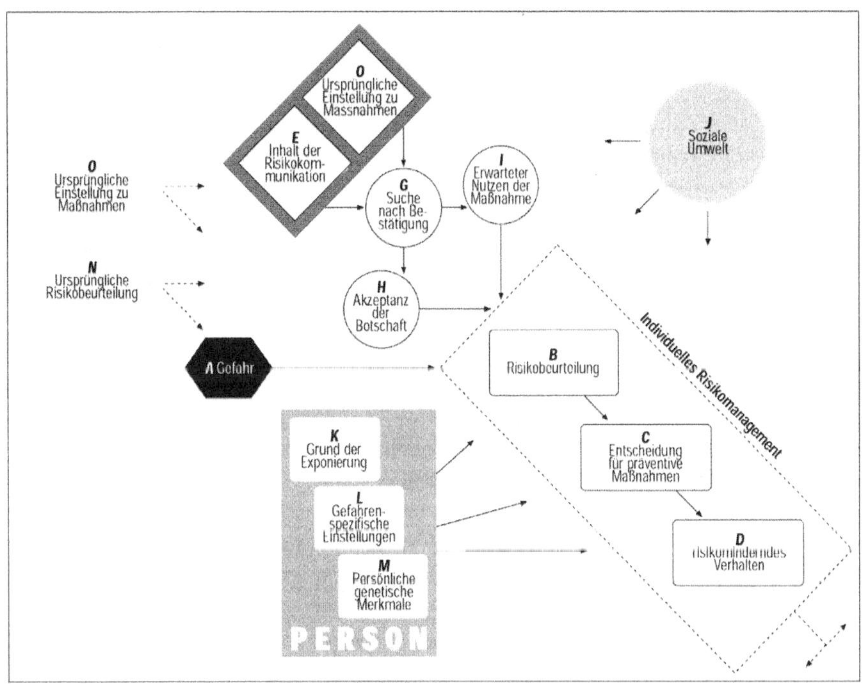

Abb. 39. Rahmenmodell zur Wirkung von Risikokommunikation

Bei der näheren Konzeptualisierung sind mehrere Unterscheidungen zu beachten:

- Inhalt *E* versus Kontext *F* (z.B. Art und Glaubwürdigkeit der Informationsquelle)
- Urteilsbildung und Entscheidung (*B, C*) versus tatsächliches Risikoverhalten (*D*)

- Akzeptanz der Information über Risiken (*H*) vs. erwartete Nützlichkeit vorgeschlagener Maßnahmen zur Risikominderung (*I*)
- vorherige versus neue Auffassungen (*N, O* versus *B* und *H, I*)
- darüber hinaus sind die relevanten Merkmale der Person (*K, L, M*) und der sozialen Umwelt (*J*, z.B. Familie, Freunde, Kollegen, Gemeinde) zu spezifizieren

Die Kernaussage kann so zusammengefasst werden: Die entscheidende Zielgröße, risikominderndes Verhalten (*D*) hinsichtlich einer Gefahrenquelle (*A*), ist nicht unmittelbar durch die kommunizierten Inhalte des RK-Programms (*E*) zu beeinflussen, sondern vielmehr das Resultat eines komplexen Bewertungsprozesses (*B-C* und *G-H-I*), einschließlich schon vorhandener Urteile und Einstellungen (*N, O*). Darüber hinaus wird sie durch individuelle Eigenschaften der Person (*K, L, M*) und eine Reihe von Kontextfaktoren mitbestimmt, darunter Merkmalen der Informationsquellen und Kommunikationsmedien (*F*) und der sozialen Umwelt (Familie, Freunde, Gemeinde usw.), der jemand zugehört.

Dieses Rahmenmodell zur Wirksamkeit von RK (das über die oben diskutierten Risikothemen hinaus generalisiert wurde) kann je nach Gefahrentyp, Zielgruppe und den jeweils zu beeinflussenden Einstellungen und Verhaltensweisen expliziert und weiter ausdifferenziert werden. Ein solcher Bezugsrahmen kann mehreren Fragestellungen dienen: Was ist zu bedenken, wenn eine Kampagne auszuarbeiten ist? Wie legt man eine kritische Evaluationsstudie inhaltlich an, welche Variablen sind zu erfassen? Auf welche Faktoren ist Erfolg oder Misserfolg zurückzuführen? Mit anderen Worten: Sowohl für Konzeption als auch Interpretation eines Evaluationsprojektes ist angemessene theoretische Fundierung von größtem Wert.

7 Gesichtspunkte zur Gestaltung von Risikokommunikationsmaßnahmen

Die Vorbereitung auf Gefahren durch RK kann mit Hilfe von Evaluationsstudien sehr verbessert werden, doch die vorliegenden Untersuchungen (s. etwa die 10 in Rohrmann 1992a diskutierten Studien) verdeutlichen auch die oft beträchtlichen Schwierigkeiten und legen nahe, die Möglichkeiten vorsichtig einzuschätzen. Erfolg ist keineswegs sicher. Pauschale Konzepte - wie etwa die viel-zitierten „seven cardinal rules“ (Covello & Allen 1988) - dürften die Probleme nicht lösen, zudem verschiedene Aufgabenstellungen (vgl. Tab. 9) unterschiedliche Strategien erfordern. Dennoch lassen sich aus der sozio-psychologischen Literatur zu RK wie auch der Analyse vorliegender Programme (und der darin aufgetretenen Komplikationen) einige generelle Regeln und Empfehlungen ableiten. Eine Reihe von Prinzipien im Blick auf Rezipienten, Materialien, Kommunikatoren/Institutionen und auf den Prozess der RK sind in Tab. 13 zusammengestellt.

Für verschiedene Zielpopulationen - z.B. Bewohner in Risikogebieten, Beschäftigte an gefährlichen Arbeitsplätzen, Menschen, die Gesundheits- und „Lebensstil"-Risiken wie Rauchen, AIDS, Sonnenbaden usw. ausgesetzt sind - werden stets spezifische Lösungen erforderlich sein (hilfreiche Beispiele finden sich u.a. in Adams 1990; Cohen et al. 1985; Hance et al. 1990; Lundgren 1994; Rowan 1994; Viscusi & Zeckhauser 1996; Wiedemann 1993). Eine Art Meta-Problem ist dabei das (oft fehlende) Vertrauen zwischen den Akteuren; die Glaubwürdigkeit eines Kommunikators sollte darum ebenso zum Thema gemacht werden wie die Gestaltung der eigentlichen RK (Earle & Cvetkovich 1995; Renn & Levine 1991).

Tabelle 13. Prinzipien zur Gestaltung von Risikoinformation/-kommunikation

FOKUS: REZIPIENT

- Verstehen, wie Menschen Risikoinformation verarbeiten und bewerten
- Risikokommunikation auf Verhaltensänderung (nicht nur Wissensvermehrung) ausrichten
- Persönliche Involvierung und Verantwortlichkeit stärken

FOKUS: MATERIALIEN

- Materialien/Empfehlungen auf Verständlichkeit, Überzeugungskraft, Machbarkeit und Motivierungseffekt prüfen
- Bei der Setzung von Anforderungen: Apathie/Inertia und Informations-überflutung der Bürger berücksichtigen
- Materialien an psychologische und demografische Merkmale der Zielgruppe (einschl. ethnischer Faktoren) anpassen

FOKUS: KOMMUNIKATOR/INSTITUTION

- Glaubwürdigkeit und Akzeptanz der Quelle prüfen/sichern
- Implementationsprobleme realistisch durchdenken

FOKUS: PROZESS

- Informationskampagne als interaktiven Prozess konzipieren
- Kanäle für Info-Anforderung/-Konfirmierung bereitstellen

Obwohl Evaluationsforschung die Wirksamkeit von Strategien und Programmen verlässlich bestätigen könnte, sind entsprechende Studien nach wie vor recht selten (Covello et al. 1989; Fischhoff 1995; Rohrmann 1992a). Der beste Weg wäre, die Evaluierbarkeit und tatsächliche Evaluation von vornherein in die Planung eines RK-Programms einzubetten.

8 Methodische Anforderungen zur Evaluierung von Risikokommunikation

Gerade weil RK in der Regel sowohl die wichtigen als auch schwierigen Zielsetzungen dient, müssen für entsprechende Evaluationsstudien professionelle Untersuchungspläne eingesetzt werden. Zu „schlichte" Ansätze [Patton (1986) spricht von „quick and dirty evaluation"] dürften sich als nutzlos erweisen. Es stellen sich

2 Kausalitätsprobleme: (1) Sind die beobachteten Wirkungen einer Maßnahme tatsächlich durch die betrachtete Intervention verursacht worden? (2) Hat die untersuchte RK andere (nicht-intendierte, möglicherweise nachteilige) Effekte induziert?

Die hier wesentlichen methodologischen Aspekte können in diesem Text nicht näher behandelt werden (vgl. aber die äußerst umfangreiche Literatur, u.a. Cook & Reichardt 1992; Fink 1993; Patton 1986; Rossi & Freeman 1993; Wittmann 1990; Wottawa & Thierau 1990; hinsichtlich RK cf. Rohrmann 1992; Weinstein et al. 1992). Einige Gesichtspunkte seien aber kurz angedeutet:

1. Kriterien:
Die RK-Ziele müssen hinreichend klar und im Voraus definiert sein, damit daraus Evaluationskriterien abgeleitet werden können, die valide sind. Diese Kriterien müssen außerdem vor und nach der Maßnahme beobachtbar und messbar sein.

2. Untersuchungsdesign:
Die wichtigsten Punkte sind: Erfassung der relevanten Zielpopulation(en); Längsschnitts-Ansatz, Zeitplan der Erhebungen und Einbeziehung von Kontrollgruppen. Der einfachste Plan wäre eine „Post-Facto"-Studie; vgl. dazu „Bedingung A" in Tab. 14. Zwar wird häufig so vorgegangen, doch valide Schlußfolgerungen sind damit kaum möglich. Grundsätzlich ist ein Pre-/Post-Design erforderlich (vgl. die experimentelle Bedingung „B" in Tab. 14), wobei eine Gruppe von Untersuchungsteilnehmern vor und nach der RK-Maßnahme beobachtet/befragt wird. Um längerfristige Wirkungen zu erfassen, sind weitere Zeitpunkte nötig (z.B. könnte eine Gruppe der Bedingung „C" unterworfen werden). Die Fälle „F" und „G" wären insbesondere für eine Prozess-Evaluation wichtig bzw. wenn eine längere Interventionsphase wiederholt erfasst werden soll.

Ob zwischen wahren/beständigen Effekten und Scheineffekten unterschieden werden kann, hängt sehr vom Zeitplan der Erhebungen ab (bestimmte Auswirkungen mögen anfangs atypisch positiv sein oder aber erst verzögert zum Tragen kommen; Effekte können dann über- oder unterschätzt werden).

Um zu erfassen, ob Wirkungen unabhängig von der Intervention auftreten (somit nicht auf die RK zurückgeführt werden können), ist eine Kombination von Experimental- und Kontrollbedingungen (siehe „H" und „I" in Tab. 14) sinnvoll, z.B. eine Studie vom Typ „B" + „I". Zur Überprüfung von Reaktivitätseffekten sind Gruppen nützlich, die in nur einer Phase untersucht werden (siehe „A", „D", „E"; entsprechende Pläne wären „B" + „A" oder „C" + „A" / „D" / „E". Die eigentlich notwendige Randomizierung der Untersuchungspersonen hinsichtlich Bedingungen ist oft unmöglich oder unethisch, ebenso Placebo-Bedingungen; dann mögen quasi-experimentelle Ansätze (cf. Cook & Campbell 1979) helfen, Probleme der internen Validität zu überwinden.

Tabelle 14. Datenerhebung in Evalutationsstudien: Typen experimenteller Bedingungen für Untersuchungsteilnehmer

	Relevante Phasen des Risikokommunikationsprozesses: Pre-Design, RK-Maßnahme, Post-Design (kurz- und langfristig)				
Bedingungen	Pre-Design	RK-Maßnahme	Post-Design	kurzfristig	langfristig
A		M	+		
B	+	M	+		
C	+	M	+	+	+
D		M		+	
E		M			+
F		M			
G	+	M	+		
H		O	+		
I	+	O	+		

Symbole: „+" Zeitpunkt der Erhebung von Daten; „M" Untersuchungsteilnehmer ist der RK-Maßnahme ausgesetzt (jedoch keine Datenerhebung); „0" Teilnehmer ist der RK nicht ausgesetzt.

3. Messprobleme
In den meisten Fällen wird es keine etablierten Tests/Skalen für die zu messenden Kriterien geben; dann müssen Reliabilität und v.a. Validität der Variablen kritisch überprüft werden. Die Gültigkeit von Wirksamkeitsindikatoren mag auch durch Urteilsfehler bedroht sein (z.B.: erwartungsbedingte Verzerrungen wie „Rosenthal"- oder „Hawthorne"-Effekte oder Reaktivitätseffekte infolge wiederholter Messung; Übersicht in Aronson et al. (1990). Derartige Gefahren sind durchaus naheliegend, da RK immer wohlgemeint ist und positive Auswirkungen gewünscht und erwartet werden.

Die angeschnittenen methodologischen Punkte haben großen Einfluß darauf, ob ein kausaler Zusammenhang zwischen der Intervention und den beobachteten Effekten hergestellt werden kann, selbst wenn konfundierende Faktoren gegeben sind und ob sich kurzfristige, anhaltende und verzögerte Wirkungen differenzieren lassen. Die Vorteile systematischer (quasi-)experimenteller Ansätze sind offenkundig, doch deskriptive Studien (s. z.B. Krimsky & Plough 1988) können ebenso nützlich sein. „Quantitative" und „qualitative" Vorgehensweisen ermöglichen unterschiedliche Erkenntnisse, die sich wechselseitig ergänzen.

9 Resümee: Überlegungen zu weiterer Forschung

Was ergibt sich aus all dem Gesagten? Überlegt man, welch komplexer Prozess die Kommunikation über Risiken ist, dann ist offenkundig, dass derartige Ziele weder einfach erreichbar sein können noch ohne weiteres aufzuzeigen ist, welche Wirkungen Maßnahmen der Information und Kooperation tatsächlich gehabt haben. Dies liegt unter anderem daran, dass die Wirksamkeit von RK stets vom Kontext abhängig ist, weil sie in einen sozialen Prozess eingebettet ist (Krimsky & Plough 1988; Renn 1991; Rohrmann 1991). Es kommt hinzu, dass erforderliches Wissen oft beschränkt oder das Vorgehen intuitiv ist, weil es (noch) an empirischen Befunden mangelt, die zur Begründung herangezogen werden könnten.

Entsprechender Forschungsbedarf ist in Tab. 15 aufgelistet; die wichtigsten Problemfelder sind: sozialpsychologische Barrieren für effektive Risikokommunikation, effiziente Mittel der Risikokommunikation und die interne und externe Validität der Effekte von RK-Maßnahmen (vgl. die in Chess et al. 1995; Fischhoff 1995; Rohrmann 1995a angesprochenen Forschungsprioritäten). Derartige Studien würden die wissenschaftliche Fundierung von RK erweitern und genauere Maßstäbe für die kritische Bewertung ihrer Wirksamkeit ermöglichen.

Tabelle 15. Inhaltlicher und methodologischer Forschungsbedarf:

Problemfeld: Barrieren für effektive Risikokommunikation

- Tatsächliches Informationsbedürfnis der betroffenen Population
- Mentale Modelle für spezifische Gefahrenquellen/Risiken
- Faktoren, die Engagement und Info-Akzeptanz blockieren
- Motivationen für gefährliche/gefährdende Verhaltensweisen
- Kulturelle Faktoren, die RK-Maßnahmen konfondieren

Problemfeld: Mittel der Risikokommunikation

- Effektivität von elektronischen Medien-Info-Systemen
- Interaktion zwischen schriftlichen & mündlichen Instruktionen
- Effektive Kommunikationsprozeduren für ethnische Teilgruppen

Problemfeld: Validität der Effekte von RK-Maßnahmen

- Vergleich von Einstellungswandel und Verhaltensveränderungen
- Intendierte versus unbeabsichtigte Effekte einer RK-Maßnahme
- Kontextabhängigkeit der Wirksamkeit von Strategien
- Effektivität über verschiedene kulturelle Gruppen hinweg
- Zeitliche Stabilitat von RK-Auswirkungen

Weiterhin gewinnen neue Kommunikationsmedien (einschließlich des Internets) ständig an Bedeutung (einige Beispiele in Frisch & Associates 1997; Rich & Conn 1995), sind aber noch kaum evaluiert worden. Die zunehmende Heterogenität in multikulturellen Länder macht es außerdem problematisch, RK gleichförmig auf ethnisch und sprachlich ungleiche Teilgruppen einer Gesellschaft anzuwenden (Vaughan 1995).

Es scheint empfehlenswert, Programme der Information, Kommunikation und Schulung über Risiken in interdisziplinären Projekten zu evaluieren, in denen Wissenschaftler und Behörden oder Unternehmen zusammenarbeiten und theoretische Perspektiven mit praktischen Erfahrungen verknüpft werden. Da Evaluationsforschung wohl der beste Weg ist, Schwächen zu erkennen und Risikokommunikation zu verbessern, ist allerdings ebenso wichtig, die Resultate auch anwendbar zu machen, zu verbreiten und zu nutzen.

Literatur

Adams, J. (1990). Evaluating the effectiveness of safety measures. In J. Handmer & E. Penning-Rowsell (Eds.), *Hazards and the communication of risk* (pp. 173-194). Aldershot: Gower.

Ajzen, I. (1993). Attitude theory and the attitude-behavior relation. In D. Krebs & P. Schmidt (Eds.), *New directions in attitude measurement* (pp. 41-57). New York: de Gruyter.

Aronson, E., Ellsworth, P. C., Carlsmith, J. M., & Gonzales, M. H. (1990). *Methods of research in social psychology*. New York: McGraw-Hill.

Canter, D. (Ed.). (1990). *Fires and human behaviour*. Chichester: Wiley.

Chess, C., Salomone, K. L., & Hance, B. J. (1995). Improving risk communication in goverment: Research priorities. *Risk Analysis 15* 127-136.

Cohen, A., Colligan, M. J., & Berger, P. (1985). Psychology in health risk messages for workers. *Journal of Occupational Medicine, 27*, 543-551.

Cook, T. D., & Campbell, D. T. (1979). *Quasi-experimentation: Design and analysis issues for field settings*. Chicago: Rand McNally.

Cook, T. D., & Reichardt, C. S. (1992). *Qualitative and quantitative methods in evaluation research*. Beverly Hills, CA: Sage.

Covello, V. T. (1990). Informing people about risks from chemicals, radiation, and other toxic substances: A review of obstacles to public understanding and effective risk communication. In W. Leiss (Ed.), *Prospects and problems in risk communication* (pp. 1-49). Waterloo: University of Waterloo Press.

Covello, V. T., & Allen, F. W. (1988). *Seven cardinal rules of risk communication*. Washington: Environmental Protection Agency, Office of Policy Analysis.

Covello, V. T., Mccallum, D. B., & Pavlova, M. (1989). *Effective risk communication. The role and responsibility of government and nongovernment organizations*. New York: Plenum.

Dombrowsky, W. R. (1991). *Krisenkommunikation. Problemstand, Fallstudien und Empfehlungen*. Forschungszentrum Jülich: Arbeiten zur Risiko-Kommunikation, 20.

Drabek, T. E. (1990). *Emergency management: Strategies for maintaining organizational integrity*. NY: Springer-Verlag.

Eagly, A. H., & Chaiken, S. (1993). *The psychology of attitudes*. Fort Worth: Harcourt-Brace.

Earle, T. C., & Cvetkovich, G. T. (1995). *Social trust: Toward a cosmopolitan society*. Westport: Praeger.

Fink, A. (1993). *Evaluation fundamentals, guiding health programs, research,and policy*. London: Sage.

Fischhoff, B. (1987). Treating the public with risk communication - A public perspective. *Science, Technology, and Human Values 12* 13-19.

Fischhoff, B. (1995). Risk perception and communication unplugged: Twenty years of process. *Risk Analysis 15* 137-146.

Fischhoff, B., Bostrom, A., & Quadrel, M. J. (1993). Risk perception and communication. *Annual Review of Public Health 14* 183-203.

Fisher, A., Emani, S., & Zint, M. (1995). *Risk communication for industry practitioners: An annotated bibliography*. McLean: Society for Risk Analysis.

Frisch, J. D., Lichty, P. D., McDaniel, M. F., Rodgers, K. G., & Lambert, C. E. (1995). *High technology risk communication: Using fax-on-demand, broadcast fax and voice-mail to communicate with industry neighbors*. Honolulu: Contribution SRA 1995 Conference.

Hance, B. J., Chess, C., & Sandman, P. M. (1990). *Industry risk communication manual*. Boca Raton: Lewis.

Handmer, J., Dutton, B., Guerin, B., & Smithson, M. (1991). *New perspectives on uncertainty and risk*. Canberra: ANU.

Jaensch, M. (1995). *Community response to a hazard information program*. University of Melbourne: Masters thesis.

Jungermann, H., Rohrmann, B., & Wiedemann, P. (1991). *Risikokontroversen - Konzepte, Konflikte, Kommunikation*. Berlin etc.: Springer.

Kasperson, R. E., & Stallen, P. M. (Eds.). (1990). *Communicating risks to the public*. Dordrecht: Kluwer.

Krimsky, S., & Plough, A. (1988). *Environmental hazards - Communicating risks as a social process*. Dover: Arborn.

Leiss, W. (1996). Three phases in the evolution of risk communication practice. *AAPSS Annals, 545*, 85-94.

Lundgren, R. (1994). *Risk communication: A handbook for communicating environmental safety and health risks*. Columbus/OH: Batelle Press.

McGuire, W. J. (1985). Attitude and attitude change. In G. Lindzey & E. Aronson (Eds.), *Handbook of Social Psychology* (pp. 223-346). New York: Random House.

National Research Council (USA). (1990). *Improving risk communication*. Washington: National Academy Press.

Olson, J. M., & Zanna, M. P. (1993). Attitudes and attitude change. *Annual Review of Psychology, 44* 117-154.

Patton, M. Q. (1986). *Utilization-focused evaluation*. London: Sage.

Pligt, J. v. d. (1996). Decision-making and risk-taking. In G. R. Semin & K. Fiedler (Eds.), *Applied social psychology* (pp. #-#). Newbury Park: Sage.

Pyne, S. J. (1991). *Burning bush: A fire history of Australia*. Melbourne:Allen and Unwin.

Quarantelli, E. L. (1995). *Disaster planning, emergency management, and civil protection: The historical development and currect characteristics of organized efforts to prevent and to respond to disasters*. Newark: University of Delaware.

Renn, O. (1992). Risk communication: towards a rational discourse with the public. *Journal of Hazardous Materials*, 465-519.

Renn, O., & Levine, D. (1991). Trust and credibility in risk communication. In R. E. Kasperson & P. J. Stallen (Eds.), *Communicating risks to the public* (pp. 175-218). Dordrecht: Kluwer.

Rich, R. C., & Conn, W. D. (1995). Using automated emergency notification systems to inform the public: A field experiment. *Risk Analysis 15*, 23-28.

Rohrmann, B. (1991). Akteure der Risiko-Kommunikation. In H. R. Jungermann, B.; Wiedemann, P.M. (Ed.), *Risikokontroversen - Konzepte, Konflikte, Kommunikation* (pp. 355-371). Berlin etc.: Springer.

Rohrmann, B. (1992a). The evaluation of risk communication effectiveness. *Acta Psychologica, 81* 169-192 (a).

Rohrmann, B. (1992b). Risiko-Kommunikation: Aufgaben - Konzepte - Evaluation. In B. Zimolong & R. Trimpop (Eds.), *Psychologie der Arbeitssicherheit* (pp. 577-593). Heidelberg: Asanger (b).

Rohrmann, B. (1994). Risk perception of different societal groups: Australian findings and cross-national comparisons. *Australian Journal of Psychology, 46* 150-163.

Rohrmann, B. (1995). Effective risk communication for fire preparedness: A conceptual framework. *The Australian Journal of Emergency Management 10*, 43-48 (a).

Rohrmann, B. (1995). Technological risks: Perception, evaluation, communication. In R. E. Mechlers & M. G. Stewart (Eds.), *Integrated risk assessment: Current practice and new directions* (pp. 7-12 (b)). Rotterdam: Balkema.

Rohrmann, B., Wiedemann, P., & Stegelmann, H. U. (Eds.). (1991). *Risk communication - An interdisciplinary bibliography*. Jülich: Research Center, Program Group MUT.

Rossi, P. H., & Freeman, H. E. (1993). *Evaluation: A systematic approach*. Beverly Hills: Sage.

Rowan, K. E. (1991). Goals, obstacles, and strategies in risk communication: A problem-solving approach to improving communication about risks. *Journal of Applied Communication Research, November*, 300-329.

Rowan, K. E. (1994). Why rules for risk communication are not enough: a problem solving approach to risk communication. *Risk Analysis 14*, 365-375.

Schütz, H., & Wiedemann, P. M. (1995). Implementation of the Seveso directive in Germany - An evaluation of hazardous incident information. *Safety Science 18*, 203-214.

Slovic, P. (1992). Perception of risk: Reflections on the psychometric paradigm. In D. Golding & S. Krimsky (Eds.), *Theories of risk* (pp. 117-152). London: Praeger.

Slovic, P. (1997). Trust, emotion, sex, politics, and science: Surveying the risk-assessment battlefield. In M. Bazerman, D. Messick, A. Tenbrunsel, & K. Wade-Benzoni (Eds.), *Environment, ethics, and behavior* (pp. 277-#). San Francisco: The New Lexington Press.

Trimpop, R. M. (1994). *The psychology of risk taking behavior*. Amsterdam : New Holland.

Uth, H. J. (1991). Risiko-Kommunikation in der Chemie. In H. R. Jungermann, B.; Wiedemann, P. (Ed.), *Risikokontroversen: Konzepte, Konflikte, Kommunikation* (pp. 161-224). Heidelberg: Springer.

Vaughan, E. (1995). The significance of socioeconomic and ethnic diversity for the risk communication process. *Risk Analysis 15* 169-180.

Viscusi, W. K., & Magat, W. A. (1987). *Learning about risk: Consumer and worker responses to hazard information*. Cambridge: Harvard University Press.

Viscusi, W. K., & Zeckhauser, R. J. (1996). Hazard communication: Warnings and risk. *AAPSS Annals, 545* 106-115.

Weinstein, N. (1989). Optimistic biases about personal risks. *Science, 246* 1232-1233.

Weinstein, N. D., Roberts, N., & Pflugh, K. (1992). Evaluating personalized risk messages. *Evaluation Review 16*, 235-247.

Wiedemann, P. M. (1993). *Krisenkommunikation: Ein Leitfaden für das Management bei Problemfaellen*. Eschborn: RKW- Verlag.

Wiedemann, P. M., & Schütz, H. (1994). Risikokommunikation als Aufgabe. Neue Entwicklungen und Perspektiven der Risikokommunikationsforschung. In R. Rosenbrock, H. Kühn, & B. M. Köhler (Eds.), *Präventionspolitik: Gesellschaftliche Strategien der Gesundheitssicherung* (pp. 115-136). Berlin: Bohn.

Wittmann, W. W. (1990). Brunswik-Symmetrie und die Konzeptionen der fünf Datenboxen. Ein Rahmenkonzept für umfassende Evaluationsforschung. *Zeitschrift für Pädagogische Psychologie*, 241-251.

Wottawa, H., & Thierau, H. (1990). *Lehrbuch Evaluation*. Bern: Huber.

Yates, J. F. E. (1992). *Risk-taking behavior*. Chichester: Wiley.

Sachverzeichnis